たのしい Ruby 第6版

高橋征義＋後藤裕蔵 —— 著
Masayoshi Takahashi, Yuuzou Gotou

まつもとゆきひろ —— 監修
Yukihiro Matsumoto

SB Creative

サンプルスクリプトのダウンロードと練習問題の解答

本書のサンプルスクリプトと練習問題の解答は、著者によるサポートサイトからダウンロードできます。

https://tanoshiiruby.github.io/6/

本書に関するお問い合わせ

この度は小社書籍をご購入いただき誠にありがとうございます。小社では本書の内容に関するご質問を受け付けております。本書を読み進めていただきます中でご不明な箇所がございましたらお問い合わせください。なお、お問い合わせに関しましては以下のガイドラインを設けております。恐れ入りますが、ご質問の際は最初に下記ガイドラインをご確認ください。

ご質問の前に

小社Webサイトで「正誤表」をご確認ください。最新の正誤情報を下記のWebページに掲載しております。

| 本書の商品ページ | https://isbn.sbcr.jp/99844 |

上記ページの「正誤情報」のリンクをクリックしてください。なお、正誤情報がない場合、リンクをクリックすることはできません。

ご質問の際の注意点

・ご質問はメール、または郵便など、必ず文書にてお願いいたします。お電話では承っておりません。

・ご質問は本書の記述に関することのみとさせていただいております。従いまして、○○ページの○○行目というように記述箇所をはっきりお書き添えください。記述箇所が明記されていない場合、ご質問を承れないことがございます。

・小社出版物の著作権は著者に帰属いたします。従いまして、ご質問に関する回答も基本的に著者に確認の上回答いたしております。これに伴い返信は数日ないしそれ以上かかる場合がございます。あらかじめご了承ください。

ご質問送付先

ご質問については下記のいずれかの方法をご利用ください。

Webページより

上記の商品ページ内にある「この商品に関する問い合わせはこちら」をクリックすると、メールフォームが開きます。要綱に従ってご質問をご記入の上、送信ボタンを押してください。

郵送

郵送の場合は下記までお願いいたします。

〒106-0032
東京都港区六本木2-4-5
SBクリエイティブ　読者サポート係

■本書内に記載されている会社名、商品名、製品名などは一般に各社の登録商標または商標です。本書中では®、™マークは明記しておりません。

■本書の出版にあたっては正確な記述に努めましたが、本書の内容に基づく運用結果について、著者およびSBクリエイティブ株式会社は一切の責任を負いかねますのでご了承ください。

©2019 Masayoshi Takahashi, Yuuzou Gotou

本書の内容は著作権法上の保護を受けています。著作権者・出版権者の文書による許諾を得ずに、本書の一部または全部を無断で複写・複製・転載することは禁じられております。

監修者まえがき

　1993年から開発が始まったRubyは、言ってみればもう20代もなかばです。一人前の「大人」とみなされる年齢になりました。誕生当初は、幼く力弱いプログラミング言語であったRubyもすっかり成長し、あらゆる分野で活躍しています。特に、Rubyは現代におけるWeb開発の主要な言語の一角を占めていると断言しても誰からも反対を受けないでしょう。クックパッドやAirBnBなど、世界的な大規模WebアプリケーションがRubyで実装されています。

　Rubyのもっとも良い点は、本書のタイトルにもある「たのしい」ことにひときわ注目している点にあります。プログラミングはとてもたのしいことです。私自身30年以上ずっとプログラミングしてきていますが、一度も飽きたことはありません。とはいえ、一方でプログラミングはたのしいことばかりともいえません。ですからRubyは「プログラミングのたのしさ」を最大化することを目標として設計・開発されてきました。たのしくないことはコンピューターに任せて、プログラマーはたのしいことに集中したい、それがRubyの設計原理です。

　Rubyのもうひとつの良い点は、すばらしいコミュニティの存在にあります。これもまた技術ではなく人間とその集まりによって成り立っています。海外ではRubyコミュニティのスローガンとしてMINASWANというものが挙げられています。これは「Matz is nice so we are nice（Matzがナイスだから我々もナイスであろう）」の略で、Rubyコミニュティが他のオープンソース・ソフトウェアのコミュニティと比較してもナイスである、少なくとも互いにナイスであろうとしていることを反映しています。

　本書はRubyコミニュティの先輩である「ナイス」な著者たちが、新しいコミュニティメンバーを歓迎するために書かれた書物です。過去、5つの版は数えきれないほどの「新人」をRubyコミュニティに迎え入れるお手伝いをしてきました。近年ますます巨大になっているRubyコミュニティがナイスでありつづけるためには、みなさんの力がぜひ必要です。私たちと一緒にナイスな雰囲気のたのしい開発に参加しませんか。

2019年1月

まつもとゆきひろ

はじめに …「たのしみ」としてのプログラミング

「ディー　君はそういうのが面白いのか？」
「面白いよ！　サバンナでライオンやキリンに生まれていたら
できなかった遊びだ！」
——三原順『僕がすわっている場所』

コンピュータのプログラムとのつきあい方には2通りあります。1つは「プログラムを使う」というつきあい方、もう1つは「プログラムを作る」というつきあい方です。

けれども、プログラムを作る人は、それほど多くはいません。ほとんどの人はプログラムを使うだけです。これは、「文章を読む人」と「文章を書く人」の割合に似ています。小説やエッセイ、ノンフィクションなどの本を読まれる方はたくさんいますが、自分で小説を書いたりノンフィクションを書いたりする方は、読者の数に比べると、ずっと少ないものです。

でも、「文章」は何も商業出版物だけではありません。たとえば「Webサイト」を含めるとするとどうでしょうか。ほとんど毎日のようにブログや投稿サイトでコンテンツを公開している人は、たくさんいます。それは、周りの人をたのしませたり、何かちょっとした役に立つ情報を提供したりしています。ささやかなものではあるかもしれませんが、それをたのしみにしている読者、つまり「ユーザ」がいる、立派な「人に読ませるための文章」といえるでしょう。

このようなコンテンツを公開する目的はいろいろあるでしょう。けれど、自分でコンテンツを作ること、それ自体が面白い、という人も少なからずいると思います。ネット上の個人によるコンテンツであれば、そうしたたのしみを求めて作られているサイトのほうが多いくらいかもしれません。

プログラミングでも、同じようなことがありうるのではないでしょうか。つまり、何かの目的の達成のためだけにプログラミングを行うだけではなく、プログラミングそのものをたのしむ、ということが。

ただし、それはプログラムの内容だけではなく、どのようなプログラミング言語を用いてプログラムを書くかによっても変わってくるでしょう。このような、プログラミングそのものをたのしむことに向いているプログラミング言語は、はたしてあるのでしょうか？

——あります。それが、少なくともその1つが、Rubyです。

*　　*　　*

Rubyは、プログラミングをたのしくするためのプログラミング言語です。Rubyには、「徹底的なオブジェクト指向」「豊富なクラスライブラリ」「人にやさしい直観的な文法」など、いくつかの特徴がありますが、そういった特徴はRubyの目的ではありません。あくまで、プログラミングをたのしくするための手段です。

プログラミングの世界では、今までにいろいろな言語が提案され、利用されてきました。それらの言語は、「高速に動作するプログラムが書ける」とか、「短期間でプログラムが書ける」とか、「一度書けばどこでも動く」とか、「子供でも簡単にプログラムが書ける」とか、とにかくいろいろな目的を持っていました。でも、「プログラミングをたのしくする」という目的を積極的に主張するプログラミング言語は、あまりなかったようです。それは、「誰もがプログラミングする」ということについて、あまり真剣に考えられてこなかったからかもしれません。

もちろん、「プログラミングをたのしくするプログラミング言語」は、簡単に使いこなせなければなりません。面倒な言語では「たのしみ」は味わえませんから。それと同時に、機能的にも十分に強力なものでなければいけません。非力な言語で何かに使えるプログラムを書くのは大変ですから。いうまでもなく、Rubyは簡単に使いこなせる、強力なプログラミング言語でもあります。

＊　　＊　　＊

本書は、今までプログラミングというものをしたことがない、という方でもRubyの使いこなし方の一端がつかめるように、ていねいな解説を行っています。プログラムに必要な変数・定数・メソッド・クラス・制御構造といった文法的な説明から、主なクラスの使い方と簡単な応用まで、できるだけわかりやすく説明することを心がけました。一度もコンピュータを触ったことがない、という人には少々とっつきづらいかもしれませんが、自分でHTMLをいじったことがある、というくらいの人なら活用できると思います。また、まったくの初心者ではないけれど、もう一度最初からRubyを学び直したい、という方にも役立つと思います。

本書を読んだ方々が、Rubyを使いこなすことによって、それぞれが自分自身にとっての「たのしみ」「面白さ」を見つける――そんなふうに活用していただければ、筆者としてこれ以上の喜びはありません。

Rubyの世界へ、ようこそ。

高橋征義｜後藤裕蔵

0.1 Rubyについて

プログラミングを始める前に、Rubyについて簡単に紹介しておきましょう。

○ Rubyはオブジェクト指向言語です

Rubyは、オブジェクト指向プログラミングが大好きなプログラマが、最高のオブジェクト指向言語を作ろうとして設計し、開発した言語です。すべてのデータは一貫してオブジェクトとして表現されているので、考えたことを素直に記述できるようになっています。継承やMix-inといった、オブジェクト指向言語らしい機能はもちろん備わっています。

また、さまざまなクラスライブラリが標準で添付されているほか、例外によるエラー処理や、自動的にメモリの解放を行うガベージコレクタなど、快適なプログラミングを支援する機能も備わっています。

○ Rubyはスクリプト言語です

CやJavaのようなプログラミング言語で書かれたプログラムを実行するには、そのプログラムのソースコードを機械命令に翻訳する「コンパイル」という作業が必要になります。スクリプト言語の場合、書いたソースコードはコンパイルする必要がありません。そのまま実行できます。

つまり、スクリプト言語を使えば、

プログラムを書く → コンパイルする → 実行する

という流れが、

プログラムを書く → 実行する

という流れになるのです。そのため、コンパイルの必要な言語に比べ、プログラミングを手軽にたのしむことができるのです。

○ Rubyはマルチプラットフォームな言語です

Rubyは、macOS、Linux、FreeBSDなどUnix系のOSや、Windowsなど、さまざまなプラットフォームで動作します。Rubyのスクリプトの多くは、まったく書き換えることなく異なるプラットフォームでもそのまま実行させることができます。

○ Rubyはオープンソースソフトウェアです

　Rubyは、まつもとゆきひろ氏によるオープンソースソフトウェア（フリーソフトウェア）です。誰もがRubyを入手して、自由に使用することができます。1995年にインターネット上で公開されたRubyは、多くの人に支持され、活発な開発が行われています。

対象読者について

　本書は、コンピュータの知識があってもプログラムの経験はない人が、Rubyを使ってプログラミングを始めるための入門書です。なるべく予備知識を必要とせずに読み進められるように心がけましたが、たとえば「コンピュータの電源の入れ方と切り方」や「シフトキーの使い方」など、コンピュータの初歩については説明を省いてあります。本書の読者としては、ひとまず次のような人を想定しています。

- ファイルの操作やコマンドの実行などについて基本的な知識がある
- エディタを使ってテキストファイルを作ることができる
- プログラミングを始めてみようと思っている

本書の構成について

　本書は先頭から順に読み進めていけるように書かれていますが、いくらかRubyを使ったことがある人には前半は退屈に感じられるかもしれません。Rubyの文法など基本的なことについて知識のある人は、第2部まではさっと流して、第3部からじっくり読む、というのがよいでしょう。

○ 第1部　Rubyをはじめよう

　ごく簡単なRubyのプログラムを使いながら、プログラムの基本的な構成を紹介します。

○ 第2部　基礎を学ぼう

Rubyのプログラムを書くうえで基礎となる文法の規則や、クラスとモジュールといったオブジェクト指向プログラミングの考え方や用語を紹介します。

○ 第3部　クラスを使おう

プログラムを書くのに必要なのは文法だけではありません。Rubyでたのしくプログラミングできるのは、巧みに設計された標準ライブラリのおかげでもあります。

ここでは、Rubyの基本的なクラスを1つずつ取りあげ、その機能と使い方を紹介します。

○ 第4部　ツールを作ってみよう

ここまでの総復習として、少し複雑なプログラムの例を紹介します。Rubyを使って実用的なプログラムを書いてみます。

○ 付録A　Ruby実行環境の準備

プラットフォーム別にRubyをインストールする方法を紹介します。

○ 付録B　リファレンス集

Rubyを使ううえで必要な知識や関連する情報をまとめてあります。

0.4　動作環境について

本書は、バージョン2.6のRubyで動作するように解説しています。想定する動作環境は、Windows 10と、macOS、LinuxなどのUnix系OSです。

Rubyのインストール方法は、「A.1　Rubyのインストール」(p.489)で説明しています。本書を読み進める前に、環境に応じてインストールを行ってください。

CONTENTS

監修者まえがき	3
はじめに	4

0.1	Rubyについて	6
0.2	対象読者について	7
0.3	本書の構成について	7
0.4	動作環境について	8

第1部 ● Rubyをはじめよう

第1章　はじめてのRuby　　23

1.1	Rubyの実行方法	24
	1.1.1　rubyコマンドを使う方法	24
	1.1.2　irbコマンドを使う方法	26
1.2	プログラムの解説	27
	1.2.1　オブジェクト	27
	1.2.2　メソッド	27
1.3	文字列	28
	1.3.1　改行文字と「\」	28
	1.3.2　「' '」と「" "」	30
1.4	メソッドの呼び出し	31
1.5	putsメソッド	32
1.6	pメソッド	32
1.7	日本語の表示	34
1.8	数値の表示と計算	36
	1.8.1　数値の表示	36
	1.8.2　四則演算	37
	1.8.3　数学的な関数	38
1.9	変数	39
	1.9.1　printメソッドと変数	41
1.10	コメントを書く	42
1.11	条件判断：if ～ then ～ end	43
1.12	繰り返し	46
	1.12.1　while文	46
	1.12.2　timesメソッド	46

9

CONTENTS

第 2 章	便利なオブジェクト	49

	2.1	配列（Array）	50
		2.1.1 配列を作る	50
		2.1.2 配列オブジェクト	51
		2.1.3 配列からオブジェクトを取り出す	51
		2.1.4 配列にオブジェクトを格納する	52
		2.1.5 配列の中身	53
		2.1.6 配列と大きさ	54
		2.1.7 配列と繰り返し	54
	2.2	ハッシュ（Hash）	56
		2.2.1 シンボルとは	56
		2.2.2 ハッシュを作る	57
		2.2.3 ハッシュの操作	58
		2.2.4 ハッシュの繰り返し	58
	2.3	正規表現	59
		2.3.1 パターンとマッチング	60

第 3 章	コマンドを作ろう	63

	3.1	コマンドラインからのデータの入力	63
	3.2	ファイルからの読み込み	65
		3.2.1 ファイルからテキストデータを読み込んで表示する	66
		3.2.2 ファイルからテキストデータを1行ずつ読み込んで表示する	67
		3.2.3 ファイルの中から特定のパターンの行のみを選んで出力する	69
	3.3	メソッドの作成	70
	3.4	別のファイルを取り込む	71

第2部 ● 基礎を学ぼう

第 4 章	オブジェクトと変数・定数	77

	4.1	オブジェクト	77
	4.2	クラス	78
	4.3	変数	79
		4.3.1 ローカル変数とグローバル変数	80
	4.4	定数	82
	4.5	予約語	83
	4.6	多重代入	84
		4.6.1 いくつかの代入をまとめて行う	84

CONTENTS

4.6.2	変数の値を入れ替える	85
4.6.3	配列の要素を取り出す	85

第5章 条件判断   87

5.1	条件判断とは	87
5.2	Rubyでの条件	88
5.2.1	条件と真偽値	89
5.3	論理演算子	90
5.4	if文	91
5.5	unless文	92
5.6	case文	93
5.7	if修飾子とunless修飾子	98
5.8	まとめ	98

第6章 繰り返し   101

6.1	繰り返しの基本	101
6.2	繰り返しで気をつけること	102
6.3	繰り返しの実現方法	102
6.4	timesメソッド	103
6.5	for文	105
6.6	一般的なfor文	108
6.7	while文	109
6.8	until文	111
6.9	eachメソッド	112
6.10	loopメソッド	114
6.11	繰り返しの制御	114
6.11.1	break	116
6.11.2	next	116
6.12	まとめ	119

第7章 メソッド   121

7.1	メソッドの呼び出し	121
7.1.1	単純なメソッド呼び出し	121
7.1.2	ブロックつきメソッド呼び出し	122
7.1.3	演算子の形式のメソッド呼び出し	123
7.2	メソッドの分類	124
7.2.1	インスタンスメソッド	124
7.2.2	クラスメソッド	125
7.2.3	関数的メソッド	126

CONTENTS

7.3	メソッドの定義	127
7.3.1	メソッド定義の構文	127
7.3.2	メソッドの戻り値	128
7.3.3	ブロックつきメソッドの定義	130
7.3.4	引数の数が不定なメソッド	132
7.3.5	キーワード引数	133
7.4	メソッドの呼び出しの補足	135
7.4.1	配列を引数に展開する	135
7.4.2	引数にハッシュを渡す	136

第8章　クラスとモジュール　141

8.1	クラスとは	142
8.1.1	クラスとインスタンス	142
8.1.2	インスタンスの生成	143
8.1.3	継承	143
8.2	クラスを作る	146
8.2.1	class文	148
8.2.2	initializeメソッド	148
8.2.3	インスタンス変数とインスタンスメソッド	149
8.2.4	アクセスメソッド	150
8.2.5	特別な変数self	152
8.2.6	クラスメソッド	154
8.2.7	定数	155
8.2.8	クラス変数	156
8.3	メソッドの呼び出しを制限する	157
8.4	クラスを拡張する	160
8.4.1	既存のクラスにメソッドを追加する	160
8.4.2	継承する	161
8.5	aliasとundef	163
8.5.1	alias	163
8.5.2	undef	164
8.6	特異クラス	165
8.7	モジュールとは	166
8.8	モジュールの使い方	166
8.8.1	Mix-inによる機能の提供	166
8.8.2	名前空間の提供	167
8.9	モジュールを作る	168
8.9.1	定数	169
8.9.2	メソッドの定義	169

8.10	**Mix-in**	**170**
8.10.1	すでにあるクラスの動作を変更する	172
8.10.2	メソッド検索のルール	174
8.10.3	extendメソッド	177
8.10.4	クラスとMix-in	177
8.11	**オブジェクト指向プログラミング**	**179**
8.11.1	オブジェクトとは	179
8.11.2	オブジェクト指向の特徴	181
8.11.3	ダックタイピング	183
8.11.4	オブジェクト指向の例	184

第9章 演算子　189

9.1	**代入演算子**	**189**
9.2	**論理演算子の応用**	**190**
9.3	**条件演算子**	**193**
9.4	**範囲演算子**	**194**
9.5	**演算子の優先順位**	**196**
9.6	**演算子を定義する**	**198**
9.6.1	二項演算子	198
9.6.2	単項演算子	201
9.6.3	添字メソッド	201

第10章 エラー処理と例外　203

10.1	**エラー処理について**	**203**
10.2	**例外処理**	**205**
10.3	**例外処理の書き方**	**207**
10.4	**後処理**	**210**
10.5	**やり直し**	**211**
10.6	**rescue修飾子**	**212**
10.7	**例外処理の構文の補足**	**213**
10.8	**捕捉する例外を指定する**	**213**
10.9	**例外クラス**	**214**
10.10	**例外を発生させる**	**217**

第11章 ブロック　221

11.1	**ブロックとは**	**221**
11.2	**ブロックの使われ方**	**223**
11.2.1	繰り返し	223
11.2.2	定形の処理を隠す	224

CONTENTS

11.2.3 計算の一部を差し替える 226
11.3 ブロックつきメソッドを作る **229**
11.3.1 ブロックを実行する 229
11.3.2 ブロック変数を渡す、ブロックの結果を得る 230
11.3.3 ブロックの実行を制御する 233
11.3.4 ブロックをオブジェクトとして受け取る 234
11.4 ローカル変数とブロック変数 **236**

第3部 ● クラスを使おう

第 12 章 数値（Numeric）クラス   243

12.1 Numericのクラス構成 **244**
12.2 数値のリテラル **246**
12.3 算術演算 **247**
12.3.1 割り算 248
12.4 Mathモジュール **250**
12.5 数値型の変換 **252**
12.6 ビット演算 **253**
12.7 乱数 **255**
12.8 数えあげ **257**
12.9 丸め誤差 **259**
練習問題 262

第 13 章 配列（Array）クラス   263

13.1 配列の復習 **264**
13.2 配列の作り方 **264**
13.2.1 Array.newを使う 265
13.2.2 %wや%iを使う 265
13.2.3 to_aメソッドを使う 266
13.2.4 文字列のsplitメソッドを使う 266
13.3 インデックスの使い方 **267**
13.3.1 要素を取り出す 267
13.3.2 要素を置き換える 270
13.3.3 要素を挿入する 271
13.3.4 複数のインデックスから配列を作る 272
13.4 集合としての配列 **272**
13.4.1 集合の演算 273
13.4.2 「|」と「＋」の違い 275
13.5 列としての配列 **275**

CONTENTS

13.6 配列の主なメソッド **278**
13.6.1 配列に要素を加える 278
13.6.2 配列から要素を取り除く 281
13.6.3 配列の要素を置き換える 283

13.7 配列とイテレータ **286**
13.8 配列内の各要素を処理する **286**
13.8.1 繰り返しとインデックスを使う 286
13.8.2 eachメソッドで要素を1つずつ得る 287
13.8.3 破壊的なメソッドで繰り返しを行う 288
13.8.4 その他のイテレータを使う 288
13.8.5 専用のイテレータを作る 288

13.9 配列の要素 **289**
13.9.1 例：簡単な行列を使う 289
13.9.2 初期化に注意 290

13.10 複数の配列に並行してアクセスする **291**
練習問題 **295**

第14章 文字列（String）クラス 297

14.1 文字列を作る **298**
14.1.1 %Q、%qを使う 299
14.1.2 ヒアドキュメントを使う 299
14.1.3 sprintfメソッドを使う 301
14.1.4 「` `」を使う 301

14.2 文字列の長さを得る **304**
14.3 文字列のインデックス **304**
14.4 文字列をつなげる **305**
14.5 文字列を比較する **307**
14.5.1 文字列の大小比較 307

14.6 文字列を分割する **310**
14.7 改行文字の扱い方 **310**
14.8 文字列の検索と置換 **311**
14.8.1 文字列の検索 311
14.8.2 文字列の置換 313

14.9 文字列と配列で共通するメソッド **313**
14.9.1 インデックス操作に関するメソッド 313
14.9.2 Enumeratorオブジェクトを返すメソッド .. 315
14.9.3 連結や逆順に関するメソッド 317

14.10 その他のメソッド **318**
14.11 日本語文字コードの変換 **320**

15

CONTENTS

14.11.1	encodeメソッド	320
14.11.2	nkfライブラリ	320
練習問題		324

第15章 ハッシュ（Hash）クラス　　325

15.1 ハッシュの復習 325

15.2 ハッシュの作り方 326

15.2.1 {}を使う 326

15.2.2 Hash.newを使う 327

15.3 値を取り出す・設定する 328

15.3.1 キーや値をまとめて取り出す 329

15.3.2 ハッシュのデフォルト値 330

15.4 あるオブジェクトをキーや値として持つか調べる 331

15.5 ハッシュの大きさを調べる 332

15.6 キーと値を削除する 333

15.7 ハッシュを初期化する 334

15.7.1 2つのキーがあるハッシュを扱う 336

15.8 2つのハッシュを合わせる 336

15.9 応用例：単語数を数える 337

練習問題 340

第16章 正規表現（Regexp）クラス　　341

16.1 正規表現について 342

16.1.1 正規表現の書き方と使い方 342

16.1.2 正規表現オブジェクトの作り方 342

16.2 正規表現のパターンとマッチング 343

16.2.1 通常の文字によるマッチング 343

16.2.2 行頭と行末とのマッチング 344

16.2.3 マッチさせたい文字を範囲で指定する 346

16.2.4 任意の文字とのマッチング 347

16.2.5 バックスラッシュを使ったパターン 348

16.2.6 繰り返し 350

16.2.7 最短マッチ 352

16.2.8 「( )」と繰り返し 353

16.2.9 選択 353

16.3 メタ文字をエスケープする 354

16.4 正規表現のオプション 355

16.5 キャプチャ 356

16.6 正規表現を使うメソッド 358

	16.6.1	subメソッドとgsubメソッド	358
	16.6.2	scanメソッド	359
16.7	正規表現の例		**361**
練習問題			**364**

第17章 IOクラス　　　　　　　　　　　　　　　　　　　　365

17.1	入出力の種類		**366**
	17.1.1	標準入出力	366
	17.1.2	ファイル入出力	369
17.2	基本的な入出力操作		**372**
	17.2.1	入力操作	372
	17.2.2	出力操作	376
17.3	ファイルポインタ		**377**
17.4	バイナリモードとテキストモード		**379**
17.5	コマンドとのやりとり		**381**
17.6	open-uriライブラリ		**382**
17.7	stringioライブラリ		**383**
練習問題			**385**

第18章 FileクラスとDirクラス　　　　　　　　　　　　387

18.1	Fileクラス		**388**
	18.1.1	ファイル名を変更する	388
	18.1.2	ファイルをコピーする	389
	18.1.3	ファイルを削除する	390
18.2	ディレクトリの操作		**390**
	18.2.1	ディレクトリの内容を読む	392
	18.2.2	ディレクトリの作成と削除	397
18.3	ファイルとディレクトリの属性		**397**
	18.3.1	ファイルやディレクトリの検査	401
18.4	ファイル名の操作		**402**
18.5	スクリプトのファイル名		**404**
18.6	ファイル操作関連のライブラリ		**405**
	18.6.1	findライブラリ	405
	18.6.2	tempfileライブラリ	406
	18.6.3	fileutilsライブラリ	407
練習問題			**410**

CONTENTS

第 19 章　エンコーディング（Encoding）クラス　　411

19.1	Ruby のエンコーディングと文字列	411
19.2	スクリプトエンコーディングとマジックコメント	412
19.3	Encoding クラス	414
19.3.1	Encoding クラスのメソッド	416
19.4	正規表現とエンコーディング	420
19.5	IO クラスとエンコーディング	421
19.5.1	外部エンコーディングと内部エンコーディング	421
19.5.2	エンコーディングの設定	422
19.5.3	エンコーディングの動き	423
練習問題		426

第 20 章　TimeクラスとDateクラス　　427

20.1	Time クラスと Date クラス	427
20.2	時刻を取得する	428
20.3	時刻を計算する	430
20.4	時刻のフォーマット	430
20.5	ローカルタイム	433
20.6	文字列から時刻を取り出す	433
20.7	日付を取得する	435
20.8	日付を計算する	436
20.9	日付のフォーマット	437
20.10	文字列から日付を取り出す	438
20.11	Time と Date の変換	438
練習問題		440

第 21 章　Procクラス　　441

21.1	Proc クラスとは	441
21.1.1	ラムダ式	443
21.1.2	ブロックをProc オブジェクトとして受け取る	446
21.1.3	to_proc メソッド	446
21.2	Proc の特徴	447
21.3	Proc クラスのインスタンスメソッド	449
練習問題		453

第4部 ● ツールを作ってみよう

第 22 章 テキスト処理を行う　　　457

22.1 テキストを用意する ──────────── 457
　22.1.1　ファイルをダウンロードする ────── 457
　22.1.2　本文のテキストを取り出す ─────── 458
　22.1.3　タグを削除する ──────────── 460
22.2 simple_grep.rbの拡張：件数の表示 ──── 462
　22.2.1　マッチした行を数える ─────────── 463
22.3 simple_grep.rbの拡張：マッチした箇所の表示 ── 464
　22.3.1　マッチした位置を見やすくする ────── 464
　22.3.2　前後 10 文字ずつ表示する ──────── 465
　22.3.3　前後の文字数を変更可能にする ───── 467

第 23 章 郵便番号データを検索する　　　469

23.1 郵便番号データの取得 ──────────── 469
23.2 csvライブラリ ───────────────── 471
23.3 sqlite3ライブラリ ────────────── 472
23.4 データの登録 ─────────────────── 475
23.5 データの検索 ─────────────────── 478
23.6 Bundler ──────────────────── 481
23.7 まとめ ───────────────────── 485

付録

付録A　Ruby実行環境の準備　　　489

A.1 Rubyのインストール ──────────── 489
A.2 Windowsでのインストール ─────── 489
　A.2.1　インストールの開始 ────────── 490
　A.2.2　インストール先とオプションの確認 ──── 491
　A.2.3　インストールするソフトウェアの選択 ──── 492
　A.2.4　インストール状況 ─────────── 492
　A.2.5　インストールの完了 ────────── 493
　A.2.6　MSYS2のセットアップ ──────── 493
　A.2.7　コンソールの起動 ─────────── 494
　A.2.8　sqlite3のインストール ──────── 496
A.3 macOSでのインストール ──────── 497
A.4 Unixでのインストール ───────── 498
　A.4.1　rbenvを利用する ────────── 499

19

CONTENTS

	A.4.2	バイナリパッケージを利用する	500
	A.4.3	ソースからビルドする	500
A.5	**エディタとIDE**		**501**
	A.5.1	ちゃんとしたエディタがなくちゃ Rubyは 使えない？	502

付録B　Rubyリファレンス集　503

B.1	**RubyGems**		**503**
	B.1.1	gem コマンド	503
B.2	**コマンドラインオプション**		**506**
B.3	**組み込み変数・定数**		**508**
	B.3.1	組み込み変数	508
	B.3.2	組み込み定数	509
	B.3.3	擬似変数	510
	B.3.4	環境変数	510

あとがき	**511**
謝辞	**512**
索引	**513**

「だって、じゃあ、考えないで何かやっちゃうの?」
—— 新井素子『…… 絶句』

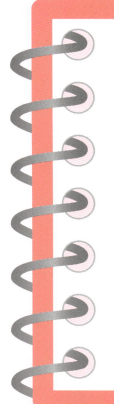

第1部

Rubyを
はじめよう

簡単なプログラムを見ながら
Rubyについての全体像を
眺めていきましょう。
Rubyを使ったプログラミングの
イメージをつかんでください。

第1章 はじめてのRuby

それではRubyを使ってみましょう。
この章では次の内容について紹介します。Rubyを使ったプログラミングの概要をつかんでください。

- **Rubyを使う**
  Rubyを使って、プログラムを実行してみます。
- **文字や数値を使う**
  文字や数値を出力したり、計算を行ったり、変数に代入したりします。
- **条件判断や繰り返しを行う**
  数値や文字列を比較して条件判断や、処理の繰り返しを行います。

第1章　はじめてのRuby

1.1　Rubyの実行方法

まずは、画面に文字を表示するプログラムを作り、実行してみましょう。

Rubyで書かれたプログラムを実行する方法はいくつかあります。もっとも一般的なのは、**ruby**というコマンドを使って実行する方法です。次によく使うのが、**irb**というコマンドを使って対話的に実行する方法です。小さいRubyプログラムのときは、irbコマンドを使うほうが簡単に実行できます。

ここではまずrubyコマンドを使う方法を紹介して、その後でirbコマンドを使う方法も紹介します。

なお、Rubyそのものをインストールしていない人は、「付録A　Ruby実行環境の準備」を見て、あらかじめインストールしておいてください。

> 本書で使用するRubyのバージョンは、Ruby 2.6です。macOSやLinuxを使用している場合、標準でインストールされているRubyのバージョンが古いことがあります。その場合、新しいRubyをインストールしてください。

1.1.1　rubyコマンドを使う方法

では、はじめて実行するプログラムList 1.1を見てみましょう。

List 1.1 helloruby.rb

```
print("Hello, Ruby.\n")
```

> 「\」（バックスラッシュ）は、Windowsでは「¥」（円記号）と表示されます。本書の中では、原則として「\」に統一します。

……ちょっと拍子抜けしたでしょうか？　「プログラム」と聞いて、何かすごく長い暗号めいたものを想像されたかもしれませんが、このプログラムはたったの1行です。文字数にしても20字ちょっとしかありません。でも、これも立派なプログラムですし、実行すればちゃんと目的を果たします。

このプログラムをエディタで入力し、ファイル名を「helloruby.rb」にして、ファイルとして保存してください。ファイル名の「.rb」は、Rubyのプログラムであることを表しています。

プログラムを入力するには、「エディタ」または「IDE」というソフトウェアを使います。エディタやIDEについては、「A.5　エディタとIDE」(p.501)をご覧ください。

それでは、このプログラムを実行してみましょう。コンソールを起動します。

コンソールの起動方法については、「付録A　Ruby実行環境の準備」(p.489)でOS別に説明しています。

コンソールを起動したら、ファイルhelloruby.rbを置いたフォルダに、cdコマンドで移動します。たとえばWindowsを使っていて、Cドライブの「たのしいRuby」フォルダ（C:\たのしいRuby）にファイルを置いたのであれば、次のように入力します。

```
> cd C:\たのしいRuby
```

そこで、

```
> ruby helloruby.rb
```

と入力します。すると、図1.1のように「Hello, Ruby.」と表示されます。

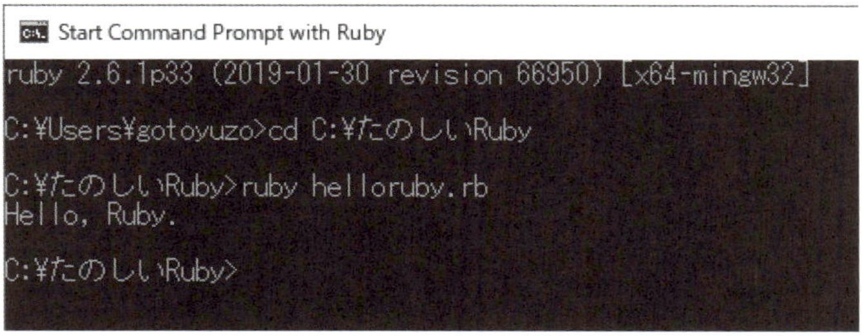

図 1.1　rubyの起動

もしエラーが出てしまうようなら、第10章のコラム「エラーメッセージ」(p.218)および「付録A　Ruby実行環境の準備」(p.489)を確認してください。

1.1.2 irbコマンドを使う方法

irbコマンドを使う方法も紹介します。

irbコマンドは、rubyコマンドと同様にコンソールから実行します。ただし、プログラムを書いたファイルは指定しません。

irbコマンドを実行すると、次のように入力プロンプトが表示されます。

実行例

```
> irb
irb(main):001:0>
```

ここで、先ほどのプログラムList 1.1をそのまま入力し、[Enter]キーを押すと、その場で実行されます。

実行例

```
irb(main):001:0> print("Hello, Ruby.\n")
Hello, Ruby.   ← printメソッドによって表示された文字列
=> nil
irb(main):002:0>
```

3行目に表示される「=> nil」というのは、printメソッド自体の戻り値です。詳しくは「7.3.2 メソッドの戻り値」(p.128)で説明します。

このように、入力したプログラムをその場で実行できるので、簡単なテストにはとても便利です。ただし、大きなプログラムを試すのには不向きなので、そのような場合にはrubyコマンドを使いましょう。

irbコマンドを終了するには「exit」と入力して[Enter]キーを押すか、[Ctrl]([Control])キーを押しながら[d]キーを押します。

macOSやWindowsを使っている場合、irbコマンドでは日本語が正しく入力できないことがあります。その場合、irbコマンドに--noreadlineオプションをつけて「irb --noreadline」と実行してください。これでreadline機能がオフになり、日本語を正しく入力できるようになります。ただし、readline機能をオフにすると、入力済みの文字の編集機能やヒストリ入力支援機能などが使えなくなってしまうので注意してください。

1.2 プログラムの解説

それでは、ほんの1行だけではありますが、List 1.1のプログラムを解説しましょう。

1.2.1 オブジェクト

まず、「"Hello, Ruby.\n"」という部分に注目します。

```
print("Hello, Ruby.\n")
          └─ 文字列オブジェクト
```

これをStringオブジェクト、または文字列オブジェクト、あるいは単に文字列と呼びます。「Hello, Ruby.」という文字列を意味するオブジェクト、というわけです（図1.2）。

データは、プログラム中ではオブジェクトとして表現される

図 1.2 データとオブジェクト

Rubyでは、文字列、数値、時刻などさまざまなデータがオブジェクトになります。

 文字列の終わりの「\n」は改行を表す文字です。

1.2.2 メソッド

今度は「print」という部分に注目しましょう。

```
print("Hello, Ruby.\n")
 └─ メソッド   └─ 引数
```

第1章　はじめてのRuby

「print」は、**メソッド**です。メソッドとは、オブジェクトを扱うための手続きのことです。「数値」を使って足し算や掛け算をしたり、「文字列」同士をつなげたり、「ある時刻」の1時間後や1日後を求めたりといったことは、すべてメソッドを起動することによって行われます。

printメソッドは、「()」の中の内容をコンソールに出力するメソッドです。ですから、helloruby.rbでは、「Hello, Ruby.」という文字列オブジェクトが表示されています。

メソッドに渡す情報のことを**引数**といいます。たとえば、printメソッドの機能を説明する場合には「printメソッドは引数として与えられた文字列をコンソールに出力します」といった使い方をします。

printメソッドの引数を書き換えて、別の文字列を表示するプログラムにしてみましょう。

```
print("Hello, RUBY!\n")
```

今度は大文字で「Hello, RUBY!」と表示するようになります。ちょっと元気のよいあいさつになりましたか？

1.3　文字列

文字列について、もう少し詳しく見ていくことにしましょう。

1.3.1　改行文字と「\」

先ほど、文字列の「\n」は改行を表すと説明しました。普通の文字を使って改行を書けるおかげで、たとえば

```
Hello,
Ruby
!
```

と表示させるには、

```
print("Hello,\nRuby\n!\n")
```
改行文字

と書くことができます。もっとも、

```
print("Hello,
Ruby
!
")
```

などと書いても、同じように表示されます。しかし、この書き方だとプログラムが読みにくくなってしまうので、あまりよい書き方ではありません。せっかく改行を表す書き方があるのですから、それを使うほうがよいでしょう。

「\n」以外にも、文字列の中で特殊な文字を埋め込みたいときに「\」を使います。たとえば、「"」は文字列の始まりと終わりを表す文字ですが、これを文字列の中に含める場合には「\"」とします。

```
print("Hello, \"Ruby\".\n")
```

は、

```
Hello, "Ruby".
```

と表示されます。

このように、文字列中の「\」はそれに続く文字に特別な意味を与える文字になっています。そのため、「\」そのものを文字列中に含めたいときには、「\\」と書く必要があります。たとえば

```
print("Hello \\ Ruby!")
```

は、

第1章　はじめてのRuby

```
Hello \ Ruby!
```

と表示されます。2つあった「\」が1つになっていることに注意してください。

1.3.2　「' '」と「" "」

文字列オブジェクトを作るための区切り文字には、「" "」(ダブルクォート)
ではなく、「' '」(シングルクォート)を使うこともできます。先ほどのプロ
グラムを

```
print('Hello,\nRuby\n!\n')
```

とシングルクォートに書き換えて実行してみましょう。すると今度は、

```
Hello,\nRuby\n!\n
```

というように、「' '」の中の文字がそのまま表示されます。

このように「' '」で囲った文字列は、「\n」などの特殊文字の解釈を行わず、
そのまま表示します。ただし例外として、「\」と「'」を、文字列中に文字その
ものとして含めたいときにのみ、その文字の前に「\」をつけます。こんな感
じです。

```
print('Hello, \\ \'Ruby\'.')
```

実行すると次のように表示されます。

```
Hello, \ 'Ruby'.
```

30

1.4 メソッドの呼び出し

メソッドについてもう少し説明しましょう。

Rubyのメソッドでは「()」を省略することができます。そのため、先ほどのプログラム（List 1.1）でのprintメソッドは、

```
print "Hello, Ruby.\n"
```

と書くこともできます。

また、いくつかの文字列を続けて表示したいときには、「,」で区切れば、並べた順に表示できます。ですから

```
print "Hello, ", "Ruby", ".", "\n"
```

なんて書き方もできるわけですね。これは、表示したいものがいくつもあるときに使うと便利です。とはいえ、要素が複雑に込み入ってくると、「()」をつけたほうがわかりやすくなります。慣れるまではこまめに「()」を書いておきましょう。本書では、単純な場合には「()」を省いて表記しています。

さらに、メソッドを縦に並べて書くと、その順にメソッドを実行します。たとえば

```
print "Hello, "
print "Ruby"
print "."
print "\n"
```

などと書いても、同じように「Hello, Ruby.」と表示するプログラムになります。

1.5　putsメソッド

　printメソッド以外にも文字列を表示するメソッドがあります。putsメソッドは、printメソッドとは異なり、表示する文字列の最後で必ず改行します。これを使えば、List 1.1は

```
puts "Hello, Ruby."
```

と書けるようになります。ただし、

```
puts "Hello, ", "Ruby!"
```

のように2つの文字列を渡した場合には、

```
Hello,
Ruby!
```

と、それぞれの文字列の末尾に改行が追加されます。printメソッドとは少し使い勝手が違いますね。この2つのメソッドは、場面に応じて使い分けてください。

1.6　pメソッド

　さらにもう1つ、表示のためのメソッドを紹介しましょう。オブジェクトの内容を表示するときに便利な「p」というメソッドです。
　たとえば、数値の100と文字列の"100"を、printメソッドやputsメソッドで表示させると、どちらも単に「100」と表示されてしまいます。これでは本当はどちらのオブジェクトなのか、表示結果から確認できません。そんなときには、pメソッドを使うのが便利です。pメソッドなら、文字列と数値を違った形で表示してくれるのです。さっそく試してみましょう。

```
puts "100"   #=> 100
puts 100     #=> 100
p "100"      #=> "100"
p 100        #=> 100
```

 本書では、プログラム中で出力した内容を表すために、出力用のメソッドの横に「#=>」という文字を置き、その右側に出力された文字を並べて書くという表記を用いています。この例では、「puts "100"」や「puts 100」、「p 100」というメソッドでは「100」という文字列が出力され、「p "100"」というメソッドでは「"100"」という文字列が出力される、という意味になります。

このように、文字列を出力する場合、「" "」で囲んで表示してくれるわけです。これなら一目瞭然ですね。さらに、文字列の中に含まれる改行やタブなどの特殊な文字も、「\n」や「\t」のように表示されます (List 1.2)。

List 1.2 puts_and_p.rb

```
puts "Hello,\n\tRuby."
p "Hello,\n\tRuby."
```

実行例

```
> ruby puts_and_p.rb
Hello,
        Ruby.
"Hello,\n\tRuby."
```

printメソッドは実行結果やメッセージなどを普通に表示したいとき、pメソッドは実行中のプログラムの様子を確認したいとき、と使い分ければよいでしょう。原則として、pメソッドはプログラムを書いている人のためのメソッドなのです。

第1章　はじめてのRuby

 日本語の表示

ここまで、文字列にはアルファベット（英字）を使ってきました。

今度は日本語を表示してみましょう。日本語の表示も難しいことは何もありません。単にアルファベットの代わりに日本語を「"　"」の中に書くだけです。こんな感じになります。

List 1.3 kiritsubo.rb

```
print "いづれの御時にか女御更衣あまたさぶらいたまいけるなかに \n"
print "いとやむごとなき際にはあらぬがすぐれて時めきたまふありけり \n"
```

実行例

```
> ruby kiritsubo.rb
いづれの御時にか女御更衣あまたさぶらいたまいけるなかに
いとやむごとなき際にはあらぬがすぐれて時めきたまふありけり
```

ただし、文字コードの設定によっては、エラーが出たり、正しく表示されない場合があります。その場合、コラム「日本語を扱う場合の注意」を参照してください。

column

日本語を扱う場合の注意

環境によっては、日本語を含むスクリプトを実行すると次のようなエラーになります。

実行例

```
> ruby kiritsubo.rb
kiritsubo.rb:1: invalid multibyte char (UTF-8)
kiritsubo.rb:1: invalid multibyte char (UTF-8)
```

これはソースコードの文字コード（エンコーディング）が指定されていない

からです。Rubyでは、「**# encoding: 文字コード**」というコメントを1行目に記述することによってソースコードの文字コードを指定します。このコメントを**マジックコメント**といいます。

Windowsで一般的に使われているエンコーディングShift_JISでソースコードを記述した場合は、次のようにマジックコメントを書きます。

```
# encoding: Shift_JIS
print "いづれの御時にか女御更衣あまたさぶらいたまいけるなかに \n"
print "いとやむごとなき際にはあらぬがすぐれて時めきたまふありけり \n"
```

このようにコメントで文字コードを指定することによって、Rubyがソースコード中の日本語を正しく認識できるようになります。次の表にプラットフォームごとによく使われる文字コードをまとめています。複数の文字コード名が挙げられている場合は、環境に合わせて適切なものを選んでください。

プラットフォーム	文字コード（エンコーディング）名
Windows	Shift_JIS（またはWindows-31J）
macOS	UTF-8
Unix	UTF-8、EUC-JPなど

なお、マジックコメントがないソースコードの文字コードはUTF-8と仮定されます。そのため、UTF-8のソースコードを使う場合はマジックコメントは不要です。

これ以外でも、前述のpメソッドで日本語の文字列を出力すると、いわゆる「文字化け」をしたような出力になる場合があります。そのような場合は、出力用の文字コードを指定するために「**-E 文字コード**」の形式でコマンドラインオプションを指定してください。コンソールがUTF-8を受けつける場合は次のようにします。

実行例

```
> ruby -E UTF-8 スクリプトファイル名    ← スクリプトの実行
> irb -E UTF-8
                                        ← irbの起動
```

1.8 数値の表示と計算

　文字列に続いて、今度は「数値」を扱ってみましょう。Rubyのプログラムでは、整数や小数（浮動小数点数）を、自然な形で扱うことができます。

1.8.1 数値の表示

　まずは文字列の代わりに数値を表示するところから始めてみます。「1.2 プログラムの解説」（p.27）で、「Rubyでは文字列は文字列オブジェクトという形になっている」と説明しました。同じように、数値も「数値オブジェクト」として扱われます。

　Rubyで整数オブジェクトを表現するのは簡単です。そのまま数字を書けばよいだけです。たとえば

```
1
```

と書けば「1」の値の整数（Integer）オブジェクトになります。また、

```
100
```

と書けば、「100」の値の整数オブジェクトになります。
　さらに、

```
3.1415
```

などと書けば、「3.1415」の値の浮動小数点数（Float）オブジェクトになります。

> 「Integer」や「Float」というのは、それぞれのオブジェクトが所属する「クラス」の名前です。クラスについては、第4章と第8章で説明します。

　数値を表示するには、文字列と同様にprintメソッドやputsメソッドを使います。

```
puts(10)
```

というメソッドを実行すると、

実行例

```
10
```

と画面に表示されます。

1.8.2 四則演算

数の計算を行ったり、その結果を表示したりすることもできます。四則演算をやってみましょう。

ここではirbコマンドを使ってみます。

実行例

```
> irb --simple-prompt
>> 1 + 1
=> 2    ← 1 ＋ 1の実行結果
>> 2 - 3
=> -1   ← 2 － 3の実行結果
>> 5 * 10
=> 50   ← 5 × 10の実行結果
>> 100 / 4
=> 25   ← 100 ÷ 4の実行結果
```

irbコマンドのあとの--simple-promptは、irbのプロンプト表示を簡易にするためのオプションです。

プログラミング言語の世界では、掛け算の記号に「*」（アスタリスク）を、割り算の記号に「/」（スラッシュ）を使うのが一般的です。Rubyもこの習慣にならっています。

もう少し四則演算をやってみましょう。普通の計算では、「足し算・引き算」と「掛け算・割り算」には計算の順序が決められていますが、Rubyでも同じです。つまり、

第1章　はじめてのRuby

```
20 + 8 / 2
```

とすれば答えは「24」になります。「20 + 8」を2で割りたいときは、「( )」で囲って、

```
(20 + 8) / 2
```

とします。答えは「14」ですね。

1.8.3　数学的な関数

四則演算以外にも、平方根や、三角関数の「sin」「cos」、指数関数などの数学的な関数が利用できます。ただし、その場合、関数の前に「Math.」という文字列をつける必要があります。

> 「Math.」をつけずに「sin」「cos」などの関数を使うには、「include Math」という文が必要です。これについては「8.8.2　名前空間の提供」で説明します。

sinはsinメソッド、平方根はsqrtメソッドで求めます。メソッドを実行すると、計算した結果を得ることができます。このことを「メソッドが値を返す」といい、得られる値のことを**戻り値**といいます。

実行例

```
> irb --simple-prompt
>> Math.sin(3.1415)
=> 9.265358966049024e-05    ← sinメソッドの戻り値
>> Math.sqrt(10000)
=> 100.0    ← sqrtメソッドの戻り値
```

> Rubyのバージョンや実行する環境により、結果の桁数などが異なる場合があります。

1番目のsinの答えである「9.265358966049024e-05」ですが、これは、極端に大きい数や、極端に小さい数を表すときに使われる表記方法です。「**（小数）**

e（整数）」と表示されたときは、「（小数）*［10の（整数）乗］」の値、と解釈してください。この例の場合、「$9.265358966049024 \times 10^{-5}$」ということになるので、つまりは0.00009265358966049024という値を表しています。

1.9 変数

プログラミングに欠かせない要素として**変数**があります。変数とは、「もの」につける名札のようなものです。
オブジェクトに名札をつけるには、

変数名 = オブジェクト

と書きます（図1.3）。このことを「変数にオブジェクトを代入する」といいます。

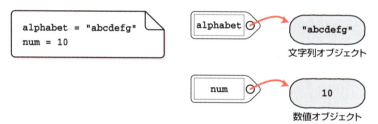

図 1.3 変数とオブジェクト

```
alphabet = "abcdefg"
num = 10
age = 18
name = "TAKAHASHI"
```

変数の利用例として、直方体の表面積と体積を求めるプログラム（List 1.4）を見てみましょう。

第1章　はじめてのRuby

List　1.4　area_volume.rb

```
x = 10
y = 20
z = 30
area = (x*y + y*z + z*x) * 2
volume = x * y * z
print "表面積=", area, "\n"
print "体積=", volume, "\n"
```

このプログラムを実行すると次のようになります。

実行例

```
> ruby area_volume.rb
表面積=2200
体積=6000
```

変数をまったく使わなければ、

```
print "表面積=", (10*20 + 20*30 + 30*10) * 2, "\n"
print "体積=", 10*20*30, "\n"
```

といったプログラムになってしまいます。これでは値を1つ変更するために
何カ所も修正しなければいけません。この例はたったの2行なのでたいした
ことはありませんが、ちょっと大きなプログラムになると、そのような変更
をきちんと行うのは大変な手間となります。

　また、変数には、値が何を表しているのかを明確にするという意味もあり
ます。したがって、わかりやすい名前をつけることが大切です。たとえば、

```
hoge = (foo*bar + bar*baz + baz*foo) * 2
funi = foo * bar * baz
```

という調子では、何をやっているのかさっぱりわからないプログラムになっ
てしまいます。変数名には、「area」や「volume」など、そのままで意味のわ
かる単語などを使うように、ふだんから心がけましょう。

40

1.9 変数

●・・ **1.9.1 printメソッドと変数**

printメソッドの動きをもう少し見てみましょう。

```
print "表面積=", area, "\n"
```

このprintメソッドの呼び出しには「"表面積="」「area」「"\n"」の3つの
引数を指定しています。printメソッドはこれらの引数の値を順番に出力し
ます。

「"表面積="」は「表面積=」という値を持った文字列なので、それがそのま
ま出力されます。「area」はareaという変数に関連づけられたオブジェクト
になります。この例では2200という整数になっているので、printメソッド
はその値を出力します。

最後の「"\n"」は改行を表す文字列なので、そのまま出力します。

これらの3つの値をprintメソッドで処理した結果として「表面積=2200」
と改行が画面に表示されるというわけです。

printメソッドに渡す文字列は次のように書くこともできます。

```
print "表面積=#{area}\n"
```

「"表面積=#{area}\n"」が全体で1つの文字列になっています。「#{area}」
は文字列の中に変数areaの値を埋め込むという書き方です。文字列の中に
「**#{変数名}**」と書くと、文字列にデータを埋め込むことができます。計算結
果の変数名を埋め込む代わりに、「"表面積=#{(x*y + y*z + z*x) * 2}
\n"」のように計算式を直接書いても同じ結果を得られます。

画面に結果を出力する場合は改行も出力することが多いため、putsメソッ
ドを使って次のように書けば、「\n」も必要なくなり、プログラムがすっきり
します。

```
puts "表面積=#{area}"
```

41

コメントを書く

　プログラムの中には、**コメント**を書くことができます。コメントは、プログラム中に書かれていても、直接プログラムとしては扱われません。つまり、プログラムの実行には何の関係もないもの、ということです。
　「どうしてプログラムの中に、実行とは関係のない余計なものを書くのだろう？」と思われるかもしれません。確かに一度書いて実行すればそれっきり、というプログラムであれば、コメントは特に必要ないでしょう。しかし、一度書いたプログラムを何度も使い回すことも少なくありません。そのようなときに、

- プログラムの名前や作者、配布条件などの情報
- プログラムの説明

などを書いておくために、コメントが使われます。
　コメントを表す記号は「#」です。行頭に「#」があれば、1行まるまるコメントになります。行の途中に「#」があれば、「#」の部分から行末までがすべてコメントになります。また、行頭から始まる「=begin」と「=end」で囲まれた部分もコメントになります。これは、プログラムの先頭や最後で、長い説明を記しておくのに重宝します。
　List 1.5は、先ほどのList 1.4にコメントを追加したプログラムです。濃い網掛けの部分がコメントになっています。

List 1.5 comment_sample.rb

```
=begin
「たのしいRuby 第6版」サンプル
コメントの使い方の例
2006/06/16 作成
2006/07/01 一部コメントを追加
2019/01/01 第6版用に更新
=end
x = 10    # 横
y = 20    # 縦
z = 30    # 高さ
```

1.11 条件判断：if 〜 then 〜 end

```
# 表面積と体積を計算する
area = (x*y + y*z + z*x) * 2
volume = x * y * z
# 出力する
print "表面積=", area, "\n"
print "体積=", volume, "\n"
```

なお、コメントは、先ほど挙げた目的以外にも、「この行の処理を一時的に実行させないようにする」といったことにも使います。

C言語のコメントのように、行の途中だけをコメントにするような書き方はありません。行末まで必ずコメントになります。

1.11 条件判断：if 〜 then 〜 end

これまで見てきたプログラムは、上から順に実行していくものでした。しかし、そのようには実行したくない場合もあります。

- 計算結果がプラスの数値のときはA、マイナスかゼロのときはBを実行したい（条件判断）
- 同じ処理を10回繰り返したい（繰り返し）

このような、プログラムの実行順序などを変えたり、一部を実行させなくするための仕掛けを**制御構造**といいます。

この節と次の節で、制御構造のうち「条件判断」と「繰り返し」を取りあげます。

条件によって挙動が変わるプログラムを作るには、if文を使います。if文の構文は、次のようになります。

```
if 条件 then
    条件が成り立ったときに実行したい処理
end
```

条件には、値がtrueまたはfalseとなる式を書くのが一般的です。2つの値を比較して、一致すればtrue、一致しなければfalse、などが条件にあたります。

43

第1章 はじめてのRuby

　数値の場合、たとえば大小関係の比較には、等号や不等号を使います。Ruby
では、「=」は代入のための記号として使われるので、一致するかどうか調べ
るには「=」を2つ並べた記号「==」を使います。また、「≦」と「≧」には、「<=」
と「>=」を使います。

　このような比較の結果はtrueまたはfalseとなります。もちろん、trueは
その条件が成り立っている場合、falseは成り立っていない場合です。

```
p(2 == 2)   #=> true
p(1 == 2)   #=> false
p(3 > 1)    #=> true
p(3 > 3)    #=> false
p(3 >= 3)   #=> true
p(3 < 1)    #=> false
p(3 < 3)    #=> false
p(3 <= 3)   #=> true
```

　文字列の比較もできます。この場合も「==」を使います。同じ文字列なら
true、異なる文字列ならfalseを返します。

```
p("Ruby" == "Ruby")    #=> true
p("Ruby" == "Rubens")  #=> false
```

　値が異なっていることを判断するには、「!=」を使います。これは「≠」の
意味ですね。

```
p("Ruby" != "Rubens")  #=> true
p(1 != 1)              #=> false
```

　では、これらを使って、条件判断文を書いてみましょう。変数aの値が10以
上の場合は「greater」、9以下の場合は「smaller」と表示するプログラムは
List 1.6のようになります。

44

1.11 条件判断：if 〜 then 〜 end

List 1.6 greater_smaller.rb

```ruby
a = 20
if a >= 10 then
  print "greater\n"
end
if a <= 9 then
  print "smaller\n"
end
```

thenは省略することもできます。その場合、if文は次のようになります。

```ruby
if a >= 10
  print "greater\n"
end
    ⋮
```

また、条件に一致するときとしないときで違う動作をさせたい場合は、elseを使います。次のような構文になります。

if 条件 then
    条件が成り立ったときに実行したい処理
else
    条件が成り立たなかったときに実行したい処理
end

これを使って、List 1.6を書き直すと、List 1.7のようになります。

List 1.7 greater_smaller_else.rb

```ruby
a = 20
if a >= 10
  print "greater\n"
else
  print "smaller\n"
end
```

45

繰り返し

　同じことを何度か繰り返す方法はいくつもあります。ここでは基本的な2つを紹介しましょう。

1.12.1　while文

　while文は、繰り返しを行うための基本的な構文です。なお、doは省略することもできます。

```
while  繰り返し続ける条件  do
    繰り返したい処理
end
```

○ 例：1から10までの数を順番に表示する

```
i = 1
while i <= 10
  print i, "\n"
  i = i + 1
end
```

1.12.2　timesメソッド

　繰り返しの回数が決まっているときは、「times」というメソッドを使うとシンプルにできます。なお、こちらの「do」は省略できません。

```
繰り返す回数.times do
    繰り返したい処理
end
```

○ 例：「All work and no play makes Jack a dull boy.」と100行表示する

```
100.times do
  print "All work and no play makes Jack a dull boy.\n"
end
```

timesメソッドは**イテレータ**と呼ばれるメソッドです。イテレータ（iterator）は、Rubyの特徴的な機能です。「繰り返す（iterate）もの（-or）」という意味です。オペレータ（operator）が「演算（operate）するもの」として「演算子」と呼ばれるのを真似るなら、さしずめ「繰り返し子」「反復子」というところでしょうか。その名の通り、繰り返しを行うためのメソッドです。

Rubyはtimesメソッド以外にも数多くのイテレータを提供しています。イテレータの代表はeachメソッドです。eachメソッドについては、第2章で配列やハッシュと一緒に紹介します。

Column

いろいろなRuby

Rubyのようなプログラミング言語で書かれたプログラムを実行するためのソフトウェアを「処理系」と呼びます。Rubyで書かれたプログラムを動作させる処理系は複数あります。

本書が対象としていて、付録Aでインストール方法を紹介しているのは「CRuby」と呼ばれる処理系です。「C」がついているのは、処理系本体がC言語で開発されたためです。CRuby以外にも、Javaで作られたJRubyや、組み込み向けのmruby、Webブラウザで実行できるOpalなどがあります。

本書のサポートページ（https://tanoshiiruby.github.io/6/）では、Opalを使ってRubyのサンプルコードを試せるようにしてみました。本書とあわせてご覧ください。

図 1.4 Opalによるサンプルコードの実行

第2章 便利なオブジェクト

　第1章では、Rubyで扱う基本的なデータとして「文字列」と「数値」を取りあげましたが、Rubyで扱えるオブジェクトはこれだけではありません。多くのRubyのプログラムでは、もっと複雑なデータを扱うことになるでしょう。

　Rubyでアドレス帳を作ることを考えてみます。アドレス帳に必要な項目は、

- 名前
- ふりがな
- 郵便番号
- 住所
- 電話番号
- メールアドレス
- SNSのID
- 登録日

といったところでしょうか。これらはいずれも文字列で表現できそうです。

　これらの項目をひとまとめにすることで、1人分の情報になります（図2.1）。さらに、交友関係の人たちの情報が集まって、アドレス帳全体のデータができあがるわけです。

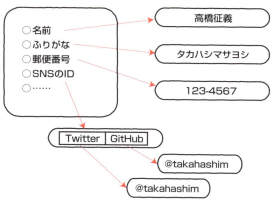

図 2.1 項目を結びつけてひとまとめにする

第2章 便利なオブジェクト

図2.1のようにデータとデータを合わせた1つのデータを表すには、これまでに紹介した「文字列」や「数値」といった単純なオブジェクト以外に、**データの集まりを表現するデータ構造**が必要になります。

この章では、「配列」と「ハッシュ」というデータ構造を紹介します。また、「正規表現」という、文字列処理に使われるオブジェクトも紹介します。

> 📝 配列やハッシュのようにオブジェクトを格納するオブジェクトを、**コンテナ**や**コレクション**といいます。

配列・ハッシュ・正規表現はさまざまな場面で使われますが、より詳しい説明はあとの章で行うことにして、ここではごくおおまかにイメージをつかむことを目的に解説します。

2.1 配列（Array）

配列は「いくつかのオブジェクトを順序つきで格納したオブジェクト」として、もっとも基本的でよく使われるコンテナです。「配列オブジェクト」「Arrayオブジェクト」などと呼ばれることもあります。

2.1.1 配列を作る

新しい配列を作るには、要素をカンマ区切りで並べて、「[ ]」で全体を囲みます。まずは簡単な、文字列の配列を作ってみましょう。

```
names = ["小林", "林", "高野", "森岡"]
```

この例では、namesという配列オブジェクトが作られました。各要素として「"小林"」「"林"」「"高野"」「"森岡"」という4つの文字列を格納しています。図示すると図2.2のようになります。

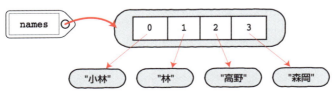

図 2.2 配列オブジェクト

2.1 配列（Array）

2.1.2 配列オブジェクト

配列の要素となるオブジェクトが決まっていない場合には、「[ ]」とだけ書くと、空の配列オブジェクトができます。

```
names = []
```

これ以外にも配列の作り方はいくつかあります。詳しくは「第13章　配列（Array）クラス」で説明します。

2.1.3 配列からオブジェクトを取り出す

配列に格納されたオブジェクトには、位置を表す番号である**インデックス**がつきます。このインデックスを使って、オブジェクトを格納したり、取り出したりできます。

配列の要素を取り出すには、

配列名 [インデックス]

という構文を使います。たとえば、namesという名前の配列オブジェクトを次のように作ったとします。

```
names = ["小林", "林", "高野", "森岡"]
```

配列namesの最初の要素である「小林」という文字列を取り出すには、

```
names[0]
```

と書きます。そのため、

```
print "最初の名前は", names[0], "です。\n"
```

という文を実行すると、

最初の名前は小林です。

51

と表示されます。同様に、names[1]は"林"、names[2]は"高野"になります。

実行例

```
> irb --simple-prompt
>> names = ["小林", "林", "高野", "森岡"]
=> ["小林", "林", "高野", "森岡"]
>> names[0]
=> "小林"
>> names[1]
=> "林"
>> names[2]
=> "高野"
>> names[3]
=> "森岡"
```

配列のインデックスは0から始まります。1ではありません。ですから、a[1]と書くと、aという配列オブジェクトの先頭の要素ではなく、2番目の要素が返ってきます。慣れるまでは間違いやすいかもしれません（慣れていても間違いやすいところです）。注意してください。

Windowsのコマンドプロンプトで日本語入力モードに切り替えるには、[半角／全角]キーを押します。

2.1.4 配列にオブジェクトを格納する

すでにある配列に、新しいオブジェクトを格納することもできます。
配列の要素の1つを別のオブジェクトと置き換えるには、

配列名[インデックス] = 格納したいオブジェクト

という構文を使います。先ほどの配列namesを使ってみましょう。先頭に"野尻"という文字列を格納するには、

```
names[0] = "野尻"
```

と書きます。たとえば、次のように実行すると、namesの最初の要素が「野尻」になることがわかります。

2.1 配列（Array）

実行例

```
> irb --simple-prompt
>> names = ["小林", "林", "高野", "森岡"]
=> ["小林", "林", "高野", "森岡"]
>> names[0] = "野尻"
=> "野尻"
>> names
=> ["野尻", "林", "高野", "森岡"]
```

オブジェクトの格納先として、オブジェクトのまだ存在しない位置を指定すると、配列の大きさが変わります。Rubyの配列は、必要に応じて自動的に大きくなります。

実行例

```
> irb --simple-prompt
>> names = ["小林", "林", "高野", "森岡"]
=> ["小林", "林", "高野", "森岡"]
>> names[4] = "野尻"
=> "野尻"
>> names
=> ["小林", "林", "高野", "森岡", "野尻"]
```

2.1.5 配列の中身

配列の中には、どんなオブジェクトも要素として格納できます。たとえば、文字列ではなく数値の配列も作れます。

```
num = [3, 1, 4, 1, 5, 9, 2, 6, 5]
```

1つの配列の中に、複数の種類のオブジェクトを混ぜることもできます。

```
mixed = [1, "歌", 2, "風", 3]
```

ここでは例を挙げませんが、「時刻」や「ファイル」といったオブジェクトも、配列の要素にできます。

53

第2章 便利なオブジェクト

2.1.6 配列と大きさ

配列の大きさを得るには、sizeメソッドを使います。たとえば、配列array
に対して次のように使います。

```
array.size
```

sizeメソッドを使って、先ほどの配列オブジェクトnamesの大きさを調べ
てみましょう。

実行例

```
> irb --simple-prompt
>> names = ["小林", "林", "高野", "森岡"]
=> ["小林", "林", "高野", "森岡"]
>> names.size
=> 4
```

このように、配列の大きさが、数値として返ってきます。

2.1.7 配列と繰り返し

「配列の要素をすべて表示したい」とか、「配列の要素のうち、ある条件に
当てはまる要素についてはxxメソッドを、当てはまらない要素についてはyy
メソッドを適用したい」といったときには、配列の要素すべてにアクセスす
る方法が必要です。

Rubyには、このためのメソッドとして、eachメソッドが用意されています。
eachメソッドは、第1章でも少し触れたように「イテレータ」というメソッド
の1つです。

eachメソッドは、次のように使います。

```
配列.each do |変数|
    繰り返したい処理
end
```

54

2.1 配列（Array）

　eachのすぐ後ろの「do ～ end」で囲まれている部分を**ブロック**といいます。そのため、eachのようなメソッドは、**ブロックつきメソッド**とも呼ばれます。ブロックにはいくつかの処理をまとめて記述することができます。

　ブロックの冒頭には「|**変数**|」という部分があります。eachメソッドは、配列から要素を1つずつ取り出して、「|**変数**|」で指定された変数に代入して、ブロックの中の処理を繰り返し実行していきます。

　実際に使ってみましょう。配列namesにあるすべての要素を順番に表示してみます。

実行例

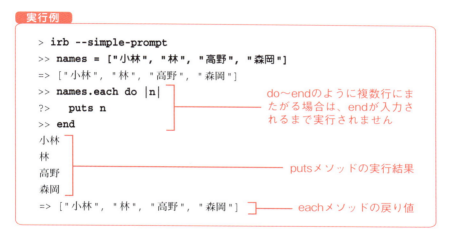

　|n|となっている部分の変数nには、繰り返しのたびに配列namesの要素が代入されます（図2.3）。

図 2.3 繰り返しによるnの変化

　配列にはeachメソッドのほかにもブロックを使うメソッドがたくさん用意されています。配列の要素をまとめて処理する場合によく使います。詳しくは「第13章　配列（Array）クラス」で取りあげます。

ハッシュ(Hash)

ハッシュ（Hash）もよく使われるコンテナです。ハッシュでは文字列やシンボルなどをキーにしてオブジェクトを格納します（図2.4）。

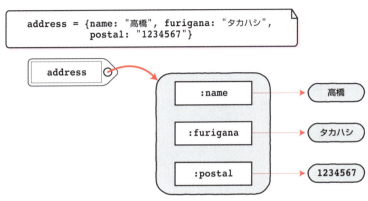

図 2.4 ハッシュ

2.2.1 シンボルとは

シンボル（Symbol）というのは、文字列に似たオブジェクトで、Rubyがメソッドなどの名前を識別するためのラベルをオブジェクトにしたものです。
シンボルは、先頭に「:」をつけて表現します。

```
sym = :foo      # これがシンボル「:foo」を表す
sym2 = :"foo"   # 上と同じ意味
```

シンボルと同様のことはたいてい文字列でもできます。ハッシュのキーのように単純に「同じかどうか」を比較するような場合は、文字列よりも効率がよいことが多いので、シンボルがよく使われます。

2.2 ハッシュ（Hash）

なお、シンボルと文字列はそれぞれ互いに変換できます。シンボルにto_sメソッドを使えば、対応する文字列を取り出せます。逆に、文字列にto_symメソッドを使えば、対応するシンボルを得られます。

実行例

```
> irb --simple-prompt
>> sym = :foo
=> :foo
>> sym.to_s        # シンボルを文字列に変換
=> "foo"
>> "foo".to_sym    # 文字列をシンボルに変換
=> :foo
```

2.2.2 ハッシュを作る

新しいハッシュの作り方は、配列の作り方にちょっと似ています。配列と違うのは、「[ ]」の代わりに「{ }」で囲むところです。また、ハッシュでは、オブジェクトを取り出すためのキーと、そのキーと対応させるオブジェクトを「**キー => オブジェクト**」という形式で指定します。キーにはシンボル、文字列、数値を使うのが一般的です。

```
song = {:title=>"Paranoid Android", :artist=>"Radiohead"}
person = {"名前"=>"高橋", "仮名"=>"タカハシ"}
mark = {11=>"Jack", 12=>"Queen", 13=>"King"}
```

シンボルをキーにする場合は「**シンボル => オブジェクト**」だけではなく「**シンボル名： オブジェクト**」という短い書き方が使えます。次の2つは同じ意味になります。以降では、短い書き方を積極的に用います。

```
person1 = {:name=>"後藤", :furigana=>"ゴトウ"}
person2 = {name: "後藤", furigana: "ゴトウ"}
```

57

第2章　便利なオブジェクト

2.2.3　ハッシュの操作

ハッシュからオブジェクトを取り出したり、オブジェクトを格納したりする方法も、配列にそっくりです。ハッシュに格納されたオブジェクトを取り出すには、次の構文を使います。

ハッシュ名[キー]

また、オブジェクトを格納するには次の構文を使います。

ハッシュ名[キー] = 格納したいオブジェクト

配列と違って、キーには数値以外のオブジェクトも使えます。シンボルをキーにしたハッシュを操作してみましょう。

実行例

```
> irb --simple-prompt
>> address = {name: "高橋", furigana: "タカハシ"}
=> {:name=>"高橋", :furigana=>"タカハシ"}
>> address[:name]
=> "高橋"
>> address[:furigana]
=> "タカハシ"
>> address[:tel] = "000-1234-5678"
=> "000-1234-5678"
>> address
=> {:name=>"高橋", :furigana=>"タカハシ", :tel=>"000-1234-5678"}
```

2.2.4　ハッシュの繰り返し

eachメソッドを使って、ハッシュのキーと値を1つずつ取り出し、すべての要素を処理することができます。配列の場合はインデックスの順に要素を取り出しましたが、ハッシュの場合は「キー」と「値」の組を取り出すことになります。

ハッシュ用のeachは次のように書きます。

```
ハッシュ.each do |キーの変数, 値の変数|
  繰り返したい処理
end
```

さっそく使ってみましょう。

実行例

```
> irb --simple-prompt
>> address = {name: "高橋", furigana: "タカハシ"}
=> {:name=>"高橋", :furigana=>"タカハシ"}
>> address.each do |key, value|
?>   puts "#{key}: #{value}"
>> end
name: 高橋
furigana: タカハシ
=> {:name=>"高橋", :furigana=>"タカハシ"}
```

eachメソッドによって、ハッシュaddressが持っている項目名とその値を表示するputsメソッドが繰り返し実行されるのがわかります。

2.3　正規表現

Rubyで文字列を処理するときには、**正規表現**（Regular Expression）というものがよく使われます。正規表現を使うと、

- 文字列とパターンの一致（マッチング）を調べる
- パターンを使った文字列の切り出し

などを手軽に行えます。

正規表現は、PerlやPythonなど、Rubyの先輩格にあたるスクリプト言語でつちかわれてきた機能です。Rubyもその流れを受け継いでいて、言語に組み込みの機能として、手軽に正規表現を扱えます。文字列処理はRubyの得意分野ですが、それはこの正規表現のおかげでもあります。

第2章　便利なオブジェクト

2.3.1　パターンとマッチング

「○○という文字列を含んだ行を表示したい」とか、「○○と××の間に書かれた文字列を抜き出したい」などといった、特定の文字列のパターンに対する処理を行いたい場合があります。文字列がパターンに当てはまるかどうかを調べることを**マッチング**といい、パターンに当てはまることを「マッチする」といいます。

このような文字列のパターンをプログラミング言語で表現するために使われるのが、正規表現です（図2.5）。

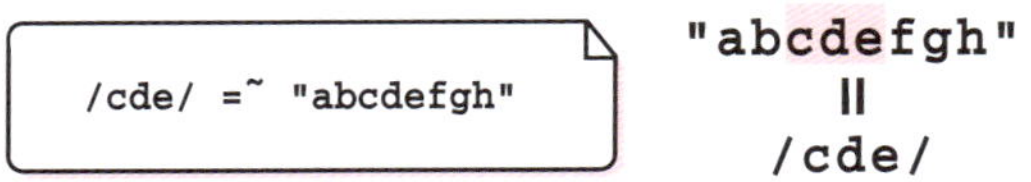

```
/cde/ =~ "abcdefgh"
```

```
"abcdefgh"
    ||
  /cde/
```

図 **2.5** マッチングの例

「正規表現」という言葉から、何やら難しげな雰囲気が漂う、硬そうな印象を持たれるかもしれません。実際のところ正規表現の世界は何かと奥が深いのですが、単純なマッチングに使う分にはあまり身構える必要はありません。まずは、そういうものがあるということを覚えておいてください。

正規表現オブジェクトを作るための構文は、次の通りです。

　/パターン/

たとえば「Ruby」という文字列にマッチする正規表現は、

```
/Ruby/
```

と書きます。そのままですね。アルファベットと数字からなる文字列に一致するパターンを書く分には、「そのまま」で大丈夫です。

正規表現と文字列のマッチングを行うためには、「=~」演算子を使います。同じオブジェクト同士が等しいかどうかを調べる「==」に似ています。

正規表現と文字列のマッチングを行うには、

　/パターン/ =~ マッチングしたい文字列

と書きます。英数字や漢字だけのパターンを使った場合は、パターンの文字列を含んでいればマッチし、含んでいなければマッチしません。マッチング

60

が成功したときは、マッチ部分の位置を返します。文字の位置は、配列のインデックスと同様に、0から数えます。つまり、先頭文字の位置は0と表されます。一方、マッチングが失敗だと`nil`を返します。

実行例

```
> irb --simple-prompt
>> /Ruby/ =~ "Yet Another Ruby Hacker,"
=> 12
>> /Ruby/ =~ "Ruby"
=> 0
>> /Ruby/ =~ "Diamond"
=> nil
```

正規表現の右側の「/」に続けて「i」と書いた場合には、英字の大文字・小文字を区別せずにマッチングを行うようになります。

実行例

```
> irb --simple-prompt
>> /Ruby/ =~ "ruby"
=> nil
>> /Ruby/ =~ "RUBY"
=> nil
>> /Ruby/i =~ "ruby"
=> 0
>> /Ruby/i =~ "RUBY"
=> 0
>> /Ruby/i =~ "rUbY"
=> 0
```

これ以外にも、正規表現にはさまざまな書き方や使い方があります。詳しくは「第16章 正規表現（Regexp）クラス」で説明します。

第2章　便利なオブジェクト

Column

nilとは？

　nilはオブジェクトが存在しないことを表す特別な値です。正規表現による
マッチングの際、どこにもマッチしなかったことを表す場合のように、メソッ
ドが意味のある値を返すことができないときにはnilが返されます。また、配
列やハッシュからデータを取り出す場合に、まだ存在していないインデックス
やキーを指定すると次のようにnilが得られます。

実行例

```
> irb --simple-prompt
>> item = {"name"=>"ブレンド", "price"=>610}
=> {"name"=>"ブレンド", "price"=>610}
>> item["tax"]
=> nil
```

　if文やwhile文は、条件を判定するときにfalseとnilを「偽」の値とし
て扱い、それ以外のすべての値を「真」として扱います。したがって、trueか
falseのどちらかを返すメソッドだけではなく、「何らかの値」もしくは「nil」
を返すメソッドも、条件として使うことができます。
　次の例は配列の中の「林」という文字を含む文字列だけを出力します。

List print_hayashi.rb

```
names = ["小林", "林", "高野", "森岡"]
names.each do |name|
  if /林/ =~ name
    puts name
  end
end
```

実行例

```
> ruby print_hayashi.rb
小林
林
```

62

第3章

コマンドを作ろう

この章では、コマンドラインからデータを受け取り、処理を行う方法を紹介します。また、第1部のまとめとして、Unixのgrepコマンドもどきを作成しましょう。Rubyプログラミングのおおまかな流れをつかんでください。

3.1 コマンドラインからのデータの入力

今まで行ってきたことは、データを画面に出力することでした。「出力」があればその反対、「入力」も試してみたくなります。そもそも、普通に使えるコマンドを作るにはプログラムに動作を指示する方法を知らなければいけません。そこで、Rubyのプログラムにデータを入力してみましょう。

プログラムにデータを与えるには、コマンドラインを利用する方法が一番簡単です。コマンドラインの情報をデータとして受け取るには「ARGV」という配列オブジェクトを使います。このARGVという配列は、コマンドラインからスクリプトの引数として与えられた文字列を要素として持っています。

List 3.1で確認してみましょう。コマンドラインでスクリプトに引数を指定するときは、1つずつ空白で区切って入力してください。

List 3.1 puts_argv.rb

```
puts "最初の引数: #{ARGV[0]}"
puts "2番目の引数: #{ARGV[1]}"
puts "3番目の引数: #{ARGV[2]}"
puts "4番目の引数: #{ARGV[3]}"
puts "5番目の引数: #{ARGV[4]}"
```

第3章　コマンドを作ろう

実行例

```
> ruby puts_argv.rb 1st 2nd 3rd 4th 5th
最初の引数： 1st
2番目の引数： 2nd
3番目の引数： 3rd
4番目の引数： 4th
5番目の引数： 5th
```

　配列ARGVを使えば、データをプログラムの中にすべて書いておく必要はなくなります。配列なので、要素を取り出して変数に代入することもできます（List 3.2）。

List 3.2 happy_birth.rb

```
name = ARGV[0]
puts "Happy Birthday, #{name}!"
```

実行例

```
> ruby happy_birth.rb Ruby
Happy Birthday, Ruby!
```

　引数から取得したデータは文字列になっているので、これを計算に使うときは数値に変換する必要があります。文字列を整数にするには、to_iメソッドを使います（List 3.3）。

List 3.3 arg_arith.rb

```
num0 = ARGV[0].to_i
num1 = ARGV[1].to_i
puts "#{num0} + #{num1} = #{num0 + num1}"
puts "#{num0} - #{num1} = #{num0 - num1}"
puts "#{num0} * #{num1} = #{num0 * num1}"
puts "#{num0} / #{num1} = #{num0 / num1}"
```

64

3.2 ファイルからの読み込み

実行例

```
> ruby arg_arith.rb 5 3
5 + 3 = 8
5 - 3 = 2
5 * 3 = 15
5 / 3 = 1
```

ファイルからの読み込み

　Rubyのスクリプトが入力として受け取れるデータは、コマンドライン引数だけではありません。ファイルからデータを読み込むこともできます。

　Rubyのソースコードには、「NEWSファイル」とも呼ばれる、Rubyの変更点が記されたファイルが同梱されています。Ruby 2.6.0の変更点であれば、docsディレクトリ内の「NEWS-2.6.0」というファイルです。

　このファイルには、以下のように変更点が英語で記載されています。

```
    ⋮
== Changes since the 2.5.0 release

=== Language changes

* <code>$SAFE</code> now is a process global state and can be
set to 0 again. [Feature #14250]
    ⋮
```

　このファイルを使って、Rubyでのファイル操作の練習をしてみましょう。

> **メモ** Rubyのソースコードは、Rubyの公式ウェブサイトから入手できます。
> NEWSファイルは、GitHubのRubyリポジトリからも取得可能です。
> ・Rubyのソースコードダウンロード
> 　https://www.ruby-lang.org/ja/downloads/
> ・GitHub上のNEWS-2.6.0ファイル
> 　https://raw.githubusercontent.com/ruby/ruby/trunk/doc/NEWS-2.6.0

第3章　コマンドを作ろう

3.2.1　ファイルからテキストデータを読み込んで表示する

まず、単純にファイルの中身をすべて表示するプログラムを作ってみましょう。ファイルの中身を表示するプログラムは、次のような流れになります。

①ファイルを開く
②ファイルのテキストデータを読み込む
③読み込んだテキストデータを出力する
④ファイルを閉じる

この流れを、そのままプログラムにしてみましょう（List 3.4）。

List 3.4 read_text.rb

```
1: filename = ARGV[0]
2: file = File.open(filename)  # ①
3: text = file.read           # ②
4: print text                 # ③
5: file.close                 # ④
```

今までの例に比べると、ちょっとプログラムらしくなってきました。1行ずつ説明します。

1行目では、filenameという変数にコマンドラインから受け取った最初の引数の値ARGV[0]を代入しています。つまり、変数filenameは読み出したいファイルの名前を示していることになります。

2行目で使っている「File.open(filename)」は、filenameという名前のファイルを開き、そのファイルを読み込むためのオブジェクトを返します。……といわれても、「ファイルを読み込むためのオブジェクト」というのが何を意味しているのかよくわからないという方もいるかもしれません。あまり気にせず、ここではそういうオブジェクトがあるとだけ思ってください。詳しくは「第17章　IOクラス」で説明します。

この「ファイルを読み込むためのオブジェクト」が実際に使われるのは3行目です。ここでは、「read」というメソッドでデータを読み込み、その結果をtextに代入しています。ここでtextに代入されたテキストデータが、4行目で出力されます。printメソッドは今までにも何度も使ってきたので、も

うすっかりおなじみのことでしょう。そして、最後に「close」というメソッドを実行します。これは、開いたファイルを閉じるためのメソッドです。

このプログラムを次のように実行すると、指定したファイルの内容をそのまま一気に表示します。

> **ruby read_text.rb 表示したいファイル名**

もっとも、ファイルを読み込むだけであれば、File.readメソッドを使うと簡単に書けます（List 3.5）。

List 3.5 read_text_simple.rb

```
1: filename = ARGV[0]
2: text = File.read(filename)
3: print text
```

File.readメソッドは、先ほどの①、②と④をまとめて行い、ファイルの内容を返すものです。詳しくは「第17章　IOクラス」で説明します。

さらに、変数が不要であれば、1行でも書けます（List 3.6）。

List 3.6 read_text_oneline.rb

```
1: print File.read(ARGV[0])
```

3.2.2　ファイルからテキストデータを1行ずつ読み込んで表示する

ここまでで、まとめて読み込んだテキストデータを表示することができるようになりました。しかし、先ほどの方法では、

- ファイルのデータをまとめて読み込むのに時間がかかる
- 一時的にすべてのデータをメモリにためることになるので、大きなファイルの場合に困ることがある

といった問題があります。

100万行あるようなファイルでも、本当に必要なのは最初の数行だけ、ということもあります。そのような場合、すべてのファイルを読み込むまで何もしない、というのは、時間とメモリを無駄に使ってしまうことになります。

これを解決するには、データをすべて読み込んでから処理を開始するというアプローチをやめる必要があります（図3.1）。

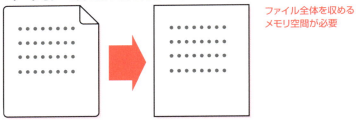

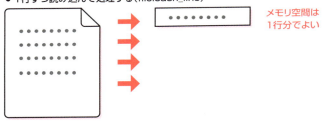

図 3.1 テキストの読み込み方の違い

List 3.4を、1行読み込むたびに出力するように変更してみましょう（List 3.7）。そうすれば、使われるメモリはその行の分だけで済むようになります。

List 3.7 read_line.rb

```
1: filename = ARGV[0]
2: file = File.open(filename)
3: file.each_line do |line|
4:   print line
5: end
6: file.close
```

1、2行目は、List 3.4と同じです。3行目以降がちょっと変わっています。3行目から5行目はeach_lineメソッドを使っています。

3.2　ファイルからの読み込み

　`each_line`メソッドは、第2章で紹介した`each`メソッドに似たメソッドです。`each`メソッドは配列の各要素をそれぞれ処理するメソッドでしたが、`each_line`メソッドはファイルの各行をそれぞれ処理するメソッドです。ここではファイルを1行ずつ読み込み、その行の文字列`line`を`print`メソッドで出力することで、最終的にすべての行が出力されています。

●●● 3.2.3　ファイルの中から特定のパターンの行のみを選んで出力する

　Unixには、grepというコマンドがあります。これは、入力されたテキストデータの中から、正規表現で指定した特定のパターンにマッチする行を出力するコマンドです。これに似たコマンドを作ってみましょう（List 3.8）。

List 3.8 simple_grep.rb

```
 1: pattern = Regexp.new(ARGV[0])
 2: filename = ARGV[1]
 3:
 4: file = File.open(filename)
 5: file.each_line do |line|
 6:   if pattern =~ line
 7:     print line
 8:   end
 9: end
10: file.close
```

　List 3.8を実行するには、次のように入力します。

> ruby simple_grep.rb パターン ファイル名

　少し長くなったので、1行ずつ見ていきましょう。

　プログラムを実行する際にコマンドラインで与えた引数は、`ARGV[0]`と`ARGV[1]`に代入されています。1行目では、1つ目の引数`ARGV[0]`を元に正規表現オブジェクトを作り、変数`pattern`に代入します。「`Regexp.new(`*str*`)`」という形で、引数の文字列*str*から正規表現オブジェクトを作ります。そして2行目では、2つ目の引数`ARGV[1]`をファイル名に使う変数`filename`に代入します。

69

4行目では、ファイルを開き、ファイルオブジェクトを作り、これを変数fileに代入します。

5行目はList 3.7と同じです。1行ずつ読み込んで変数lineに代入し、8行目までを繰り返します。

6行目はif文になっています。ここで、変数lineの値である文字列が変数patternの値である正規表現にマッチするかどうか調べます。マッチした場合、7行目のprintメソッドでその文字列を出力します。このif文にはelse節がないので、マッチしなかった場合は何も起こりません。

すべてのテキストの読み込みが終わったらファイルを閉じて終了します。

たとえば、ファイルNEWSファイルから「Array」という文字列が含まれている行を出力したい場合には、次のように実行します。

```
> ruby simple_grep.rb Array NEWS-2.6.0
```

Arrayに関する変更点が出力されます。

3.3 メソッドの作成

今までいくつかのメソッドを使ってきましたが、自分で作ることもできます。メソッドを作成する構文は次のようになります。

```
def メソッド名
  メソッドで実行したい処理
end
```

「Hello, Ruby.」と表示するメソッドを作ってみましょう。

```
def hello
  puts "Hello, Ruby."
end
```

この3行だけを書いたプログラムを実行しても、何も起こりません。helloメソッドが呼び出される前に、プログラムが終わってしまっているからです。

3.4 別のファイルを取り込む

そのため、自分で作成したメソッドを実行するコードも必要になります。

List 3.9 hello_ruby2.rb

```
1: def hello
2:   puts "Hello, Ruby."
3: end
4:
5: hello()
```

実行例

```
> ruby hello_ruby2.rb
Hello, Ruby.
```

「hello()」というメソッド呼び出しにより、1 ～ 3 行目で定義された helloメソッドが実行されます。

3.4 別のファイルを取り込む

　プログラムの一部を、別の新しいプログラムの中で使い回したいことがあります。たとえば、あるプログラムで使った自作メソッドを、別のプログラムで利用したい、といった場合です。

　たいていのプログラミング言語では、別々のファイルに分割されたプログラムを組み合わせて、1つのプログラムとして利用するための機能を持っています。他のプログラムから読み込んで利用するためのプログラムを、**ライブラリ**といいます。

　プログラムの中でライブラリを読み込むには、requireメソッドまたはrequire_relativeメソッドを使います。

　　require 使いたいライブラリのファイル名

または、

　　require_relative 使いたいライブラリのファイル名

使いたいライブラリのファイル名の「.rb」は省略することができます。

requireメソッドを呼ぶと、Rubyは引数に指定されたライブラリを探して、そのファイルに書かれた内容を読み込みます（図3.2）。ライブラリの読み込みが終わると再び、requireメソッドの次の行から処理を再開します。

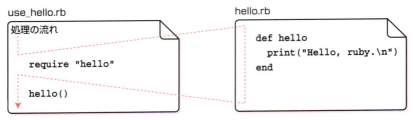

図 3.2 ライブラリとそれを読み込むプログラム

　requireメソッドは既存のライブラリを読み込むときに使います。ライブラリ名を指定するだけで、Rubyと一緒にインストールされたライブラリなど、あらかじめ決められた場所から探し出して読み込んでくれます。それに対してrequire_relativeメソッドは、実行するプログラムが置かれたディレクトリ（フォルダ）を基準にしてライブラリを探します。複数のファイルに分けて記述したプログラムを読み込むときに便利です。

　実際の例として、先ほどのsimple_grep.rbの検索部分をライブラリとして、他のプログラムから使ってみましょう。ライブラリといっても別に変わった書き方は必要ありません。simple_grepメソッドを定義したファイル（List 3.10）と、それを利用するプログラム（List 3.11）を同じディレクトリに作成します。

List 3.10 grep.rb

```ruby
def simple_grep(pattern, filename)
  file = File.open(filename)
  file.each_line do |line|
    if pattern =~ line
      print line
    end
  end
  file.close
end
```

3.4 別のファイルを取り込む

List 3.11 use_grep.rb

```
require_relative "grep"          # grep.rbの読み込み(「.rb」は不要)

pattern = Regexp.new(ARGV[0])
filename = ARGV[1]
simple_grep(pattern, filename)  # simple_grepメソッドの起動
```

　simple_grepメソッドは検索するパターンとファイル名が必要なので、これらをpatternとfilenameという引数で受け取るようにします。

　grep.rbで定義したsimple_grepメソッドを、use_grep.rbで呼び出していることに注目してください。List 3.8の実行例(p.70)と同様に、NEWSファイルから「Array」という文字列が含まれている行を出力したい場合には、次のように実行します。

```
> ruby use_grep.rb Array NEWS-2.6.0
```

　Rubyには、たくさんの便利なライブラリが標準で付属しています。これらを利用する場合にrequireメソッドを使います。

　たとえば、dateライブラリを読み込むことで、今日の日付を求めるDate.todayメソッドや特定の日付のオブジェクトを生成するDate.newメソッドなどを利用できるようになります。Rubyの誕生日である1993年2月24日から今日までの日数を求めるプログラムは次のようになります。dateライブラリについては第20章で詳しく説明します。

```
require "date"

days = Date.today - Date.new(1993, 2, 24)
puts(days.to_i)  #=> 9472
```

第3章 コマンドを作ろう

Column

ppメソッド

pメソッドと同じような目的に使われるメソッドとして、ppメソッドがあります。ppは「Pretty Print」の略です。

List p_and_pp.rb

```
books = [
  {title: "猫街", author: "萩原朔太郎"},
  {title: "猫の事務所", author: "宮沢賢治"},
  {title: "猫語の教科書", author: "ポール・ギャリコ"},
]
p books
pp books
```

実行例

```
> ruby p_and_pp.rb
[{:title=>"猫街", :author=>"萩原朔太郎"}, {:title=>"猫の事務所",
:author=>"宮沢賢治"}, {:title=>"猫語の教科書", :author=>"ポール・
ギャリコ"}]
[{:title=>"猫街", :author=>"萩原朔太郎"},
 {:title=>"猫の事務所", :author=>"宮沢賢治"},
 {:title=>"猫語の教科書", :author=>"ポール・ギャリコ"}]
```

pメソッドとは異なり、ppメソッドはオブジェクトの構造を表示する際に、適当に改行を補って見やすく整形してくれます。ハッシュの配列のように、入れ子になったコンテナを確認する場合に利用するとよいでしょう。

「ようやく　ようやく
これでスタートラインだ
ここからはじまるんだ
　　　　　ここから
神様との　神様との対話が」
　　　　　―― 竹本健治『入神』

第2部
基礎を学ぼう

プログラムの書き方には
いくつかの約束事があります。
Rubyにおけるプログラミングの
ルールを学んでください。

第4章

オブジェクトと変数・定数

この章では、Rubyでデータを扱うための基礎として、次の内容を説明します。

- オブジェクト
- クラス
- 変数
- 定数

4.1　オブジェクト

Rubyではデータを表現する基本的な単位を**オブジェクト**といいます。

オブジェクトにはさまざまな種類があります。その主なものをいくつか紹介しましょう。

数値オブジェクト

「1」「-10」「3.1415」などの、数を表すオブジェクトです。また、行列を表すオブジェクトや複素数を表すオブジェクト、あるいは数式を表すオブジェクト、などもあります。

文字列オブジェクト

「"こんにちは"」「"hello"」などの、文字の並びからなるオブジェクトです。

配列オブジェクト、ハッシュオブジェクト

複数のデータをまとめるためのオブジェクトです。

77

● 正規表現オブジェクト

マッチングのためのパターンを表すオブジェクトです。

● 時刻オブジェクト

「2019年2月24日午前9時」といった時刻を表すオブジェクトです。

● ファイルオブジェクト

ファイルそのもの、というよりは、ファイルへの読み書きを行うためのオブジェクトです。

● シンボルオブジェクト

Rubyがメソッドなどの名前の識別に使うラベルを表すオブジェクトです。

これ以外にも、「範囲オブジェクト」「例外オブジェクト」などがあります。

 クラス

クラスとはオブジェクトの種類を表すものです。

オブジェクトがどのような性質を持つのかは、オブジェクトが属するクラスによって決められます。これまでに登場したオブジェクトとクラスの対応を表4.1に示します。

表 4.1 オブジェクトとクラスの対応表

オブジェクト	クラス
数値	Numeric
文字列	String
配列	Array
ハッシュ	Hash
正規表現	Regexp
ファイル	File
シンボル	Symbol

××クラスのオブジェクトのことを、「××クラスのインスタンス」ということがあります。Rubyの場合、すべてのオブジェクトは何かのクラスのインスタンスなので、インスタンスという言葉はオブジェクトとほとんど同じ意味で使われています。
一方、あるオブジェクトが、あるクラスに属していることを強調する場合には、「インスタンス」のほうがよく使われます。たとえば「文字列オブジェクト "foo" はStringクラスのインスタンスである」といいます。

表4.1のクラスは、Rubyに組み込まれているものですが、自分で新しいクラスを定義することもできます。

クラスについては、第8章で詳しく見ていきます。

 変数

「1.9 変数」(p.39)で説明した通り、変数とはオブジェクトにつける名札のようなものです。

Rubyには、4種類の変数があります。

- ローカル変数（局所変数）
- グローバル変数（大域変数）
- インスタンス変数
- クラス変数

ある変数がどの種類の変数なのかは、変数名で決まります。

- **ローカル変数**
  先頭がアルファベットの小文字か「_」で始まります。
- **グローバル変数**
  先頭が「$」で始まります。
- **インスタンス変数**
  先頭が「@」で始まります。
- **クラス変数**
  先頭が「@@」で始まります。

この4つのほかに**擬似変数**と呼ばれる変数があります。擬似変数は「nil」

第4章　オブジェクトと変数・定数

「true」「false」「self」など、特定の値を指し示すために予約された名前で、代入することによって値を変更することはできません。見た目が変数のようですが、挙動が変数とは違うため、「擬似変数」と呼ばれています。

4.3.1　ローカル変数とグローバル変数

変数の中でまず覚えるべきものは、ローカル変数です。

「ローカル」というのは、変数の有効な範囲（これは「変数の**スコープ**」ともいいます）が局所的（ローカル）だからです。つまり、あるところで使われている変数の名前を、別のあるところで使っても、それが無関係なところであれば、違う変数として扱われる、ということです。

ローカル変数の反対の変数は、グローバル変数です。グローバル変数は、プログラム中のどこで使われても、同じ名前であれば、必ず同じ変数として扱われます。

たとえば、あるプログラムの中から別ファイルに書かれているプログラムを読み込んで、自分のプログラムの一部として実行するとしましょう。このとき、元のプログラムと別ファイルのプログラムの中に、同じ名前の変数xがあってもローカル変数なので別の変数として扱われます。しかし、同じ名前の変数$xはグローバル変数なので、同じ変数として扱われます。

List 4.1とList 4.2は変数のスコープを調べるプログラムです。scopetest.rbの中では、$xとxのどちらも0にしておいてから、sub.rbを読み込みます。sub.rbでは2つの変数をどちらも1にしています。そしてscopetest.rbに戻り、6行目と7行目でそれぞれの変数の値を出力してみると、xは元のまま、$xだけが1になります。これは、scopetest.rbとsub.rbとの間で、$xは同じ変数として、xは別々の変数として扱われているからです（図4.1）。

List 4.1 scopetest.rb

```
1: $x = 0
2: x = 0
3:
4: require_relative "sub"
5:
6: p $x    #=> 1
7: p x     #=> 0
```

List 4.2 sub.rb

```
1: $x = 1   # グローバル変数に代入
2: x = 1    # ローカル変数に代入
```

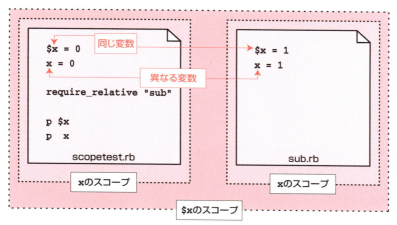

図 4.1 ローカル変数とグローバル変数

　一般的に、グローバル変数は好まれません。グローバル変数はプログラム全体のどこからでも変更できるため、大きなプログラムではグローバル変数を利用することによって、プログラムが必要以上に複雑になったり、プログラムの流れを追ったり修正を加えたりするのが大変になったりするからです。本書でも、グローバル変数の説明はほとんど行っていませんし、例としても使いません。

　ローカル変数は、最初に代入されたときに初期化されます。初期化されていないローカル変数を参照しようとするとエラーになります。

実行例

```
> irb --simple-prompt
>> x + 1
Traceback (most recent call last):
    ︙
NameError (undefined local variable or method `x' for main:Object)
```

なお「インスタンス変数」と「クラス変数」は、クラスを定義するときに使う変数なので、「第8章　クラスとモジュール」で詳しく説明します。

4.4 定数

定数は、変数と同様に、あるオブジェクトにつける「名札」の働きをしますが、変数とは違って、一度代入したあとでもう一度同じ定数に代入すると警告されます。プログラム上で何度も参照される変更しない値に名前をつけるときに使います。

実行例

```
> irb --simple-prompt
>> TEST = 1
=> 1
>> TEST = 2
(irb):2: warning: already initialized constant TEST
(irb):1: warning: previous definition of TEST was here
=> 2
```

先頭がアルファベットの大文字で始まるものが定数となります。たとえば、Rubyの処理系のバージョン（RUBY_VERSION）やプラットフォームの名前（RUBY_PLATFORM）、コマンドライン引数の配列（ARGV）などが、組み込み定数として与えられています。このような、あらかじめ定義されている定数については、「B.3.2　組み込み定数」（p.509）でまとめて紹介します。

4.5 予約語

表4.2の語は、名前として使う場合に制限があります。こういった使用が制限されている名前を**予約語**といいます。うっかり「end」や「next」といった変数を作ると、次のように構文エラーになってしまいます。

実行例

```
> irb --simple-prompt
>> end = 1
Traceback (most recent call last):
    :
SyntaxError ((irb):1: syntax error, unexpected end)
end = 1
^~~
```

表 4.2 Rubyの予約語一覧

__LINE__	__ENCODING__	__FILE__	BEGIN	END
alias	and	begin	break	case
class	def	defined?	do	else
elsif	end	ensure	false	for
if	in	module	next	nil
not	or	redo	rescue	retry
return	self	super	then	true
undef	unless	until	when	while
yield				

多重代入

ここまで「**変数 = 値**」の形式で変数に代入を行うと説明しましたが、複数の変数への代入を1つの式で一度に行うこともできます。この機能を**多重代入**といいます。多重代入が使われる場面はいろいろありますが、いくつかかいつまんで紹介します。

4.6.1　いくつかの代入をまとめて行う

組になっている変数をまとめて代入したい場合です。

```
first = 1
second = 2
third = 3
```

という代入は、次のように書けます。

```
first, second, third = 1, 2, 3
```

こうすると、firstに1が、secondに2が、thirdに3がそれぞれ代入されます。それぞれにあまり関係のない変数同士を多重代入するとプログラムがわかりにくくなるので、まとめるのは関係のある変数にするとよいでしょう。

また、受け取る側の変数に1つだけ「*」をつけておくと、その変数には余った値の配列が代入されます。

```
first, second, *rest = 1, 2, 3, 4, 5
p [first, second, rest]      #=> [1, 2, [3, 4, 5]]
first, *second, rest = 1, 2, 3, 4, 5
p [first, second, rest]      #=> [1, [2, 3, 4], 5]
```

4.6.2　変数の値を入れ替える

2つの変数aとbがあり、この値を入れ替えることを考えます。通常は、入れ替えの途中で値をなくすことがないようにtmpなどの一時変数を使います。

```
a, b = 0, 1
tmp = a    # aの値をtmpに逃しておいて
a = b      # aにbの値を代入する
b = tmp    # 最初のaの値をbに代入する
p [a, b] #=> [1, 0]
```

多重代入を使えば、これを1行で済ませることができます。

```
a, b = 0, 1
a, b = b, a    # aの値をbに、bの値をaに代入する
p [a, b]        #=> [1, 0]
```

4.6.3　配列の要素を取り出す

配列を代入するときに左辺に複数の変数があると、自動的に配列の要素を取り出して多重代入が行われます。

```
ary = [1, 2]
a, b = ary
p a        #=> 1
p b        #=> 2
```

配列の先頭の要素だけを取り出したい場合には、次のように書くこともできます。

```
ary = [1, 2]
a, = ary
p a        #=> 1
```

第4章 オブジェクトと変数・定数

 左辺の変数のリストが「,」で終わるのは、なんとなく変数を書き忘れたようにも見えて不安な感じがする場合、「a, _ = ary」というように、ダミーの変数として「_」という1文字のローカル変数を使うこともあります。

Column

変数名のつけ方

　変数名のつけ方は、変数の種類ごとに決められた先頭文字以外には、これといって必ず守らなければならない規則はありません。とはいえ、よく使われているルールはあります。わかりやすいプログラムを書くにはこういったルールを守ったほうがよいことが多いので、知っておいて損はないでしょう。

● わかりやすい単語を選ぶ

　プログラミング言語ではメソッドやクラスの名前が英語になっていることから、変数名にも英単語がよく用いられます。とはいえ、なじみのない英単語を選ぶよりは思い切ってローマ字を用いるのもよいと思います。チームでプログラムを開発する場合は、仲間内で話し合って方針を決めておくとよいでしょう。

● あまり省略した名前にはしない

　たとえば、開店時間（opening time）を表す変数は、これを optm などにするよりは、素直に opening_time とします。画面上で1行に収まらないような長すぎる名前は困りますが、下手に短く省略するよりは、素直に長く書いたほうが、あとからプログラムを見たときにわかりやすくなります。

　ただし、慣習的に使われている、短い名前の変数もあります。数学や物理的な計算を行う場合は、対象の問題に合わせて、座標は「x」「y」「z」、速度の座標は「v」「w」を使います。繰り返しの回数を表す場合は「i」「j」「k」などがよく使われます。

● いくつかの単語をつなぎ合わせるときには「_」で区切る

　複数の単語からなる変数名を、プログラミング言語により「foo_bar_baz」にする流儀と、「fooBarBaz」にする流儀がありますが、Rubyでは変数名やメソッド名には前者（すべて小文字にしてアンダースコアで区切る）のルールが使われます。クラス名やモジュール名は大文字で始めてアンダースコアを使わずに各単語の先頭を大文字にします。

第5章 条件判断

この章では、制御構造の1つである「条件判断」について詳しく見ていきましょう。

- 条件判断とは何か
- 条件判断に欠かせない「比較演算子」「真偽値」「論理演算子」
- 条件判断の種類とそれぞれの書き方・使い方

などについて説明します。

5.1 条件判断とは

Rubyが生まれたのは1993年です。西暦を入力すると、Rubyの「年齢」、つまりRubyが生まれてからその年まで何年たったかを返すプログラムを書いてみます。この場合、入力された文字列を数値に変換し、1993を引いた値を表示することになります。このプログラムは、List 5.1のようになります。

List 5.1 ad2age.rb

```
# 西暦からRubyの年齢を返す
ad = ARGV[0].to_i
age = ad - 1993
puts age
```

実行してみると、次のようになります。

第5章　条件判断

実行例

```
> ruby ad2age.rb 2019
26
```

しかし、このプログラムには問題があります。それは、1993年以前を入力すると、返す値が0になったりマイナスになったりすることです。

実行例

```
> ruby ad2age.rb 1990
-3
```

もっとも、Rubyが生まれる前に「年齢」はないのですから、このような入力を受けつけてしまうことがおかしいわけです。1993未満の数を入力された場合は、変換できないということを表示するべきでしょう。

このように、「ある条件のときには○○という処理を、そうでないときには××という処理をさせたい」といったときのために用意されているのが、条件判断文です。

条件判断文は、大きく3つあります。

- **if文**
- **unless文**
- **case文**

以降では、これらの条件判断文と、「条件」の書き方について説明していきます。

5.2 Rubyでの条件

条件判断文の前に、Rubyでの「条件」の扱いについて触れておきます。

88

5.2.1 条件と真偽値

条件判断によく使われるものとして、「比較演算子」をすでに紹介しました。「比較演算子」とは、等号「==」や不等号「>」「<」のことです。

比較演算の結果は、trueかfalseです。いうまでもなく、比較の結果が正しいときがtrue、間違っているときがfalseです。

比較演算子以外でも、条件を表すメソッドがたくさんあります。たとえば、文字列クラスのempty?メソッドは、その文字列の長さが0のときにtrueを、そうではないときにはfalseを返すメソッドです。

```
p "".empty?      #=> true
p "AAA".empty?   #=> false
```

また、trueかfalse以外にも、条件判断に使える値があります。たとえば、正規表現によるマッチングでは、マッチした場合には文字列中でマッチした部分の位置を、マッチしなかった場合にはnilを返します。

```
p /Ruby/ =~ "Ruby"      #=> 0
p /Ruby/ =~ "Diamond"   #=> nil
```

このような、trueとfalse以外についても真偽が決まるように、表5.1のように定義されています。

表 5.1 Rubyの真偽値

真	falseとnilを除くオブジェクトすべて
偽	falseとnil

つまり、falseとnilだけが「偽」として扱われ、それ以外はすべて「真」として扱われることになります。このため、trueは「真」の代表値、falseは「偽」の代表値、という位置づけになっています。一方、trueやfalseを返さないメソッドでも、意味のある値を返せない場合はnilを返すメソッドであれば、条件判断に利用できます。

なお、真偽値を返すメソッドの名前は、一目でわかるように末尾に「?」をつけるというルールがあります。自分でメソッドを作る場合は、このルールに合わせるのがよいでしょう。

論理演算子

論理演算子「&&」と「||」は、複数の条件を1つにまとめるときに使います。

　条件1 && 条件2

は、**条件1**と**条件2**のどちらもが「真」である場合に、全体も「真」となります。どちらか一方でも「偽」であった場合は、全体も「偽」になります。

一方、

　条件1 || 条件2

は、**条件1**と**条件2**のいずれか一方が「真」なら、全体も「真」になります。

また、否定の論理演算子、

　!条件

は、条件を反転させます。つまり、条件が「偽」である場合は「真」に、「真」である場合は「偽」になります。

たとえば、整数xが1から10の間にあるかどうかを判断して、処理を行うif文は次のように書きます。

```
if x >= 1 && x <= 10
   ⋮
end
```

これと逆の条件、「1から10以外」という条件を表すには、「!」を使って「!(x >= 1 && x <= 10)」と書くこともできます。しかし、次のように「1より小さいか、10より大きい」と書くほうが素直でしょう。

```
if x < 1 || x > 10
   ⋮
end
```

条件判断は、プログラムの制御を行う重要な部分です。条件の記述がわか

りにくいと、そこで何をやろうとしているのかが読み取りにくくなってしまいます。できるだけ読みやすい条件を書くように心がけましょう。

「&&」「||」「!」と同じ意味でより優先順位の低い、「and」「or」「not」という論理演算子があります。演算子の優先順位については、「9.5 演算子の優先順位」（p.196）を参照してください。

if文

それでは、いろいろな条件判断文を見ていきましょう。if文は、もっとも基本的な条件判断文です。一番単純な構文は、次のようになります。

```
if 条件 then
   文
end
```

※ thenは省略可能です

さらに、elsifとelseを加えると、次のようになります。

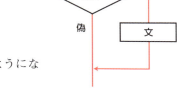

```
if 条件1 then
   文1
elsif 条件2 then
   文2
elsif 条件3 then
   文3
else
   文4
end
```

※ thenは省略可能です

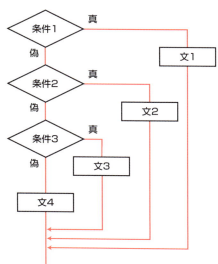

条件は上から順に判定され、まず**条件1**が真の場合は**文1**が実行されます。**条件1**が偽の場合は**条件2**を

判定して真のときは**文2**が実行されます。同様に**条件2**が偽の場合は**条件3**を判定して……、と例では4つですがいくつでも続けることができます。最終的にすべての条件が偽の場合に**文4**が実行されます。

elsifを使ったサンプルプログラム（List 5.2）を見てみましょう。

List 5.2 if_elsif.rb

```
a = 10
b = 20
if a > b
  puts "aはbよりも大きい"
elsif a < b
  puts "aはbよりも小さい"
else
  puts "aはbと同じ"
end
```

これはaとbを比較しています。比較の結果は、aがbよりも大きいか小さいか、あるいは同じかですから、3通りあります。その場合分けをif〜elsif〜else文で行っています。

5.5 unless文

if文とちょうど反対の役割をする条件判断文として、unless文があります。unless文の構文は、次のようになります。

```
unless 条件 then
  文
end
```

※thenは省略可能です

形のうえではif文と同じですね。if文では条件が真のときに文を実行していましたが、unless文では条件が偽のときに文を実行します。

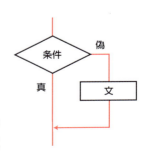

unless文を使ったプログラム（List 5.3）を見てみましょう。

List 5.3 unless.rb

```
a = 10
b = 20
unless a > b
  puts "aはbより大きくない"
end
```

このプログラムを動かすと、「aはbより大きくない」と表示されます。unless文の条件「a > b」が偽になるため、putsメソッドが実行されるのです。

unless文でも、elseを使うことができます。

unless 条件
　文1
else
　文2
end

これは、次のif文と同じです。

if 条件
　文2
else
　文1
end

文1と**文2**の場所が入れ替わっています。このように入れ替えれば、if文でunless文と同じ処理を表現することが可能です。

5.6　case文

条件がいくつもある場合、ifとelsifとの組み合わせでそれぞれの条件を書いていくこともできますが、比較したいオブジェクトが1つだけで、そのオブジェクトの値によって場合分けをしたい場合、case文を使ったほうがシンプルでわかりやすくなります。

第5章　条件判断

case文は次のようになります。

```
case 比較したいオブジェクト
when 値1 then
  文1
when 値2 then
  文2
when 値3 then
  文3
else
  文4
end
```

※ thenは省略可能です

　この例では「**比較したいオブジェクト**」に対して3つの値を比較していますが、いくつでも増やすことができます。

　また、whenには一度に複数の値を指定できます。次の例（List 5.4）は配列tagsの要素を先頭から順に処理し、要素に合わせて異なったメッセージを出力します。

List 5.4 case.rb

```
tags = [ "A", "IMG", "PRE" ]
tags.each do |tagname|
  case tagname
  when "P", "A", "I", "B", "BLOCKQUOTE"
    puts "#{tagname} has a child."
  when "IMG", "BR"
    puts "#{tagname} has no child."
  else
    puts "#{tagname} cannot be used."
  end
end
```

5.6 case文

実行例

```
> ruby case.rb
A has a child.
IMG has no child.
PRE cannot be used.
```

もう少し違う例を見てみましょう（List 5.5）。

List 5.5 case_class.rb

```ruby
array = [ "a", 1, nil ]
array.each do |item|
  case item
  when String
    puts "item is a String."
  when Numeric
    puts "item is a Numeric."
  else
    puts "item is something."
  end
end
```

実行例

```
> ruby case_class.rb
item is a String.
item is a Numeric.
item is something.
```

　この例では与えられたオブジェクトが文字列（Stringクラス）か、数値（Numericクラス）か、あるいはどちらでもないかを判断して、結果を表示します。

　ここでもやはりcase文を使って条件判断を行っています。しかし、ここでのwhenは実際にスクリプトの中で与えられた文字列と直接比較しているわけではなく、そのオブジェクトがどのクラスに所属するオブジェクトなのか、という情報を求め、その情報に基づき、条件判断を行っているわけです。

95

第5章　条件判断

　case文では、正規表現を用いた場合分けをすることができます。正規表現を使った場合のcase文の例も紹介しておきましょう。

```
text.each_line do |line|
  case line
  when /^From:/i
    puts "送信者の情報を見つけました。"
  when /^To:/i
    puts "宛先の情報を見つけました。"
  when /^Subject:/i
    puts "件名の情報を見つけました。"
  when /^$/
    puts "ヘッダの解析が終了しました。"
  else
    # 読み飛ばす
  end
end
```

　このプログラムは、電子メールのヘッダを解析する処理を表しています。もっとも、簡略化のため、ヘッダの文が複数にわたる場合の解析は無視していますし、実際の値を取得しているわけでもありません。あくまでも、処理の流れを記述するためにおおまかな枠組みを書いたものだと捉えてください。

　each_lineメソッドでは、メール本文のテキストデータtextから1行ずつ文字列を取り出して変数lineに代入します。ファイルやテキストの文字列を行ごとに処理する場合の、お決まりの書き方です。

　続くcase文では、このeach_lineメソッドにより得られた文字列lineによって場合分けしています。From:で始まる場合は「送信者の情報を見つけました」と表示します。また、To:で始まる場合は「宛先の〜」、Subject:で始まる場合は「件名の〜」と表示します。

　最後のwhenの/^$/は、行の先頭の直後に行末がくる場合、すなわち行の中身が空の場合に真になる正規表現です。つまり、空行ですね。メールのメッセージではヘッダと本文の間には必ず空行を1つ置く、という決まりになっているので、空行がヘッダの終わりになります。そこで、このwhenではヘッダの解析が終了したことを告げています。

5.6 case文

column

「===」とcase文

case文は、whenで指定した値に一致するかどうかを「===」という演算子を使って判定します。「===」は、左辺が数値や文字列の場合は「==」と同じ意味を持ちますが、正規表現の場合は「=~」と同じようにマッチしたかどうかを判定したり、クラスの場合は右辺がそのクラスのインスタンスかどうかを判定するなど、両辺の「値」を比較するよりも、もう少し緩い意味で同じかどうかを判断するために使います。

```
p(/zz/ === "xyzzy")     #=> true
p(String === "xyzzy")   #=> true
p((1..3) === 2)         #=> true
```

case文をif文に書き換えると、次のようになります。whenで指定したオブジェクトは「===」の左辺となっていることに注意してください。

```
case value
when A
  文1
when B
  文2
else
  文3
end
```

➡

```
if A === value
  文1
elsif B === value
  文2
else
  文3
end
```

5.7 if修飾子とunless修飾子

ifやunlessは、次のように実行したい式の後ろに書くことができます。

```
puts "aはbよりも大きい" if a > b
```

これは、次のif文と同じことですが、よりコンパクトで、何を実行したいのかを目立たせる書き方といえます。プログラムの見やすさを考えて使いましょう。

```
if a > b
  puts "aはbよりも大きい"
end
```

5.8 まとめ

この章では、次のことを紹介しました。

○ 真偽値

真偽値とは条件を表す値で、

- `nil`か`false`のときは偽
- それ以外の値のときは真

となります。

○ 条件判断文

条件判断文には、次の3つがあります。

- `if`文
- `unless`文
- `case`文

○ 比較

if文、unless文での比較には、比較演算子（==、!=、<、>など）、末尾に「?」がついたメソッド、論理演算子などを使います。

○ if文、unless文

条件判断を行うための基本的な構文です。

○ case文

case文は、「あるオブジェクトの状態によってさまざまに処理を変えたい」という「場合分け」の処理を書くために使います。

場合分けは、オブジェクトの種類によって異なる方法で行われます。具体的には「===」という演算子による比較によって、場合分けが実現されています。コラム「「===」とcase文」（p.97）を参照してください。

条件判断はたいていのプログラムで利用します。本書でもさまざまなところで条件判断が使われているので、それらも参考にして、どういうときにどういう書き方をするのか、その上手な利用の仕方を覚えましょう。

Column

オブジェクトの同一性

すべてのオブジェクトは「アイデンティティ」と「値」を持っています。

アイデンティティ（ID）とは、オブジェクトの同一性を表すものです。すべてのオブジェクトに対して一意に与えられます。オブジェクトのIDは、object_id（または__id__）メソッドで得ることができます。

```
ary1 = []
ary2 = []
p ary1.object_id  #=> 67653636
p ary2.object_id  #=> 67650432
```

2つのオブジェクトが同じかどうか（IDが同じかどうか）はequal?メソッドで判定します。

第5章　条件判断

```ruby
str1 = "foo"
str2 = str1
str3 = "f" + "o" + "o"
p str1.equal?(str2)  #=> true
p str1.equal?(str3)  #=> false
```

　一方、「値」とはオブジェクトが持っている情報のことです。たとえば、内容が同じ文字列は同じ値を持っています。オブジェクトの値が等しいかどうかを調べるには、「==」を使います。

```ruby
str1 = "foo"
str2 = "f" + "o" + "o"
p str1 == str2  #=> true
```

　「==」とは別に、値が同じかどうかを判定するメソッドeql?があります。「==」とeql?はともに、Objectクラスのメソッドとして定義されていて、たいていの場合は同じように振舞います。しかし、数値クラスではこれらは再定義されているので、異なる振舞いをします。

```ruby
p 1.0 == 1        #=> true
p 1.0.eql?(1)     #=> false
```

　直感的には1.0と1は同じ値であると判断できたほうが便利です。「==」は普通のプログラム中で値を比較するために使います。eql?メソッドは、多少厳密に比較を行う必要がある場合に用いられます。たとえばハッシュのキーとしては0と0.0は別のものとして扱われますが、ハッシュオブジェクトの内部ではeql?メソッドを使ってキーの比較が行われるためです。

```ruby
hash = {0=>"zero"}
p hash[0.0]  #=> nil
p hash[0]    #=> "zero"
```

第6章 繰り返し

条件判断と並び、「繰り返し」（ループ）もプログラム中のそこかしこで使われる、プログラムに欠かせない仕組みです。

この章では、

- プログラムにおいての「繰り返し」とは何か
- 繰り返しを書く際に気をつけなければいけないこと
- 繰り返しの種類と書き方

などについて説明します。

6.1 繰り返しの基本

プログラムを書いていると、「同じ処理を繰り返したい」ということが頻繁に起こるようになります。たとえば、

- 10本の線を画面に表示したい

といった簡単な繰り返しから、

- 配列の中身をすべて別のオブジェクトに入れ替えたい
- ファイルが開けるまで、ディレクトリを読みにいきたい

といった繰り返しまで、いろいろな繰り返しが必要になります。

ここでは、Rubyで使うことのできる基本的な繰り返しについて説明します。繰り返しの中でも、メソッドを使った繰り返しは、ユーザの側でいくらでも新しく作ることができます。しかし、こちらについては「第11章　ブロック」で細かく触れることにして、ここでは既存のメソッドと繰り返しの構文について説明します。

第6章 繰り返し

6.2 繰り返しで気をつけること

繰り返しで考えなければいけないことを2つ挙げておきます。

- **繰り返したいことは何か**
- **繰り返しを止める条件は何か**

「繰り返したいことは何か」については、自分で繰り返しを書こうとしているのですから、それくらいはわかっている、と思われるかもしれません。しかし、実際には繰り返さなくてもよい処理を繰り返しの中に含めてしまっている、ということも起こります。さらに、繰り返しの中でさらに繰り返しを行う入れ子の構造になる場合は、どこでどのように繰り返しが行われ、そしてその結果がどこで利用されているかが読み取りにくくなります。

また、「繰り返しを止める条件」を間違えると、処理が終わらなくなったり、処理が終わってないのに繰り返しを抜けてしまったりする可能性があります。そういったことが起きないように気をつけましょう。

6.3 繰り返しの実現方法

Rubyで繰り返しを実現するための方法は2種類に分けられます。

- **繰り返しのための構文を利用する方法**
  Rubyには、繰り返しを行うために用意された構文がいくつかあります。これを使えば、たいていの繰り返しを書くことができます。
- **メソッドで実現する方法**
  メソッドにブロックを渡して、そのブロックの中に繰り返したい内容を書くこともできます。これは、繰り返しのための構文を使う場合と比べると、何らかの限定された目的に特化されている傾向があります。

これから説明する繰り返しのための構文とメソッドをまとめると、次の6つになります。

- **times**メソッド
- **for**文
- **while**文
- **until**文
- **each**メソッド
- **loop**メソッド

これらの構文やメソッドを使って、実際にいろいろな繰り返しを書いてみましょう。

timesメソッド

単純に「一定の回数だけ同じ処理をさせる」という繰り返しなら、timesメソッドを使うのが便利です。

たとえば、「いちめんのなのはな」という文字列を7回表示したい場合には、

List 6.1 times.rb

```
7.times do
  puts "いちめんのなのはな"
end
```

と書きます。これを実行すると、

実行例

```
> ruby times.rb
いちめんのなのはな
いちめんのなのはな
いちめんのなのはな
いちめんのなのはな
いちめんのなのはな
いちめんのなのはな
いちめんのなのはな
```

と表示されます。

第6章 繰り返し

timesメソッドで処理を繰り返すには、ブロック「do～end」を使って

繰り返したい回数.times do
  繰り返したい処理
end

と書きます。

またブロックの部分は、「do ～ end」の代わりに、「{ ～ }」を使って次のようにも書けます。

繰り返したい回数.times {
  繰り返したい処理
}

timesメソッドでは、ブロックの中で繰り返している回数を知ることもできます。繰り返しの回数は、

```
5.times do |i|
   ⋮
end
```

などと書くと、変数iに代入されるようになります（List 6.2）。

List 6.2 times2.rb

```
5.times do |i|
  puts "#{i}回目の繰り返しです。"
end
```

実行例

```
> ruby times2.rb
0回目の繰り返しです。
1回目の繰り返しです。
2回目の繰り返しです。
3回目の繰り返しです。
4回目の繰り返しです。
```

6.5 for文

　このように、繰り返しの回数は0から始まることに注意してください。最初に初期値として「1」を与えてそこから繰り返しを開始する、といったことはできません。1から始めたいときは、ブロックの中で数値を変更して対応します（List 6.3）。

List 6.3 times3.rb

```
5.times do |i|
  puts "#{i+1}回目の繰り返しです。"
end
```

実行例

```
> ruby times3.rb
1回目の繰り返しです。
2回目の繰り返しです。
3回目の繰り返しです。
4回目の繰り返しです。
5回目の繰り返しです。
```

　しかし、このような書き方をすると、実際の変数iの値と、表示される値に違いが生じてしまいます。これは、プログラムの動きのわかりやすさの面からはマイナスでしょう。単純に繰り返しの回数だけが重要な場合だけtimesメソッドを使って、それ以外には次に説明するfor文やwhile文を使うとよいでしょう。

6.5 for文

　for文も、処理を繰り返すために使われます。先ほど紹介したtimesとは異なり、forはメソッドではありません。そういう文法の形式があるんだ、と覚えてください。
　for文を使った典型的なプログラムは、List 6.4のようになります。

105

第6章　繰り返し

List 6.4 for.rb

```
1: sum = 0
2: for i in 1..5
3:   sum = sum + i
4: end
5: puts sum
```

実行例

```
> ruby for.rb
15
```

　これは、1から5までの数の合計を求めるプログラムです。このfor文の構文は、次のようになっています。

for 変数 in 開始時の数値..終了時の数値 do
**　繰り返したい処理**
end

※doは省略可能です

　List 6.4に戻ってみましょう。1行目が変数sumを0にする処理、5行目がsumの値を表示して改行する処理です。

　2行目から4行目のfor文では、iの値の範囲が1から5までになるように指定しています。つまり、iの値を1から5まで変化させながら、「sum = sum + i」が実行されているわけです。このプログラムは、

```
sum = 0
sum = sum + 1
sum = sum + 2
sum = sum + 3
sum = sum + 4
sum = sum + 5
puts sum
```

ということと同様の処理を行っています。

106

6.5 for文

for文は、timesメソッドと違い、開始時の値や終了時の値を自由に変更できます。たとえば、変数fromからtoまでの合計を計算しましょう。これをtimesメソッドを使って書くと、次のようになります。

```
from = 10
to = 20
sum = 0
(to - from + 1).times do |i|
  sum = sum + (i + from)
end
puts sum
```

一方、for文を使えば、

```
from = 10
to = 20
sum = 0
for i in from..to
  sum = sum + i
end
puts sum
```

といったように、非常にシンプルな形で書けます。

なお、「sum = sum + i」という計算はもっとシンプルに、

```
sum += i
```

と省略して書くことができます。これは足し算の例ですが、引き算や掛け算でも同様の省略形を使えます。

```
a -= b
a *= b
```

「第9章 演算子」で改めて説明しますが、便利な省略形として覚えておくとよいでしょう。

107

一般的なfor文

先ほどのfor文の構文は、実は特殊な例にすぎません。for文の一般的な構文は、次のようになります。

```
for 変数 in オブジェクト do
    繰り返したい処理
end
```

※doは省略可能です

先ほどとは、inの後ろが異なっていることがわかります。

でも、先ほどのfor文とこちらのfor文は、まったく別の構文、というわけではありません。実は「..」または「...」というのは、**範囲オブジェクト**というオブジェクトを作る記号なのです。

もちろん、ここでのオブジェクトは、どんなオブジェクトでも指定できるというわけではありません。ここでは、配列を使った場合の例（List 6.5）を挙げておきます。

List 6.5 for_names.rb

```ruby
names = ["awk", "Perl", "Python", "Ruby"]
for name in names
  puts name
end
```

実行例

```
> ruby for_names.rb
awk
Perl
Python
Ruby
```

配列の中から要素を1つずつ取り出して、それぞれを表示する、という処理を繰り返しています。

6.7 while文

while文は、どんなタイプの繰り返しにでも使える、単純な構文です。while文の構文は次のようになります。

```
while 条件 do
  繰り返したい処理
end
```

※ doは省略可能です

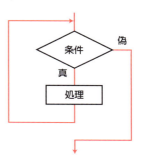

これは、この**条件**が成り立っている間、**繰り返したい処理**が繰り返し実行される、という意味になります。例として、List 6.6を見てみましょう。

List 6.6 while.rb

```ruby
i = 1
while i < 3
  puts i
  i += 1
end
```

実行例

```
> ruby while.rb
1
2
```

このプログラムがどうしてこのような結果になるのか考えてみましょう。最初に、iに1が代入されます。この時点で、iの値は1になっています。次にwhile文に処理が移ります。while文では、次のような処理の繰り返しを行います。

第6章　繰り返し

　①「i ＜ 3」の比較を行い、

　②比較結果が真（つまりiが3より小さい）の場合、「**puts i**」と「**i += 1**」
　　を実行する。比較結果が偽（つまりiが3以上）の場合、何も実行せず
　　に**while**文から抜ける

　③①に戻る

　最初はiが1ですから、「puts　1」が実行されます。2回目も、iは「2」ですか
ら、3よりも小さいので、「puts 2」が実行されます。しかし、3回目はiが3
ですから、「3よりも小さい」という条件は成立しません。つまり、比較の結果
が偽になります。そこで、while文の繰り返しを抜けることになります。そし
て、プログラムも終了します。

　もう1つ、while文を使ったプログラムを作成してみましょう。

　まず、先ほどfor文の説明で紹介したプログラム（List 6.4）を、while文を
使ったプログラム（List 6.7）に書き直してみましょう。

List 6.7 while2.rb

```
sum = 0
i = 1
while i <= 5
  sum += i
  i += 1
end
puts sum
```

　for文の場合と、どこが違っているでしょうか。まず、変数iの条件の与え
方が異なっています。for文の例では、「1..5」と単なる範囲指定だけを書い
ていました。このwhile文の例では、比較演算子「<=」を使って、「iが5以下
の場合（に処理を繰り返す）」という条件を与えています。

　さらに、iの増やし方も異なります。このwhile文の例では、「i += 1」と、
iの値を1増やす処理が、プログラムの中で明示的に書かれています。for文
の場合は、特に何も書かなくても、iを1ずつ増やす処理が行われていました。

　この例のように、for文でも簡単にできることをわざわざwhile文で行う
必要はありません。while文のほうがわかりやすくなるのは、List 6.8のよう
な場合です。

110

List 6.8 while3.rb

```
sum = 0
i = 1
while sum < 50
  sum += i
  i += 1
end
puts sum
```

この例では、条件の部分が「i」でなく「sum」についての条件になっています。「sumが50より小さい間は繰り返せ」という条件です。sumが50を超えるときにiがいくつになるのかは実行してみないとわからないので、for文を使うと、いまひとつわかりにくいプログラムになってしまいそうです。

for文のほうが簡単に書ける場合もあれば、while文のほうが簡単に書ける場合もあります。for文とwhile文の使い分けについては、この章の最後で説明します。

6.8 until文

if文に対してunless文があったように、while文に対してもuntil文があります。until文は、構文の見た目はwhile文と同じですが、条件の判定が反対になります。つまり、その条件を満たしていない場合に繰り返しを行います。言い換えると、while文は条件が成立している間は繰り返すのに対して、until文は条件が成立するまで繰り返します。

```
until 条件 do
  繰り返したい処理
end
```

※ doは省略可能です

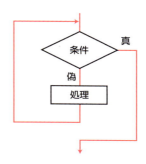

until文を使ったプログラム（List 6.9）を見てみましょう。

第6章 繰り返し

List 6.9 until.rb

```
sum = 0
i = 1
until sum >= 50
  sum += i
  i+= 1
end
puts sum
```

これは、while文のところで使ったプログラム（List 6.8）を、until文用に書き直したものです。while文とは条件比較が反対になっています。

もっとも、while文の条件に否定の演算子「!」を使えば、until文と同様のことが行えます（List 6.10）。

List 6.10 while_not.rb

```
sum = 0
i = 1
while !(sum >= 50)
  sum += i
  i += 1
end
puts sum
```

このように、until文は、while文と!演算子で代用できるため、使わなくてもなんとかなります。しかし、条件式が複雑で、それの否定を考えるのが直感的でない場合などは、until文を使うほうがわかりやすくなるでしょう。

6.9 eachメソッド

eachメソッドは、オブジェクトの集まりに対して、それを1つずつ取り出すときに使います。for文で行っていた、配列に対してその要素を取り出す処理によく似ています。実際、for文でのプログラム（List 6.5）を、eachメソッドを使ったプログラム（List 6.11）に直すことは簡単です。

112

6.9 eachメソッド

List 6.11 each_names.rb

```ruby
names = ["awk", "Perl", "Python", "Ruby"]
names.each do |name|
  puts name
end
```

eachメソッドの一般的な構文は次のようになります。timesメソッドのところでも説明しましたが、メソッドのブロックには「{ ～ }」も使えます。

オブジェクト.each do |変数|
　繰り返したい処理
end

オブジェクト.each {|変数|
　繰り返したい処理
}

これらは、次の処理と、ほぼ同じ働きをします。

for 変数 in オブジェクト
　繰り返したい処理
end

for文はRubyの内部処理としてはeachメソッドが実行される特殊な構文になっています。したがって、eachメソッドを呼び出すことができるオブジェクトであれば、for文のinのあとに指定することができます。

for文のところで取りあげた、範囲オブジェクトを使ったプログラム（List 6.4）も、eachメソッドを使って直してみましょう。

List 6.12 each.rb

```ruby
sum = 0
(1..5).each do |i|
  sum = sum + i
end
puts sum
```

このように、簡単に直せますね。for文を使うべきか、eachメソッドを使うべきかについては、この章の最後で考えることにします。

113

第6章 繰り返し

6.10 loopメソッド

終了条件がない、ただの繰り返しのためのメソッドもあります。それがloopメソッドです。

```
loop do
  print "Ruby"
end
```

などというメソッドを実行しようものなら、画面全体が「Ruby」の文字で埋め尽くされて、大変なことになります。このようなことにならないように、実際にloopメソッドを使う際には、次で説明するbreakを使って、繰り返しを途中で抜けるようにします。

 ループし続けるプログラムをうっかり実行してしまった場合は、[Ctrl]([Control])キーを押しながら[c]キーを押すと、止めることができます。

6.11 繰り返しの制御

繰り返しの途中で、処理を中断したり、処理を次の回に飛ばしたいことがあります。そのために繰り返しを制御する命令があります（表6.1）。

表 6.1 繰り返しを制御する命令

命令	用途
break	繰り返しを中断し、繰り返しの中から抜ける
next	次の回の繰り返しに処理を移す
redo	同じ条件で繰り返しをやり直す

繰り返しの制御の仕方は少々わかりにくいところがあります。redoはほとんど使われないため、本書では特に触れません。breakとnextはどちらも使われるので、この2つについて詳しく説明します。サンプルプログラム（List 6.13）を見てください。

114

6.11 繰り返しの制御

List 6.13 break_next.rb

```
 1: puts "breakの例:"
 2: i = 0
 3: ["Perl", "Python", "Ruby", "Scheme"].each do |lang|
 4:   i += 1
 5:   if i == 3
 6:     break
 7:   end
 8:   p [i, lang]
 9: end
10:
11: puts "nextの例:"
12: i = 0
13: ["Perl", "Python", "Ruby", "Scheme"].each do |lang|
14:   i += 1
15:   if i == 3
16:     next
17:   end
18:   p [i, lang]
19: end
```

　プログラムは2つの部分に分かれていますが、break、nextとなっているところ以外は同じです。実行すると、次のように表示されます。

実行例

```
> ruby break_next.rb
breakの例 :
[1, "Perl"]
[2, "Python"]
nextの例 :
[1, "Perl"]
[2, "Python"]
[4, "Scheme"]
```

[4, "Scheme"]の表示だけ異なっています。それぞれについて説明します。

115

6.11.1 break

breakは繰り返し全体を中断します。List 6.13では、iが3のとき、6行目のbreakが実行されます（図6.1）。breakが実行されると、eachメソッドの繰り返しを抜けて、10行目まで進んでしまいます。そのため、「Ruby」と「Scheme」は表示されません。

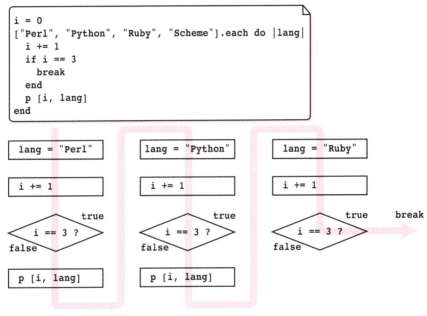

図 6.1 break

breakの例をもう1つ紹介しておきます。List 6.14は、第3章で紹介したsimple_grep.rb（p.69）に手を加えて、マッチした行を10行までしか表示しないようにしたプログラムです。マッチするたびに、変数matchesを加算し、max_matchesになればeach_lineメソッドによるループを終了します。

6.11.2 next

nextは、繰り返しの中のnext以降の部分を飛ばして、次の回の処理を開始します。List 6.13では、iが3の場合に16行目のnextが実行されると、次のeachメソッドの繰り返しに進みます（図6.2）。すなわち、langに「Scheme」が代入され、「i += 1」が実行されます。そのため、「Ruby」が表示されずに、「Scheme」が表示されるのです。

6.11 繰り返しの制御

List 6.14 ten_lines_grep.rb

```ruby
pattern = Regexp.new(ARGV[0])
filename = ARGV[1]
max_matches = 10        # 出力する最大数
matches = 0             # マッチした行数
file = File.open(filename)
file.each_line do |line|
  if matches >= max_matches
    break
  end
  if pattern =~ line
    matches += 1
    puts line
  end
end
file.close
```

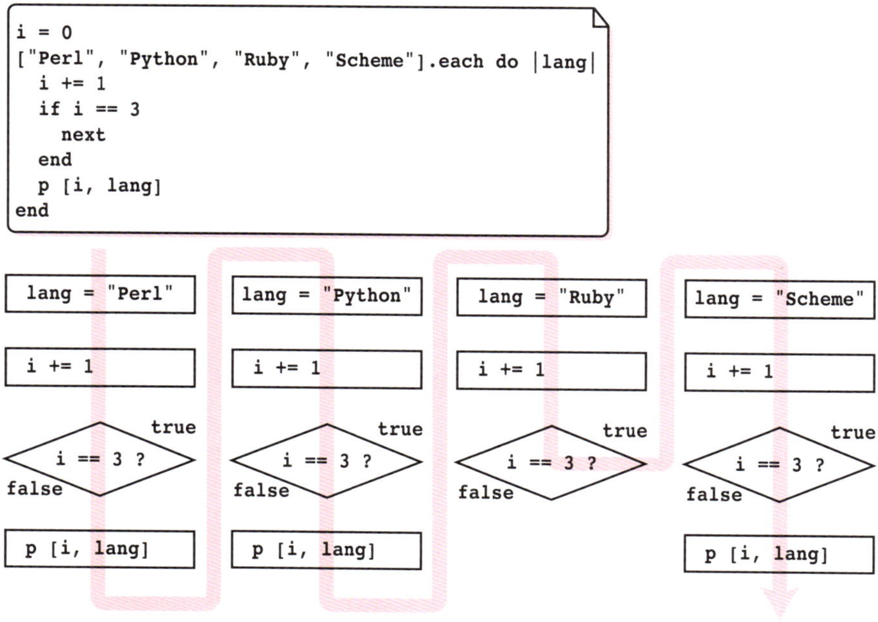

```ruby
i = 0
["Perl", "Python", "Ruby", "Scheme"].each do |lang|
  i += 1
  if i == 3
    next
  end
  p [i, lang]
end
```

lang = "Perl"	lang = "Python"	lang = "Ruby"	lang = "Scheme"
i += 1	i += 1	i += 1	i += 1
i == 3 ? true / false	i == 3 ? true / false	i == 3 ? true / false	i == 3 ? true / false
p [i, lang]	p [i, lang]		p [i, lang]

図 6.2 next

第6章　繰り返し

nextについても、ほかの例を紹介しておきます。入力を1行ずつ読み取って空白行と「#」で始まる行は読み飛ばし、それ以外はそのまま出力するプログラム（List 6.15）を作ってみましょう。

次のように実行すれば、hello.rb（List 6.16）からコメントと空行を取り除いたstripped_hello.rb（List 6.17）を得ることができます。

```
> ruby strip.rb hello.rb > stripped_hello.rb
```

List **6.15** strip.rb

```ruby
file = File.open(ARGV[0])
file.each_line do |line|
  next if /^\s*$/ =~ line   # 空白行
  next if /^#/ =~ line      # ハッシュ記号で始まる行
  puts line
end
file.close
```

List **6.16** hello.rb

```ruby
# Hello, world
puts "hello, world"

# 日本語
puts "こんにちは世界"

# 中文
puts "你好, 世界"
```

List **6.17** stripped_hello.rb

```ruby
puts "hello, world"
puts "こんにちは世界"
puts "你好, 世界"
```

6.12 まとめ

この章では、繰り返しのための構文とメソッドを紹介しました。

繰り返しの機能だけを考えれば、while文でどんな繰り返しでも実現できます。極端なことをいえば、ほかの繰り返しの構文やメソッドは必要ないわけです。それにもかかわらず、繰り返しのための道具がこんなにもあるのは、プログラムが単に機能を実現するためのものではなく、書く人にとっても読む人にとっても、わかりやすくすることが大切だから、といえるでしょう。

この章の最初に紹介した各メソッド・構文の一覧に、使いこなすための指針として「主な用途」を追加した表（表6.2）を紹介しておきます。

表 6.2 繰り返しのための構文とメソッドの主な用途

	主な用途
timesメソッド	回数の指定された繰り返し
for文	オブジェクトから要素を取り出す場合 (eachのシンタックスシュガー)
while文	条件を自由に指定したい場合
until文	whileではわかりにくい条件を指定したい場合
eachメソッド	オブジェクトから要素を取り出す場合
loopメソッド	回数制限のない繰り返し

　シンタックスシュガーとは、人にやさしい字面にするために追加された特殊な構文のことです。メソッドの一般的な構文に従えば、たとえば足し算は「3.add(2)」などと書くことになります。けれども、人間にとっては「3 + 2」と書いたほうがわかりやすくなります。

　シンタックスシュガーによって機能が何か強化される、ということはありませんが、プログラムをわかりやすくするためには欠かせないものです。

もっとも、これは若干筆者の私見が入っているので、これが絶対、というわけではありません。あくまで目安程度に考えてください。

回数の決まった単純な繰り返しは、timesメソッドを使うことにしましょう。それ以外のたいていの繰り返しは、while文とeachメソッドの2つを使えば、それなりにわかりやすく記述できます。まずはこの3つを使いこなせるようになることを目標としてみてください。

第6章　繰り返し

Column

「do 〜 end」と「{ 〜 }」

　timesメソッドの例で、ブロックの書き方には「do 〜 end」と「{ 〜 }」の2種類があることを紹介しました。動作としてはどちらを使っても大きな違いはありませんが、広く使われているルールとして、

- 複数行に分けて書く場合は「**do 〜 end**」
- 1行にまとめる場合は「**{ 〜 }**」

というものがあります。timesメソッドを例にすると、

```
10.times do |i|
  puts i
end
```

と書くか、

```
10.times {|i| puts i}
```

と書くかという違いです。

　見慣れるまではわかりづらいかもしれませんが、「do 〜 end」を使えばブロックの処理をある程度のまとまりのように見せることができます。もう一方の「{ 〜 }」はブロックつきメソッド呼び出し全体を1つの値のように見せることができます。

　また、1行にまとめる場合に「do 〜 end」を使うと、

```
10.times do |i| puts i end
```

となってしまい、なんとく文法上の区切りがわかりづらい印象を受けます。最終的には好みで使い分けてかまいませんが、最初のうちはここで紹介したルールに合わせてみてはどうでしょうか。

第7章

メソッド

メソッドは、オブジェクトに定義されているもので、そのオブジェクトに関連する操作を行うために使われます。Rubyでは、すべての操作がメソッドとして実装されています。

7.1 メソッドの呼び出し

最初にメソッドの呼び出し方をおさらいしましょう。

7.1.1 単純なメソッド呼び出し

メソッド呼び出しの構文は、次のようになります。

オブジェクト.メソッド名(引数1, 引数2, …, 引数n)

先頭にオブジェクトが1つ置かれ、その後ろにピリオド「.」を挟み、メソッド名が続きます。メソッド名の後ろには、「( )」で囲まれたメソッドの引数が並びます。引数の数と順番はメソッドごとに決められているので、それに合わせて指定しなけばいけません。なお、この「( )」は省略できます。

上の構文の「オブジェクト」は、**レシーバ**(receiver)とも呼ばれます。これは、オブジェクト指向の世界では、メソッドを実行することを「オブジェクトにメッセージを送る」、その結果として「オブジェクトはメッセージを受け取る(receiveする)」と考えるからです(図7.1)。つまり、あるオブジェクトに対し、いくつかのパラメータとともにメッセージが送られる、というイメージです。メソッドの引数がパラメータに相当します。

第7章 メソッド

図 7.1 オブジェクトにメッセージを送る

7.1.2 ブロックつきメソッド呼び出し

「第6章 繰り返し」で見たeachメソッドやloopメソッドのように、ブロックを伴って呼び出されるメソッドがあります。ブロックを伴うメソッド呼び出しを**ブロックつきメソッド呼び出し**といいます。

ブロックつきメソッド呼び出しの構文は、次のようになります。

オブジェクト.メソッド名(引数，…) do |変数1，変数2，...|
　ブロックの内容
end

「do ～ end」の部分がブロックです。ブロックは「do ～ end」のほかに「{ ～ }」という形式で、次のように書くこともできます。

オブジェクト.メソッド名(引数，…) { |変数1，変数2，...|
　ブロックの内容
}

「do ～ end」の形式では、引数リストを囲む「()」を省略してもかまいません。「{ ～ }」の形式の場合は、引数がない場合にのみ引数リストを囲む「()」を省略できますが、引数が1つ以上ある場合は省略できません。

ブロックの最初の「| ～ |」で囲まれた部分に指定された変数は**ブロック変数**または**ブロックパラメータ**といいます。この変数にはブロックを実行するたびに、メソッドからパラメータが渡されます。パラメータの数や値はメソッドごとに異なります。すでに紹介したように、timesメソッドのブロック変数は1つで、ブロックが呼び出されるたびに0から順に繰り返しの回数が渡されます（List 7.1）。

List 7.1 times_with_param.rb

```
5.times do |i|
  puts "#{i}回目の繰り返しです。"
end
```

実行例

```
> ruby times_with_param.rb
0回目の繰り返しです。
1回目の繰り返しです。
2回目の繰り返しです。
3回目の繰り返しです。
4回目の繰り返しです。
```

7.1.3 演算子の形式のメソッド呼び出し

演算子の形をしているメソッドもあります。四則演算などの2項演算子や- (マイナス) などの単項演算子、配列やハッシュの要素を添字で指定する[ ]などがメソッドとなっています。

- `obj + arg1`
- `obj =~ arg1`
- `-obj`
- `!obj`
- `obj[arg1]`
- `obj[arg1] = arg2`

これらは、メソッド呼び出しの一般的な構文とは異なっていますが、それぞれ「obj」がレシーバ、「arg1」や「arg2」が引数となっている、立派なメソッドです。これらの演算子の形をしたメソッドも自由に定義できます。

演算子の中にはメソッドで実現されていて自由に動作を変えることができるものと、動作を変更できないものがあります。演算子については、「第9章 演算子」で説明します。

7.2 メソッドの分類

Rubyのメソッドは、レシーバによって、3種類に分けることができます。

- インスタンスメソッド
- クラスメソッド
- 関数的メソッド

ここでは、この3つのメソッドについて、それぞれ説明していきます。

7.2.1 インスタンスメソッド

インスタンスメソッドは、もっとも一般的なメソッドです。あるオブジェクト（インスタンス）があったとき、そのオブジェクトをレシーバとするメソッドのことを、インスタンスメソッドと呼びます。

インスタンスメソッドには、次のようなものがあります。

```
p "10,20,30,40".split(",")    #=> ["10", "20", "30", "40"]
p [1, 2, 3, 4].index(2)       #=> 1
p 1000.to_s                   #=> "1000"
```

上から順に、文字列、配列、数値の各オブジェクトがレシーバになっています。

オブジェクトに対してどのようなインスタンスメソッドが使えるかは、そのオブジェクトの種類（クラス）によって決められます。オブジェクトに対してインスタンスメソッドを呼び出すと、そのクラスごとに決められた処理が実行されます。

同じ名前のメソッドは同じような処理を行うことが多いのですが、具体的な処理の内容はオブジェクトの種類によって違います。たとえば、to_sメソッドはほとんどのクラスで使うことができる、オブジェクトの内容を表す文字列を返すメソッドです。オブジェクトを文字列にするという意味は共通していますが、数値オブジェクトと時刻オブジェクトでは作られる文字列の形式やその作り方が違います。

```
p 10.to_s          #=> "10"
p Time.now.to_s    #=> "2019-01-15 02:20:17 +0900"
```

7.2.2 クラスメソッド

レシーバがインスタンスではなくクラスそのものだった場合、そのメソッドは**クラスメソッド**といいます。たとえば、インスタンスを作るような場合には、クラスメソッドが使われます。

```
Array.new              # 新しい配列を作る
File.open("some_file") # 新しいファイルオブジェクトを作る
Time.now               # 新しいTimeオブジェクトを作る
```

また、直接インスタンスを操作するわけではないけれども、そのクラスに関連する操作を行いたい場合にも、クラスメソッドが使われます。たとえばファイルの名前を変更するには、ファイルクラスのクラスメソッドを使います。

```
File.rename(oldname, newname)   # ファイル名を変更する
```

さらに、クラスメソッドにも演算子の形をしているものがあります。

```
Array["a", "b", "c"]    # ["a", "b", "c"] という配列を生成する
```

クラスメソッドの呼び出しには、「.」の代わりに「::」を使うこともできます。どちらもRubyの文法としては同じ意味です。

クラスメソッドについては、「第8章　クラスとモジュール」でさらに詳しく説明します。

第7章　メソッド

●●● 7.2.3　関数的メソッド

レシーバがないメソッドを、**関数的メソッド**と呼びます。

もっとも、「レシーバがない」といっても、レシーバに該当するオブジェクトが本当にないわけではありません。関数的メソッドの場合、それが省略されているのです。

```
print "hello!"      # コンソールに文字列を出力する
sleep(10)           # 指定された秒数の間、処理を休止する
```

関数的メソッドは、レシーバの状態によって結果が変わることがないように作られています。printメソッドやsleepメソッドは、レシーバの情報を必要としません。逆にいえば、レシーバを必要としないメソッドは、関数的メソッドにする、ということになります。

Column

メソッドの表記法

マニュアルなどに登場するメソッド名の表記法を紹介しておきましょう。あるクラスのインスタンスメソッドの名前を表記するにはArray#eachやArray#injectのように、

クラス名#メソッド名

と書きます。これはドキュメントや説明のための表記法なので、プログラム中に書くとエラーになってしまいます。注意してください。

一方、クラスメソッドの名前の表記には、Array.newまたはArray::newのように、

クラス名.メソッド名
クラス名::メソッド名

という2通りの書き方があります。これらは実際にプログラム中で使用する場合にも同じように記述できます。

7.3 メソッドの定義

7.3.1 メソッド定義の構文

メソッド定義の一般的な構文は次のようになります。

```
def メソッド名(引数1, 引数2, …)
  実行したい処理
end
```

メソッド名にはアルファベット、数字、「_」(アンダースコア)を使うことができます。ただし、数字で始めてはいけません。

List 7.2を見てください。

List 7.2 hello_with_name.rb

```
def hello(name)
  puts "Hello, #{name}."
end

hello("Ruby")
```

> インスタンスメソッドやクラスメソッドを定義するには先にクラスを定義する必要がありますが、まだ紹介していません。ともかくメソッドを定義すれば、レシーバを省略して関数的メソッドとして呼び出すことができます。

helloメソッドの中ではnameという変数で、実行する際に与えられた引数を参照できます。このプログラムでは「"Ruby"」という文字列が指定されているので、実行結果は次のようになります。

実行例

```
> ruby hello_with_name.rb
Hello, Ruby.
```

第7章　メソッド

引数にはデフォルト値を指定することもできます（List 7.3）。デフォルト値は、引数を省略してメソッドを呼び出したときに使われる値で、「**引数名 = 値**」と書きます。

List **7.3** hello_with_default.rb

```ruby
def hello(name="Ruby")
  puts "Hello, #{name}."
end

hello()          # 引数を省略して呼び出す
hello("Newbie")  # 引数を指定して呼び出す
```

実行例

```
> ruby hello_with_default.rb
Hello, Ruby.
Hello, Newbie.
```

メソッドが複数の引数を持つ場合は、引数リストのうち右端から順にデフォルト値を指定します。たとえば、3つの引数のうち2つを省略可能にする場合は、右側の2つにデフォルト値を指定します。

```ruby
def func(a, b=1, c=2)
  ┊
end
```

左端の引数、あるいは途中の引数だけを省略可能にすることはできません。

7.3.2　メソッドの戻り値

メソッドの中でreturn文を使うことで、メソッドの戻り値を指定できます。

return 値

例として、直方体の体積を求める計算をメソッドにしてみましょう。引数はx、y、z方向の各辺の長さです。「x * y * z」の結果をメソッドの戻り値としています。

128

```
def volume(x, y, z)
  return x * y * z
end

p volume(2, 3, 4)      #=> 24
p volume(10, 20, 30)   #=> 6000
```

　return文は省略してもかまいません。その場合は、メソッドの中で最後に得られる値が戻り値となります。省略した場合の例として、今度は直方体の表面積を求めるメソッドを作ってみましょう。ここでは、areaメソッドの最後の行の「(xy + yz + zx) * 2」の結果がメソッドの戻り値となります。

```
def area(x, y, z)
  xy = x * y
  yz = y * z
  zx = z * x
  (xy + yz + zx) * 2
end

p area(2, 3, 4)      #=> 52
p area(10, 20, 30)   #=> 2200
```

　メソッドの戻り値は、見かけ上の最後の行の結果とは限りません。次の例は2つの値を比較して大きいほうを返すメソッドです。「a > b」が真の場合はaが、偽の場合はbがif文全体の結果となり、それが戻り値となります。

```
def max(a, b)
  if a > b
    a
  else
    b
  end
end

p max(10, 5)         #=> 10
```

第7章　メソッド

　省略できるのであまり使う機会のなさそうなreturn文ですが、条件に
よってメソッドをすぐに終了させたいときには便利です。maxメソッドは、
return文を使うと次のように書き直すことができます。違いを比べてみてく
ださい。

```
def max(a, b)
  if a > b
    return a
  end
  return b    # ここの「return」は省略してもよい
end

p max(10, 5)  #=> 10
```

　なお、returnの引数を省略した場合には、nilが返されます。
　メソッドの中には、処理することが目的で、戻り値そのものは使わないメ
ソッドもあります。そのような場合、多くはnilを返します。第1章で紹介し
たprintメソッドもその1つです。
　printメソッドは、引数を出力するだけで、戻り値はnilになります。

```
p print("1:")    #=> 1:nil
                 #   (printメソッドの出力結果「1:」とpメソッドの
                 #   出力結果「nil」が表示される)
```

7.3.3　ブロックつきメソッドの定義

　メソッド呼び出しの形式として、ブロックつきメソッド呼び出しを紹介し
ました。今度は与えられたブロックを使うメソッドの作り方を紹介します。
　与えられたブロックを繰り返し実行するloopメソッドと同じ動きをする
メソッドmyloopを作ってみましょう（List 7.4）。

130

7.3 メソッドの定義

List 7.4 myloop.rb

```ruby
def myloop
  while true
    yield              # ブロックを実行する
  end
end


num = 1                # numを初期化する
myloop do
  puts "num is #{num}"  # numを表示する
  break if num > 10    # numが10を超えていたら抜ける
  num *= 2             # numを2倍する
end
```

　「yield」という命令が出てきました。このyieldが、ブロックつきメソッドを定義する際にもっとも重要なキーワードです。メソッド定義の中のyieldは、メソッドの呼び出しの際に与えられたブロックを実行します。

　このプログラムを実行すると、numの値を1、2、4、8と2倍にしていき、10を超えたところでmyloopメソッドから抜けるというふうに動きます。

実行例

```
> ruby myloop.rb
num is 1
num is 2
num is 4
num is 8
num is 16
```

　この例ではブロックにはパラメータがありませんが、yieldに引数があれば、それがブロック変数としてブロックに渡されます。また、ブロックで最後に評価した式の値がブロックを実行した結果となり、yieldの戻り値として取り出すことができます。

　ブロックつきメソッドの使い方については、クラスの定義を学んだあとで、「第11章　ブロック」で詳しく見ていきます。

第7章　メソッド

●•• 7.3.4　引数の数が不定なメソッド

引数の数が決められないメソッドは、次のように「＊変数名」の形式で定義
することで、与えられた引数をまとめて配列として得られます。

```
def foo(*args)
  args
end

p foo(1, 2, 3)   #=> [1, 2, 3]
```

少なくとも1つは引数を指定しなければならないメソッドを定義したい場
合は、次のようにします。

```
def meth(arg, *args)
  [arg, args]
end

p meth(1)        #=> [1, []]
p meth(1, 2, 3)  #=> [1, [2, 3]]
```

不定の引数はすべてargsという変数に配列として渡されます。「＊変数名」
の形式の引数は、メソッド定義の引数リストに1つだけ含めることができま
す。最初の引数と最後の引数は決まった名前で受け取って、その間の引数は
省略できるようにしたい場合は次のようにします。

```
def a(a, *b, c)
  [a, b, c]
end

p a(1, 2, 3, 4, 5)  #=> [1, [2, 3, 4], 5]
p a(1, 2)           #=> [1, [], 2]
```

132

7.3 メソッドの定義

7.3.5 キーワード引数

これまで紹介したメソッド定義では、メソッドを呼び出す際の引数は、メソッドを定義したときに決めた個数と順番に従って与える必要がありました。**キーワード引数**を使うと、引数名と値のペアで引数を渡せるようになります。

キーワード引数を使う場合のメソッド定義の構文は次のようになります。

def メソッド名 (引数1： 引数1の値 , 引数2： 引数2の値 , …)
   実行したい処理
end

「**引数名： 値**」の形式で引数名だけでなくデフォルト値を指定します。直方体の表面積を計算するareaメソッド（p.129）をキーワード引数を使うように書き直してみましょう。

```
def area(x: 0, y: 0, z: 0)
  xy = x * y
  yz = y * z
  zx = z * x
  (xy + yz + zx) * 2
end

p area(x: 2, y: 3, z: 4)    #=> 52
p area(z: 4, y: 3, x: 2)    #=> 52    (引数の順序を変える)
p area(x: 2, z: 3)          #=> 12    (yを省略する)
```

引数のx、y、zのそれぞれにデフォルト値として0を指定してメソッドを定義します。呼び出しの際は「x： 2」のように、引数の名前と値をペアで指定します。キーワード引数形式のメソッド定義では、それぞれの引数にデフォルト値を与えるため、どれを省略してもかまいませんし、呼び出しの際に引数名を与えるので、順番も自由にしてかまいません。

デフォルト値を指定したくない場合は、**引数名：**と引数名だけ書きます。デフォルト値が省略された引数は、呼び出し時に省略できません。

133

第7章　メソッド

```
def volume(x:, y: 2, z: 4)
  x * y * z
end

p volume(x: 2, y: 3) #=> 24
p volume(y: 3, z: 4) #=> ArgumentError
```

定義にない引数名でパラメータを与えた場合には、エラーとなります。

```
area(x: 2, foo: 0)   #=> ArgumentError
```

　定義に存在しないキーワード引数をエラーにせずに受け取りたい場合は
「**変数名」の形式で受け取ります。次の例では、キーワード引数x、y、zのほ
かに、**argsという引数を持つメソッドを定義しています。引数argsには、
引数リストに存在しないキーワードをキーとして持つハッシュオブジェクト
が設定されます。

```
def meth(x: 0, y: 0, z: 0, **args)
  [x, y, z, args]
end

p meth(z: 4, y: 3, x: 2)        #=> [2, 3, 4, {}]
p meth(x: 2, z: 3, v: 4, w: 5)  #=> [2, 0, 3, {:v=>4, :w=>5}]
```

○ キーワード引数と通常の引数を組み合わせる

キーワード引数は通常の引数と組み合わせて用いることができます。

```
def func(a, b: 1, c: 2)
  ⋮
end
```

　このように定義した場合、aは必須のパラメータ、bとcはキーワード引数
となります。このメソッドを呼び出すときは、次のように、最初の引数に続け

134

てキーワード形式の引数を指定します。

```
func(1, b: 2, c: 3)
```

○ ハッシュで引数を渡す

ハッシュをキーワード引数として渡すことができます。キーはシンボルでなければなりません。デフォルト値を持つキーワードは省略してかまいませんが、余分なキーを与えるとエラーになります。次の最後の例ではキーワードyを省略しています。

```
def area(x: 0, y: 0, z: 0)
  xy = x * y
  yz = y * z
  zx = z * x
  (xy + yz + zx) * 2
end

args1 = {x: 2, y: 3, z: 4}
p area(args1)          #=> 52

args2 = {x: 2, z: 3}   # yを省略する
p area(args2)          #=> 12
```

7.4 メソッドの呼び出しの補足

メソッド呼び出しの際の引数の渡し方について補足します。

7.4.1 配列を引数に展開する

メソッドに引数を渡す場合に、配列を展開してメソッドの引数にすることもできます。メソッドの呼び出しの際に、「*配列」の形式で引数を指定すると、配列そのものではなく、配列の要素が先頭から順にメソッドの引数として渡

第7章　メソッド

されます。ただし、配列の要素の数とメソッドの引数の数は一致していなけ
ればいけません。

```
def foo(a, b, c)
  a + b + c
end

p foo(1, 2, 3)       #=> 6

args1 = [2, 3]
p foo(1, *args1)     #=> 6

args2 = [1, 2, 3]
p foo(*args2)        #=> 6
```

7.4.2　引数にハッシュを渡す

　ハッシュオブジェクトは通常「{ ～ }」という形式で書きますが、メソッド
の引数にハッシュを渡す場合は、「{ }」を省略できます。

```
def foo(arg)
  arg
end

p foo({"a"=>1, "b"=>2})   #=> {"a"=>1, "b"=>2}
p foo("a"=>1, "b"=>2)     #=> {"a"=>1, "b"=>2}
p foo(a: 1, b: 2)         #=> {:a=>1, :b=>2}
```

この書き方は、最後の引数にハッシュを渡す場合にも使えます。

```
def bar(arg1, arg2)
  [arg1, arg2]
end

p bar(100, {"a"=>1, "b"=>2})   #=> [100, {"a"=>1, "b"=>2}]
p bar(100, "a"=>1, "b"=>2)     #=> [100, {"a"=>1, "b"=>2}]
p bar(100, a: 1, b: 2)         #=> [100, {:a=>1, :b=>2}]
```

7.4　メソッドの呼び出しの補足

　3番目の形式はシンボルをキーとするハッシュを渡していますが、キーワード引数を使った呼び出しとそっくりです。もともと、このハッシュを引数として渡す書き方があって、キーワード引数はその見かけに似せて設計されました。キーワード引数を使うと、使用できるキーを制限したり、デフォルト値を与えたりすることができます。キーワード引数を積極的に使うのがよいでしょう。

Column

読みやすいプログラムを書こう

　プログラムは、コンピュータに理解させるためのものである一方、人間が読み書きするものでもあります。しかし、同じように動作するプログラムでも、人間が読みやすいものもあれば、そうではないものもあります。この読みやすさは、プログラムの設計や構造だけではなく、「見た目」にも左右されます。プログラムの見た目をよくするためのポイントとして、次の3点が挙げられます。

- 改行と「;」(セミコロン)
- インデント
- 空白

それぞれについて、順に見ていきましょう。

○ 改行と「;」

　Rubyの文法の特徴の1つに、改行を文の区切りに使えることが挙げられます。
　改行以外に、文の区切りになる記号として「;」があります。1行に複数の文を書きたい場合に使えます。たとえば、

```ruby
str = "hello"; print str
```

と書くのは、

```ruby
str = "hello"
print str
```

と書くのと同じ意味になります。
　この文法は、改行そのものを一種の自然な区切りと見なしたほうが、プログ

第7章 メソッド

ラムを書きやすく読みやすいという考えを表しています。1行にいくつもの操作を書くよりも、適切に改行することが、読みやすいプログラムへの第一歩となります。

「;」を多用すると、プログラムが読みにくくなりがちです。使う前に「どうしても同じ行に書かなければいけないのか？」と自問してみましょう。そして、使ったほうが読みやすくなると判断したときにだけ使いましょう。筆者もふだんは「;」を使うことはありません。

○ **インデント**

インデントとは、「字下げ」のことです。プログラムの行頭に空白文字をいくつか並べて、まとまりを強調するために使います。本書では、空白文字2つをインデント1つとしています。

次の例では、printメソッドの2行がif ～ endの内部にある処理、ということをわかりやすくするために、インデントを行っています。

```
if a == 1
  print message1
  print message2
end
```

繰り返しなどが入れ子になったときには、インデントをさらに深くします。こうすると、文と繰り返しの対応関係が、わかりやすくなります。

```
while a < 10
  while b < 20
    b = b + 1
    print b
  end
  a = a + 1
  print a
end
```

インデントを行うべき場面として、次のような箇所が挙げられます。

138

7.4 メソッドの呼び出しの補足

● 条件分岐

```
if a > 0
  some_method()
else
  other_method()
end
```

● 繰り返し

```
while i < 10
  method()
  i = i - 1
end
```

● ブロック

```
some_value.each do |i|
  i.method()
end
```

● メソッドやクラスの定義

```
def foo
  print "hello"
end
```

インデントをする際には、次のことを守りましょう。

● 何でもないところで突然字下げしたりしない

```
x = 10
y = 20
  z = 30   # <= 悪い例
```

第7章 メソッド

● **インデントの幅は揃える**

```
if foo
  if bar
        if buz   # <= 下げすぎ
        end
  end
end
```

○ 空白

空白は、プログラム中のいたるところで現れます。次のことに気をつけましょう。

● **空白の長さは揃えて、バランスよく**

演算子の前後の空白は同じ長さにしましょう。たとえば、aとbの足し算だと以下のパターンがありえます。とりわけ、「a +b」は、「+b」という引数を持った「a」というメソッドのメソッド呼び出し「a(+b)」のように見えるため、好ましくありません。

```
a+b          ○好ましい書き方
a + b        ○好ましい書き方
a +b         △好ましくない書き方
a+ b         △好ましくない書き方
```

○ よいスタイル

よいスタイルを身につけるには、ほかの人の書いたRubyのプログラムを読んで、それを真似るところから始めるのがよいでしょう。プログラムの内容についても、スタイルについても、上達するにはほかの人のプログラムをたくさん読むことが欠かせません。

クラスとモジュール

　ここまでの説明で、どんなプログラムでも必要となる基本的なデータ型（数値、文字列、配列、ハッシュ）と、データを操作するための道具であるメソッド、そして、プログラムの流れを記述するための制御構造を紹介しました。これらはさまざまなプログラミング言語に共通の考え方で、ある意味プログラミングの基本ともいえるものです。

　ところで、Rubyには「オブジェクト指向スクリプト言語」という肩書きがあり、その名の通りオブジェクト指向プログラミングをサポートするための機能を備えています。ここでは、オブジェクト指向に共通の概念である「クラス」とRubyの特徴的な機能である「モジュール」といった道具の使い方を説明したあとで、オブジェクト指向の基本について解説します。

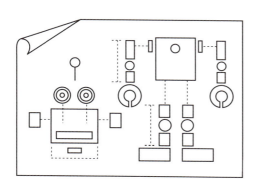
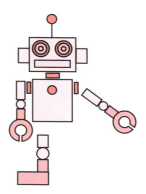

第8章 クラスとモジュール

クラスとは

クラスはオブジェクト指向における重要な用語の1つです。第4章でも簡単に説明しましたが、ここではもう一歩踏み込んで、オブジェクト指向言語におけるクラスという考え方を紹介します。

8.1.1 クラスとインスタンス

クラスとはオブジェクトの種類を表すものです。Rubyでは「型」と言い換えてもよいかもしれません。Rubyのオブジェクトは例外なく何らかのクラスに属しています。たとえば、これまで「配列オブジェクト」あるいは単に「配列」と呼んできたオブジェクトは、実際はArrayクラスのオブジェクトです。また、「文字列」と呼んできたオブジェクトも、実際はStringクラスのオブジェクトです。

「あるクラスのオブジェクト」のことを、そのクラスの「インスタンス」とも呼びます。先ほどの例では、「配列はArrayクラスのインスタンス」とか、「文字列はStringクラスのインスタンス」といった具合です。その意味ではオブジェクトとインスタンスは同じ意味で使えますが、インスタンスの方がその元となるクラスをより意識した表現になります。クラスが雛型あるいは設計図で、インスタンスはそれを元に作った物、といったような関係になります（図8.1）。

型（クラス）

タイ焼き（インスタンス）

図 8.1 クラスとインスタンスの関係

142

8.1.2 インスタンスの生成

新しいインスタンスを生成するには、各クラスの`new`メソッドを使うのが一般的です。たとえば配列の場合、`Array.new`を使って新しい配列を生成することができます。

```
ary = Array.new
p ary   #=> []
```

 配列や文字列のような組み込みのクラスは、リテラル（文法に組み込まれた[1, 2, 3]や"abc"のような表記法）を使ってオブジェクトを作ることもできます。

オブジェクトがどのクラスに属しているのかを知るには、`class`メソッドを使います。

```
ary = Array.new
p ary.class       #=> Array
p "ABC".class     #=> String
```

あるオブジェクトがあるクラスのインスタンスかどうかを判断するには、`instance_of?`メソッドを使います。

```
ary = Array.new
str = "Hello!"
p ary.instance_of?(Array)   #=> true
p str.instance_of?(String)  #=> true
p ary.instance_of?(String)  #=> false
```

8.1.3 継承

すでに定義されているクラスを拡張して新しいクラスを作ることを**継承**といいます。

画面上に時計を表示するクラスを作ることを考えてみましょう。このクラスはユーザの好みに応じて、アナログ時計のような表示にしたり、デジタル

時計のような表示にしたりできることにします。

　アナログ時計とデジタル時計は時間を表示する形式が違うだけで、現在時刻を取得する方法や、アラームなどの基本的な仕事を行うための機能はほとんど同じです。このような場合には、基本的な機能を持った「時計クラス」から、「アナログ時計クラス」と「デジタル時計クラス」を継承するという方法を取ることができます（図8.2）。

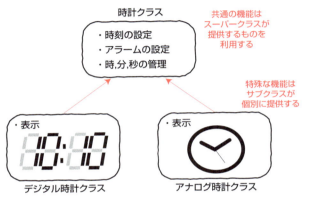

図 8.2　「時計クラス」から「アナログ時計クラス」と「デジタル時計クラス」を継承する

　継承によって新しく作られたクラスを**サブクラス**、継承のもとになったクラスを**スーパークラス**といいます。継承を行うことによって、次のようなことができます。

- 既存の機能はそのままで、まったく新しい機能を追加する
- 既存の機能を定義し直して同じ名前のメソッドに違う振舞いをさせる
- 既存の機能に処理を追加して拡張する

　継承は同じような機能を持った複数のクラスを作る場合に便利なメカニズムです。

　Rubyのすべてのクラスは BasicObject クラスのサブクラスとなっています。BasicObject クラスには、Rubyの世界のオブジェクトとして必要な最低限の機能が定義されています。

もっとも、BasicObjectクラスだけでは本当に最低限なので、通常のオブジェクトとして共通に使われる機能も削られてしまっています。通常のオブジェクトに必要なクラスはObjectクラスとして定義されています。文字列や配列などはObjectのサブクラスです。BasicObjectとObjectについては、「8.4.2 継承する」で改めて説明します。

本書で取りあげる組み込みクラスの継承の関係は図8.3のようになっています。なお、Exceptionクラスの下にはたくさんのサブクラスがありますが、ここでは省略しています。

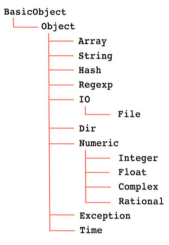

図 8.3 組み込みクラスの継承の関係

サブクラスとスーパークラスの関係を「is-aの関係にある」といいます。たとえばStringクラスは、スーパークラスであるObjectクラスとis-aの関係にあります。

クラスのインスタンスであることを調べるinstance_of?メソッドはすでに紹介しましたが、is_a?メソッドを使うことによって、継承関係をさかのぼってクラスに属するかどうかを調べられます。

```
str = "This is a String."
p str.is_a?(String)  #=> true
p str.is_a?(Object)  #=> true
```

第8章　クラスとモジュール

　ちなみに、instance_of?メソッドやis_a?メソッドはObjectクラスで定義されているので、通常のオブジェクトではこれらのメソッドを使えます。

　この章の残りの部分では、クラスやモジュールを作る方法を紹介します。Rubyにあらかじめ用意されているクラスの使い方は「第3部　クラスを使おう」で説明します。まずクラスの使い方を知りたい方は、第3部を先に読んでもかまいません。

8.2 クラスを作る

　簡単なクラスを作ってみましょう。クラスの定義には、さまざまな決まりごとがあります。まずは、基本的なことから順に始めます。

　クラスの例として、買い物をしたときにもらえる「レシート」を考えてみます。レシートには、店名、買った商品名と単価と個数、小計や消費税、合計金額などが並びます。これをプログラムで表すにはどうすればよいでしょうか。

　データは、文字列や数値で表現できそうです。購入商品の一覧も配列を使えばよいでしょう。各商品の単価と個数などから合計金額を計算する処理も用意します。オブジェクト指向ではないプログラミングでは、そのような要素を組み合わせてプログラムを作っていました。

　一方、オブジェクト指向プログラミングでは、「レシート（Receipt）クラス」という新しいクラスを作ります。レシートクラスは、購入者に渡すレシートのもとになるものです。そして、このクラスをもとに生成されるインスタンスが、個々のレシートオブジェクトと考えてプログラミングします（図8.4）。

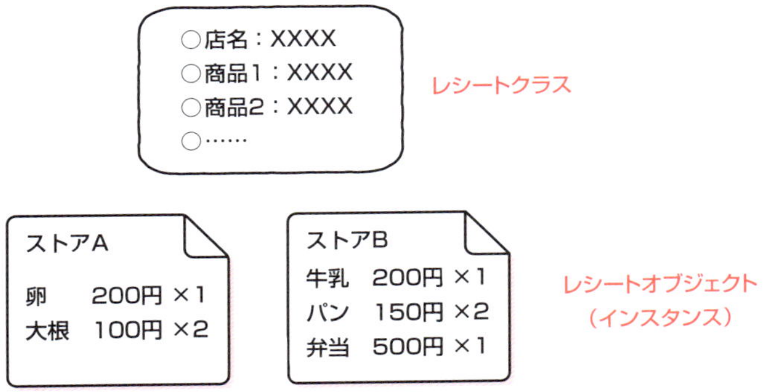

○店名：XXXX
○商品1：XXXX
○商品2：XXXX
○……

レシートクラス

ストアA

卵　　200円 ×1
大根　100円 ×2

ストアB

牛乳　200円 ×1
パン　150円 ×2
弁当　500円 ×1

レシートオブジェクト
（インスタンス）

図 8.4 レシートクラスとインスタンス

8.2 クラスを作る

　レシートクラスは共通の機能を持ちます。たとえば購入商品の単価と個数からそれぞれの金額を計算したり、また小計に消費税を加えて合計金額を出したりします。こういった機能は、メソッドとしてレシートクラスに実装します。各レシートはレシートクラスのメソッドで計算することになります。

　最初の例として、List 8.1のReceiptクラスを見ていきましょう。

List **8.1** receipt.rb

```ruby
class Receipt
  def initialize(name)
    @name = name          # インスタンス変数の初期化
    @lines = []
  end

  def lines=(lines)
    @lines = lines
  end

  def calc
    total = 0
    @lines.each do |line|
      total += line[:price] * line[:num]
    end
    total
  end

  def output
    puts "レシート #{@name}"
    @lines.each do |line|
      puts "#{line[:name]} #{line[:price]}円 x #{line[:num]}"
    end
    puts "合計金額: #{calc}円"
  end
end

r = Receipt.new("ストアA")
r.lines = [{name: "卵", price: 200, num: 1},
           {name: "大根", price: 100, num: 2}]
r.output
```

147

第8章 クラスとモジュール

8.2.1 class文

クラスを定義するにはclass文を使います。class文の一般形は次の通りです。

```
class クラス名
  クラスの定義
end
```

クラス名は、必ず大文字で始めなければいけません。

8.2.2 initializeメソッド

class文の中でメソッドを定義すると、そのクラスのインスタンスメソッドとなります。List 8.1では、calcメソッドなどがそれにあたります。

ただし、initializeという名前のメソッドは特別です。newメソッドによってオブジェクトを生成すると、このメソッドが呼ばれます。そのとき、newに渡した引数がそのまま渡されます。オブジェクトにとって必要な初期化の処理はここに記述します。

```
def initialize(name)   # initializeメソッド
  @name = name          # インスタンス変数の初期化
  @lines = []
end
```

この例では、initializeメソッドは引数nameを受け取るようになっています。したがって、

```
r = Receipt.new("ストアA")
```

というようにしてオブジェクトを生成すると、initializeメソッドに"ストアA"が渡されます。

8.2.3 インスタンス変数とインスタンスメソッド

List 8.1のinitializeメソッドをもう一度見てください。

```
def initialize(name)
  @name = name
  @lines = []
end
```

「@name = name」によって、引数で渡されたオブジェクトを@nameという変数に代入しています。@で始まる変数は**インスタンス変数**といいます。ローカル変数はメソッドごとに異なる変数として扱われますが、インスタンス変数は、同じインスタンス内であればメソッド定義を越えて、その値を参照したり、変更したりできます。なお、初期化されていないインスタンス変数を参照すると、nilが得られます。

インスタンス変数は、インスタンスごとに違う値を持つことができます。また、インスタンス変数は、インスタンスが存在している間は値を保持しておいて何度でも利用できます。一方、ローカル変数はメソッド呼び出しごとに新しく割り当てられ、メソッドの中でしか参照できません。

たとえば次のようにした場合、

```
r1 = Receipt.new("ストアA")
r2 = Receipt.new("ストアB")
r3 = Receipt.new("ストアC")
```

r1とr2とr3はそれぞれ異なる@nameを保持します（図8.5）。

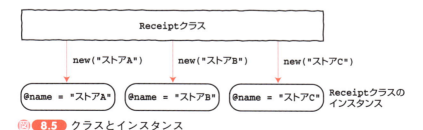

図 8.5 クラスとインスタンス

第8章　クラスとモジュール

インスタンス変数は、インスタンスメソッドから参照できます。Receipt
クラスのoutputメソッドでは、次のように@nameを利用しています。

```
class Receipt
  ⋮
  def output
    puts "レシート #{@name}"
    ⋮
  end
end
```

Receiptクラスのインスタンスに対してoutputメソッドを次のように呼
び出すと、

```
r1.output
```

initializeメソッドで設定された@nameの値が使われて、

■ 実行例

レシート ストアA

と出力されます。

8.2.4　アクセスメソッド

Rubyでは、オブジェクトの外部からインスタンス変数を直接参照したり、
インスタンス変数に代入したりすることができません。オブジェクトの内部
の情報にアクセスするには、そのためのメソッドを定義する必要があります。
List 8.1のReceiptクラスの@nameにアクセスするために、次のようにメ
ソッドを追加します。

150

8.2 クラスを作る

List 8.2 receipt.rb（抜粋）

```
class Receipt
  ⋮
  def name           # @nameを参照する
    @name
  end

  def name=(name)    # @nameを変更する
    @name = name
  end
  ⋮
end
```

最初のメソッドnameは単に、@nameの値を返します。このメソッドは属性を参照しているかのように利用できます。

```
p r1.name             #=> "ストアA"
```

2番目のメソッドはname=という名前を持っています。このメソッドは次のように使います。

```
r2.name = "ストアB"
```

一見、オブジェクトの属性のようなものに代入を行っているように見えるこの文は、実際はname=("ストアB")というメソッド呼び出しを行っています。このようなメソッドを用意すれば、インスタンス変数に外部からアクセスを許すことができるようになります。

しかし、インスタンス変数がいくつもある場合、何度もメソッドを定義するのは面倒なうえに、見つけにくいミスが入り込みやすくなります。そこで、これらのメソッドを簡単に定義するために用意されているのが、attr_reader、attr_writer、attr_accessorです（表8.1）。インスタンス変数名を示すシンボルを指定すると、同名のアクセスメソッドを自動的に定義してくれます。

151

第8章　クラスとモジュール

表 8.1 アクセスメソッドの定義

定義	意味
`attr_reader :name`	参照のみ可能にする（nameメソッドを定義する）
`attr_writer :name`	変更のみ可能にする（name=メソッドを定義する）
`attr_accessor :name`	参照と変更の両方を可能にする（上記2つを定義する）

　先ほどのnameメソッドとname=メソッドを定義する代わりに、次のように1行書けば同じ意味になります。

```
class Receipt
  attr_accessor :name
  ⋮
end
```

> インスタンス変数を設定するメソッドを**ライター**（writer）、参照するメソッドを**リーダー**（reader）といいます。また、これらのメソッドを合わせて**アクセサー**（accessor）といいます。リーダーのことを**ゲッター**（getter）、ライターを**セッター**（setter）、アクセサーのことを**アクセスメソッド**ということもあります。

8.2.5　特別な変数self

　インスタンスメソッドの中で、メソッドのレシーバ自身を参照するにはselfという特別な変数を使います。アクセスメソッドの例で作成したnameメソッドを、別のインスタンスメソッドから呼ぶことを考えてみます。

List 8.3 receipt.rb（抜粋）

```
class Receipt
  attr_accessor :name
  ⋮
  def output
    puts "レシート #{self.name}"
  end
end
  ⋮
```

152

outputメソッドで利用している「self.name」はoutputメソッドを呼んだときのレシーバを参照しています。

また、レシーバを省略してメソッドを呼ぶと暗黙にselfをレシーバとします。そのため、実際は次のようにselfを省略してもnameメソッドが呼ばれることになります。

```
def output
  puts "レシート #{name}."
end
```

一方、name=メソッドのように、「=」で終わるメソッドを呼び出す場合は注意が必要です。

インスタンスメソッドの中で単に「name = "ストアB"」と書いても、そのメソッドの中で有効な「name」というローカル変数が作られるだけでname=メソッドは呼ばれません。この場合はレシーバを明示して、「self.name = "ストアB"」という形式で呼ぶ必要があります。

```
def replace_name
  name = "new name"        # ローカル変数への代入
  self.name = "new name"   # name=メソッドの呼び出し
end
```

> **メモ** 「self」という名前自体はローカル変数と同じ形式ですが、そのオブジェクト自身を参照するための名前として予約されているので、代入して値を変更することができません。このように、変数として自由に使うことができない名前には、ほかにnil、true、false、__FILE__、__LINE__、__ENCODING__があります。

第8章 クラスとモジュール

8.2.6 クラスメソッド

クラスメソッドはクラスそのもの（クラスオブジェクト）をレシーバとするメソッドです。「7.2.2 クラスメソッド」（p.125）で説明した通り、クラスメソッドはインスタンスに対する操作ではありません。そのクラスに関連する操作のために使われます。

クラスメソッドは、「**class << クラス名 ～ end**」という特殊なクラス定義の中にインスタンスメソッドの形式で定義します。

```
class << Receipt
  def create_receipt_xyz
    self.new("ストアXYZ")
  end
end

Receipt.create_store_a   #=> ストアAの新しいレシートを返す
```

上記の方法ではなく、List 8.1で紹介したクラス定義の中でクラスメソッドを追加することもできます。クラス文の中のselfはそのクラス自身を参照するので、次のように「class << self ～ end」として、その中にメソッドを記述します。こちらの方法が一般的に使われています。

```
class Receipt
  class << self
    def create_receipt_xyz
      self.new("ストアXYZ")
    end
  end
end
```

また、「**class << クラス名 ～ end**」の形式のクラス定義を用いずに、次のように「**def クラス名.メソッド名 ～ end**」の形式でクラスメソッドを定義することもできます。

154

```
def Receipt.create_receipt_xyz
  self.new("ストアXYZ")
end
```

この形式の場合も、クラス定義の中であればselfを使って次のように書くことができます。

```
class Receipt
  def self.create_receipt_xyz
    self.new("ストアXYZ")
  end
end
```

> **メモ** 「**class << クラス名 ～ end**」という書き方のクラス定義を**特異クラス定義**といいます。また、特異クラス定義で定義したメソッドを**特異メソッド**といいます。

8.2.7 定数

class文の中では定数を定義できます。

```
class Receipt
  VERSION = "1.0.0"
    ⋮
end
```

クラスの持っている定数は、次のように「::」を使ってクラス名を経由すればクラスの外部からも参照可能です。

```
p Receipt::VERSION  #=> "1.0.0"
```

155

第8章　クラスとモジュール

8.2.8　クラス変数

　「@@」で始まる変数はクラス変数です。クラス変数とは、そのクラスのすべてのインスタンスで共有できる変数のことです。定数と似ていますが、クラス変数は何度でも値を変更することができます。また、クラスの外部からクラス変数を参照するには、インスタンス変数の場合と同様にアクセスメソッドが必要です。ただし、attr_accessorなどは使えないので直接定義する必要があります。List 8.4のプログラムは、outputメソッドが呼ばれた回数を集計するようにしたものです。

List 8.4 receipt_count.rb

```ruby
class Receipt
  @@count = 0              # publishメソッドの呼び出し回数

  def Receipt.count        # 呼び出し回数を参照するためのクラスメソッド
    @@count
  end

  def initialize(name)
    @name = name           # インスタンス変数の初期化
    @lines = []
  end

  def lines=(lines)
    @lines = lines
  end

  def calc
    total = 0
    @lines.each do |line|
      total += line[:price] * line[:num]
    end
    total
  end

  def output               # インスタンスメソッド
    puts "レシート #{@name}"
    @lines.each do |line|
```

156

```ruby
      puts "#{line[:name]} #{line[:price]}円 x #{line[:num]}"
    end
    puts "合計金額: #{calc}円"
    @@count += 1          # 呼び出し回数を加算する
  end
end


r1 = Receipt.new("ストアA")
r2 = Receipt.new("ストアB")

p Receipt.count          #=> 0
r1.output
r2.output
p Receipt.count          #=> 2
```

8.3 メソッドの呼び出しを制限する

　前節ではレシートクラスを題材にクラスの定義について一通り説明しました。さらにメソッドの呼び出し制限について紹介します。

　ここまでに紹介した方法でメソッドを定義すると、インスタンスメソッドとして呼び出すことができますが、そうしたくない場合もあります。たとえば、複数のメソッドに共通する処理を単にまとめるために作ったメソッドなどは、むやみに公開するべきではありません。

　Rubyのメソッドには3種類の呼び出し制限のレベルが用意されており、必要に応じて変更することができます。

- **public**……インスタンスメソッドとして使えるように公開する
- **private**……レシーバを指定して呼び出せないメソッドにする（レシーバを省略した形式でしか呼べないため、インスタンスの外側から利用できなくなる）
- **protected**……同一のクラスであればインスタンスメソッドとして使えるようにする

157

第8章 クラスとモジュール

メソッドの呼び出し制限を変更するには、これら3つのキーワードにメソッド名を表すシンボルを指定します。

まずは、publicとprivateを使った例（List 8.5）を見てみましょう。

List 8.5 access_test.rb

```ruby
class AccessTest
  def pub
    puts "pub is a public method."
  end

  public :pub    # pubメソッドをpublicに設定（指定しなくてもよい）

  def priv
    puts "priv is a private method."
  end

  private :priv # privメソッドをprivateに設定
end

access = AccessTest.new
access.pub
access.priv
```

AccessTestクラスの2つのメソッドのうち、pubメソッドは普通に呼び出すことができますが、privメソッドを呼ぼうとすると例外が発生し、次のようなメッセージが出力されます。

実行例

```
> ruby access_test.rb
pub is a public method.
Traceback (most recent call last):
access_test.rb:17:in `<main>': private method `priv' called
for #<AccessTest:0x00005607821abc30> (NoMethodError)
```

複数のメソッドを、まとめて同じ呼び出し制限に定義したい場合は、次のようにすることもできます。

158

8.3 メソッドの呼び出しを制限する

```ruby
class AccessTest
  public    # 引数を指定しなければ、
            # これ以降に定義したメソッドはpublicになる

  def pub
    puts "pub is a public method."
  end

  private   # これ以降に定義したメソッドはprivateになる

  def priv
    puts "priv is a private method."
  end
end
```

> **メモ** 何も指定せずに定義されたメソッドはpublicとなりますが、initialize
> メソッドだけは特別で、常にprivateとして定義されます。

protectedは、同一クラス（とそのサブクラス）からはインスタンスメソッドを呼び出せても、それ以外の場所からは呼び出せないようにします。

List 8.6では、X、Y座標を持ったPointクラスを定義しています。このクラスでは、インスタンスの保持している座標を外から参照することはできても、変更はできないということにします。このような場合に、2つの座標を交換するメソッドswapを実装するために、protectedを使います。

List 8.6 point.rb

```ruby
class Point
  attr_accessor :x, :y    # アクセスメソッドを定義する
  protected :x=, :y=      # x=とy=をprotectedにする

  def initialize(x=0.0, y=0.0)
    @x, @y = x, y
  end

  def swap(other)         # x、yの値を入れ替えるメソッド
    tmp_x, tmp_y = @x, @y
```

159

第8章　クラスとモジュール

```ruby
    @x, @y = other.x, other.y
    other.x, other.y = tmp_x, tmp_y    # 同一クラス内では
                                        # 呼び出すことができる

    return self
  end
end


p0 = Point.new
p1 = Point.new(1.0, 2.0)
p [ p0.x, p0.y ]            #=> [0.0, 0.0]
p [ p1.x, p1.y ]            #=> [1.0, 2.0]

p0.swap(p1)
p [ p0.x, p0.y ]            #=> [1.0, 2.0]
p [ p1.x, p1.y ]            #=> [0.0, 0.0]

p0.x = 10.0                 #=> エラー (NoMethodError)
```

8.4 クラスを拡張する

8.4.1 既存のクラスにメソッドを追加する

すでに定義されているクラスにメソッドを追加することもできます。
Stringクラスに、文字列中の単語数を数えるインスタンスメソッドcount_
wordを追加してみます（List 8.7）。

List 8.7 ext_string.rb

```ruby
class String
  def count_word
    ary = self.split(" ")     # selfを空白文字区切りで
                              # 配列に分解する
    return ary.size           # 分解後の配列の要素数を返す
  end
end
```

160

```
str = "Just Another Ruby Newbie"
p str.count_word                #=> 4
```

この機能を実現するために、count_wordメソッドの定義の中で、count_
wordメソッドが実行されたときのレシーバであるselfをsplitメソッドで
分解して、その結果として得られる配列の要素数を求めています。

●●• 8.4.2　継承する

「8.1.3　継承」(p.143) で説明した通り、継承によって、既存のクラスには
変更を加えずに、新しい機能を追加したり、部分的にカスタマイズしたりし
て新しいクラスを作ることができます。

継承を行うには、class文で指定するクラス名と同時にスーパークラス名
を指定します。

class クラス名 < スーパークラス名
　　クラスの定義
end

Arrayクラスを継承したクラスRingArrayを作ってみましょう(List
8.8)。RingArrayクラスで必要な変更は、配列の参照に使われる演算子[]を
再定義するだけです。List 8.8で使用しているsuperは、スーパークラスの同
名のメソッド (つまり、この場合はArray#[]) を呼び出します。

List 8.8 ring_array.rb

```
class RingArray < Array   # スーパークラスを指定する
  def [](i)               # 演算子[]の再定義
    idx = i % size        # 新しいインデックスを求める
    super(idx)            # スーパークラスの同名のメソッドを呼ぶ
  end
end

wday = RingArray["日", "月", "火", "水", "木", "金", "土"]
p wday[6]    #=> "土"
p wday[11]   #=> "木"
p wday[15]   #=> "月"
p wday[-1]   #=> "土"
```

第8章 クラスとモジュール

RingArrayクラスは、配列サイズよりも大きなインデックスを指定して参照を行うと、はみ出した部分を先頭からさかのぼってインデックスの計算を行います（図8.6）。

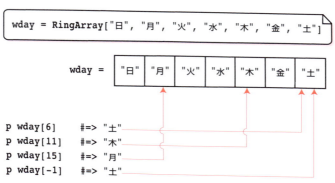

図 8.6 RingArrayクラス

継承を使うと、複数のクラスの共通部分だけをスーパークラスで実装し、差分はサブクラスで実装するといったことができます。

なお、スーパークラスを指定せずに定義したクラスは、Objectクラスの直接のサブクラスとなります。

Objectクラスは実際のプログラムを作る際に便利なようにたくさんのメソッドを持っていますが、もっとスリムなクラスを利用したい場合があります。そこで登場するのがBasicObjectクラスです。

BasicObjectクラスはRubyのオブジェクトとしての最低限のメソッドしか持っていません。クラスオブジェクトに対してinstance_methodsメソッドを呼ぶと、クラスに定義されたインスタンスメソッド名の一覧をシンボルの配列の形式で返します。この機能を使ってObjectクラスとBasicObjectクラスのインスタンスメソッドを確認してみましょう。

実行例

```
> irb --simple-prompt
>> Object.instance_methods
 => [:instance_variable_defined?, :remove_instance_variable,
:instance_of?, :kind_of?, :is_a?, :tap, ...たくさんのメソッド名
... ]
```

```
>> BasicObject.instance_methods
 => [:equal?, :!, :==, :instance_exec, :!=, :instance_eval,
:__id__, :__send__]
```

本書では紹介しないものがほとんどですが、Objectクラスがいくつものメソッドを持っているのに対して、BasicObjectクラスは本当に最低限の機能しか持っていないことがわかります。

Objectクラスではなく、BasicObjectクラスのサブクラスを作る場合は、次のようにスーパークラスとしてBasicObjectクラスを指定してください。

```
class MySimpleClass < BasicObject
  :
end
```

この節で紹介するような標準クラスの拡張は、上手に使えば大変便利な半面、複数人が開発するようなアプリケーションで安易に利用すると、相互作用で思わぬ影響が生じることもあります。使いすぎないように注意しましょう。

8.5 aliasとundef

8.5.1 alias

すでに存在するメソッドに別の名前を割り当てたい場合があります。そんなときには、aliasを使います。aliasの引数にはメソッド名かシンボル名を指定します。

```
alias 別名 元の名前     # メソッド名をそのまま書いた場合
alias :別名 :元の名前   # シンボルを使った場合
```

Array#sizeメソッドとArray#lengthメソッドのように、同じ機能を複数の名前で提供する場合などに使います。

また、単にメソッドに別名をつけるだけでなく、すでに存在するメソッドの定義を変更する場合に、もとのメソッドを別名で呼び出せるように保存し

第8章　クラスとモジュール

ておくためにも使えます。

次の例（List 8.9）では、クラスC1と、クラスC1を継承したクラスC2を定
義しています。クラスC2では、helloメソッドにold_helloという別名をつ
けたあとに、helloメソッドを再定義しています。

List 8.9 alias_sample.rb

```
class C1                # C1クラスの定義
  def hello             # helloを定義
    "Hello"
  end
end

class C2 < C1           # C1クラスを継承してC2クラスを定義
  alias old_hello hello # 別名old_helloを設定

  def hello             # helloを再定義
    "#{old_hello}, again"
  end
end

obj = C2.new
p obj.old_hello         #=> "Hello"
p obj.hello             #=> "Hello, again"
```

8.5.2　undef

定義されたメソッドをなかったことにしたいときには、undefを使います。
これもaliasと同様に、メソッド名かシンボル名を指定します。

```
undef  メソッド名        # メソッド名をそのまま書いた場合
undef  :メソッド名       # シンボルを使った場合
```

スーパークラスで提供するメソッドをサブクラスでは削除する、といった
用途で使います。

164

8.6 特異クラス

p.154ではクラスにクラスメソッドを定義する方法として特異クラス定義を取りあげました。特異クラス定義を使うと、任意のオブジェクトに、そのオブジェクトだけで利用できるメソッド（特異メソッド）を追加できます。

次の例では、変数str1とstr2に"Ruby"という文字列を代入し、str1が参照している文字列オブジェクトだけに、helloメソッドを追加しています。このメソッドはstr1に対して呼び出せますが、str2ではエラーとなります。

```ruby
str1 = "Ruby"
str2 = "Ruby"

class << str1
  def hello
    "Hello, #{self}!"
  end
end

p str1.hello  #=> "Hello, Ruby!"
p str2.hello  #=> エラー（NoMethodError）
```

これまで特定のクラスにのみクラスメソッドを追加することを何度も行いました。Rubyでは、クラスはClassクラスのオブジェクトになっています。そのため、Classクラスのインスタンスメソッドのほか、クラスオブジェクトに追加された特異メソッドがクラスメソッドとなります。

 特異クラスは英語でシングルトンクラス（singleton class）またはアイゲンクラス（eigenclass）といいます。

第8章 クラスとモジュール

 ## モジュールとは

モジュールはRubyの特徴的な機能の1つです。クラスは実体（データ）と振舞い（処理）を持った「もの」を表現する機能ですが、モジュールは処理の部分だけをまとめる機能です。クラスとモジュールは、

- モジュールはインスタンスを持つことができない
- モジュールは**継承**できない

という点で異なります。

 ## モジュールの使い方

モジュールの代表的な使い方を紹介しましょう。

8.8.1 Mix-inによる機能の提供

モジュールをクラスに混ぜ合わせることを**Mix-in**といいます。クラス定義の中でincludeを使うと、モジュールに含まれるメソッドや定数をクラスの中に取り込むことができます。

List 8.10のようにすることで、MyClass1とMyClass2の両方で共通の機能をMyModuleに記述することができます。クラスの継承に似ていますが、

- 2つのクラスは似たような機能を持っているだけで、同じ**種類**（クラス）と考えたくない
- Rubyの継承は複数のスーパークラスを持てない仕様になっているため、すでに**継承**を行っていると、うまく共通機能を追加できない

といったケースにはMix-inのほうが柔軟に対応することができます。

継承とMix-inの関係についてはモジュールの作り方を説明したあとで説明します。

List 8.10 mixin_sample.rb

```ruby
module MyModule
  # 共通して提供したいメソッドなど
end

class MyClass1
  include MyModule
  # MyClass1に固有のメソッドなど
end

class MyClass2
  include MyModule
  # MyClass2に固有のメソッドなど
end
```

8.8.2 名前空間の提供

名前空間とは、メソッドや定数、クラスの名前を区別して管理する単位のことです。モジュールはそれぞれが独立した名前空間を提供するので、Aというモジュール以下のfooというメソッドと、Bというモジュール以下のfooというメソッドは別のものとして扱われます。定数も同様に、Aというモジュール以下のFOOという定数と、Bというモジュール以下のFOOという定数は別のものとして扱われます。

メソッドでもクラスでも、名前は簡潔なほうがよいことはいうまでもないのですが、sizeやstartのような一般的な名前は、すでに使われているかもしれません。モジュールの内部に名前を定義することで、衝突を防げます。

たとえば、数値演算のためのライブラリであるMathモジュールには、数学でよく使われるメソッドや定数が定義されています。モジュールの提供するメソッドは「**モジュール名.メソッド名**」という形式で参照します。このような形式で使用するメソッドを**モジュール関数**といいます。

```ruby
# 2の平方根
p Math.sqrt(2)  #=> 1.4142135623730951
# 円周率（定数）
p Math::PI      #=> 3.141592653589793
```

モジュール内で定義されたメソッドや定数と同名のものが定義されていない場合は、モジュール名の指定を省略できると便利です。includeを使えば、モジュールが持っているメソッド名や定数名を現在の名前空間に取り込むことができます。先ほどのMathモジュールで見てみましょう。

```
include Math      # Mathモジュールをインクルードする
p sqrt(2)         #=> 1.4142135623730951
p PI              #=> 3.141592653589793
```

このように、一連の機能ごとにモジュールでまとめることによって、関係のある名前をひとまとめに扱うことができます。

 8.9 モジュールを作る

モジュールを作るにはmodule文を使います。構文はクラスとほぼ同じで、モジュール名は大文字で始めなければなりません。

```
module モジュール名
  モジュールの定義
end
```

例として、モジュールを作ってみましょう（List 8.11）。

List 8.11 hello_module.rb

```
module HelloModule              # module文
  VERSION = "1.0"               # 定数の定義

  def hello(name)               # メソッドの定義
    puts "Hello, #{name}."
  end
  module_function :hello        # helloをモジュール関数として公開する
end

p HelloModule::VERSION          #=> "1.0"
HelloModule.hello("Alice")      #=> Hello, Alice.
```

```
include HelloModule          # インクルードしてみる
p VERSION                    #=> "1.0"
hello("Alice")               #=> Hello, Alice.
```

8.9.1 定数

クラスと同じように、モジュールの内部で定義した定数は、モジュール名
を経由して参照できます。

```
p HelloModule::VERSION       #=> "1.0"
```

8.9.2 メソッドの定義

クラスと同様に、module文の中でメソッドを定義することができます。

ただし、メソッドを定義しただけでは、モジュール内やincludeでインク
ルードした先から呼び出すことはできても、「**モジュール名.メソッド名**」の形
式で呼び出すことはできません。メソッドをモジュール関数として外部に公
開するには、module_functionを使う必要があります。module_function
の引数はメソッド名を表すシンボルです。

```
def hello(name)
  puts "Hello, #{name}."
end
module_function :hello
```

モジュール関数を「**モジュール名.メソッド名**」の形式で呼び出した場合、メ
ソッド中でself（レシーバ）を参照すると、そのモジュールが得られます。

```
module FooModule
  def foo
    p self
  end
  module_function :foo
end

FooModule.foo  #=> FooModule
```

169

一方、クラスにモジュールをMix-inすることは、そのクラスにインスタンスメソッドを追加することを目的としています。この場合のselfはMix-inした先のクラスのインスタンスとなります。

同じメソッドであっても呼び出す文脈によって意味が違ってくるので、Mix-inして使うモジュールでは、モジュール関数を提供しないなどの使い分けを意識する必要があります。モジュール関数として定義したメソッドではselfを使わないのが普通です。

8.10 Mix-in

モジュールの作り方を説明したところで、いよいよMix-inについて見ていきましょう。クラスにモジュールを取り込むにはincludeメソッドを使います（List 8.12）。

List 8.12 mixin_test.rb

```ruby
module M
  def meth
    "meth"
  end
end

class C
  include M   # モジュールMをインクルードする
end

c = C.new
p c.meth       #=> "meth"
```

クラスCにモジュールMをインクルードすることによって、モジュールMのメソッドをクラスCのインスタンスメソッドとして使えます。

なお、includeされているかを調べるには、include?メソッドを使います。

```
C.include?(M)   #=> true
```

クラスCのインスタンスに対してメソッド呼び出しを行うと、クラスC、モジュールM、そしてクラスCのスーパークラスであるObjectの順にメソッドを検索し、最初に見つかったものを実行します。インクルードされたモジュールは、仮想的なスーパークラスとして機能します。

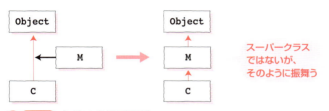

図 8.7 クラスの継承関係

継承関係を調べるには、ancestorsメソッドとsuperclassメソッドを使います。List 8.12に次の行を加えて実行すると、ancestorsメソッドで継承の関係にあるクラスの一覧を取得できます。インクルードされたモジュールMも先祖の1つとして含まれているのがわかります。superclassメソッドの戻り値は、直接のスーパークラスです。

```
p C.ancestors    #=> [C, M, Object, Kernel, BasicObject]
p C.superclass   #=> Object
```

> メモ ancestorsメソッドの戻り値に含まれるKernelとは、Rubyのプログラムで共通して使用する関数的メソッドが実装されたモジュールの名前です。たとえばpメソッドやraiseメソッドはKernelモジュールのモジュール関数として提供されています。

Rubyは、複数のスーパークラスを持てない**単純継承**(単一継承)というモデルを採用していますが、Mix-inを使うことによって、単純継承の関係を保ったまま、複数のクラスで機能を共有できます。

Rubyの標準の組み込みの機能で、Mix-inにより機能を提供するためのモジュールとしてEnumerableがあります。Enumerableモジュールをeachメソッドを持つクラスにインクルードすると、each_with_indexメソッドやcollectメソッドなどの、要素を順に処理するためのメソッドを利用できるようになります。Enumerableモジュールは、Array、Hash、IOクラスなどでインクルードされています（図8.8）。これらのクラスは、継承という血縁関係は持っていませんが、「eachメソッドによって要素を数えあげることができる」という点にだけ注目すれば、似ている、ないしは、同じ属性を持っているということができます。

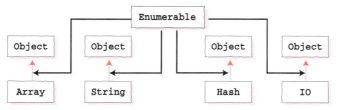

図 8.8 Enumerableモジュールと各クラスの関係

　単純継承の利点は、シンプルなところです。継承による拡張を行う場合にも、クラス同士の関係を単純なままに保つことができます。しかしその一方で、既存のプログラムを積極的に再利用したり、複数のクラスの性質をあわせ持った高度なクラスを作ったりしたい、という要求もあります。そのような状況に対して、単純継承とMix-inの組み合わせは、クラス設計における理解のしやすさと使い勝手のよさの両方を満たす解答の1つとなっています。

8.10.1　すでにあるクラスの動作を変更する

　Mix-inをするメソッドには、includeメソッドのほかに、prependメソッドがあります。
　includeによるMix-inは、クラスにモジュールを追加して複数のクラスでモジュールの機能を共有するために用いられます。一方、すでにあるクラスの動作を変更したい、あるいは修正したいということがあります。たとえば、標準ライブラリなどの自分では変更できないクラスのメソッドに手を加えて、（まったく独自の変更をすることはお勧めできませんが）次のバージョンのRubyで使える機能をいち早く使えるようにしたり、バグを修正したりするというケースです。

8.10 Mix-in

　List 8.13は、クラスCに対して、prependメソッドを使ってモジュールMを追加する例です。この操作を「クラスCにモジュールMをプリペンドする」と呼ぶことにしましょう。継承の順序としてはモジュールMはクラスCの直前に差し込まれ、クラスCのインスタンスに対してmethメソッドを呼ぶと、モジュールMのmethメソッドで上書きされていることがわかります（図8.9）。モジュールMのmethメソッドの中でsuperを呼ぶと、元のクラスCのmethメソッドを呼ぶことができます。

List 8.13 prepend_test.rb

```ruby
module M
  def meth
    "M#meth"
  end
end

class C
  prepend M  # 継承順序でモジュールMをクラスCの手前に追加する

  def meth
    "C#meth"
  end
end

c = C.new
p C.ancestors #=> [M, C, Object, Kernel, BasicObject]
p c.meth      #=> "M#meth"
```

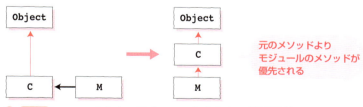

図 8.9 prependメソッドでMix-inしたときの継承関係

第8章　クラスとモジュール

8.10.2　メソッド検索のルール

Mix-inを使ったときのメソッドの検索順について説明します。

①インクルードされたクラスと、元のクラスで同じ名前のメソッドが定義されている場合は、クラスのほうが優先されます。

```
module M
  def meth
    "M#meth"
  end
end

class C
  include M   # Mをインクルードする
  def meth
    "C#meth"
  end
end

c = C.new
p c.meth      #=> "C#meth"
```

②同じクラスに複数のモジュールをインクルードした場合は、あとからインクルードしたものが優先されます。

```
module M1
  ⋮
end

module M2
  ⋮
end

class C
  include M1    # M1をインクルードする
  include M2    # M2をインクルードする
end
```

```
p C.ancestors  #=> [C, M2, M1, Object, Kernel, BasicObject]
```

③インクルードが入れ子になった場合も、検索順は一列に並びます。このときの関係は図8.10のようになります。

```
module M1
  ⋮
end

module M2
  ⋮
end

module M3
  include M2    # M2をインクルードする
end

class C
  include M1    # M1をインクルードする
  include M3    # M3をインクルードする
end

p C.ancestors  #=> [C, M3, M2, M1, Object, Kernel, BasicObject]
```

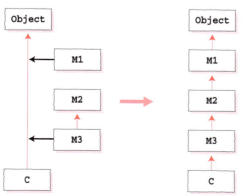

図 8.10 インクルードが入れ子になった場合の関係

第8章　クラスとモジュール

④同じモジュールを2回以上インクルードしても、2回目以降は無視されます。

```ruby
module M1
  ⋮
end

module M2
  ⋮
end

class C
  include M1
  include M2
  include M1
end

p C.ancestors  #=> [C, M2, M1, Object, Kernel, BasicObject]
```

⑤モジュールをプリペンドすると、インクルードの逆にモジュールを前へ前へと追加します。

```ruby
module M1
  ⋮
end

module M2
  ⋮
end

class C
  prepend M1    # M1をプリペンドする
  prepend M2    # M2をプリペンドする
end

p C.ancestors  #=> [C, M2, M1, Object, Kernel, BasicObject]
```

176

8.10.3　extendメソッド

特異メソッドを1つずつ定義する方法は「8.6　特異クラス」（p.165）で説明しましたが、モジュールで定義されたすべてのメソッドを特異メソッドとしてオブジェクトに追加する機能として、Object#extendメソッドがあります。このメソッドは、モジュールを特異クラスにインクルードして、オブジェクトにモジュールの機能を追加します。

```
module Edition
  def edition(n)
    "#{self} 第#{n}版"
  end
end

str = "たのしいRuby"
str.extend(Edition)   #=> モジュールをオブジェクトにMix-inする

p str.edition(6)      #=> "たのしいRuby 第6版"
```

includeを使うと、継承の階層を越えてクラスにモジュールの機能を追加できることを説明しました。extendメソッドでは、クラスを越えて、オブジェクト単位にモジュールの機能を利用できるようになります。

8.10.4　クラスとMix-in

Rubyのクラスは、それ自体がClassクラスのオブジェクトとして提供されています。また、クラスメソッドは、クラスをレシーバとするメソッドであると説明しました。つまり、クラスメソッドはクラスオブジェクトに対するインスタンスメソッドであるわけです。そのようなメソッドは次の2つです。

- **Class**クラスのインスタンスメソッド
- クラスオブジェクトの特異メソッド

クラスを継承すると、これらのメソッドはサブクラスにもクラスメソッドとして引き継がれます。サブクラスで特異メソッドを追加することによって、クラスに新しいクラスメソッドを追加できます。

p.154でクラスメソッドを定義する構文を紹介しましたが、クラスオブジェクトに対してextendメソッドを使うことでもクラスメソッドを追加できます。extendメソッドによってクラスにクラスメソッドを追加し、includeメソッドによってインスタンスメソッドを追加する例を次に示します。

```ruby
module ClassMethods      # クラスメソッドのためのモジュール
  def cmethod
    "class method"
  end
end

module InstanceMethods   # インスタンスメソッドのためのモジュール
  def imethod
    "instance method"
  end
end

class MyClass
  # extendするとクラスメソッドを追加できる
  extend ClassMethods
  # includeするとインスタンスメソッドを追加できる
  include InstanceMethods
end

p MyClass.cmethod        #=> "class method"
p MyClass.new.imethod    #=> "instance method"
```

Rubyのすべてのメソッド呼び出しは、レシーバとなるオブジェクトを伴って実行されます。言い換えると、Rubyのメソッドは、（特異クラスを含む）何らかのクラスに所属していて、レシーバとなるオブジェクトのインスタンスメソッドとして呼び出されます。その意味では、レシーバの種類の違いによって便宜的に「インスタンスメソッド」や「クラスメソッド」というふうに呼び分けているにすぎません。

8.11 オブジェクト指向プログラミング

「オブジェクト指向」という言葉は、問題の分析やシステムの設計あるいはプログラミングなど、システムやプログラム開発の場面で幅広く用いられます。さまざまな場面で使われる言葉ですが、最初に「オブジェクト指向」という言葉が用いられたのはプログラミングに関してでした。

本書はプログラミング言語の入門書ですから、ここではあまり範囲を広げずに、プログラミング言語（題材はもちろんRubyです）におけるオブジェクトとオブジェクト指向プログラミングの基礎について説明します。

ここでは、ソースコードの書き方というよりは、プログラムを作るときの考え方を説明します。抽象的な話といえなくもないので、少しわかりにくいかもしれません。まずは、気軽に読み進んで雰囲気をつかんでみてください。

8.11.1 オブジェクトとは

世の中にはRubyを含めて、数多くの「オブジェクト指向プログラミング言語」があります。言語により文法だけでなく機能もさまざまに違いますが、もっとも基本的なこととして、「プログラムの処理の対象を『オブジェクト』として考える」ということはおおむね共通しています。

プログラム言語で表現される処理の対象とはデータです。これまでに取りあげてきた数値や文字列や配列といったものも簡単なデータといえます。

オブジェクト指向言語における「オブジェクト」とは、こういった何らかのデータ（あるいはデータの集合）とそのデータを操作するための手続きをまとめたものです。Rubyにおける数値の「3.1415」はFloatクラスのインスタンスであることはすでに紹介しました。この「3.1415」は単に3.1415という値を表現するデータであるだけでなく、数値に関する処理をあわせ持っています。

```
f = 3.1415
p f.round   #=> 3（四捨五入）
p f.ceil    #=> 4（切り上げ）
p f.to_i    #=> 3（整数に変換）
```

第8章 クラスとモジュール

　このように、データとそれを処理する手続きをオブジェクトとしてまとめることによって、全体の見通しがよくなります。たとえば、浮動小数点数を四捨五入するroundメソッドをFloatクラスの一部として提供できるようになりますし、データと手続きの組み合わせを間違えることもありません。

　簡単な数値を扱うだけなら問題になりませんが、たいていのプログラムではもっと複雑なデータ構造が必要になります。たとえば画像を扱うプログラムでは、画像の幅と高さ、色の情報、画像そのものを数値化したバイナリデータなどが必要になります。画像を1つの部品として扱えれば、アルバムのような複数の画像を扱うアプリケーションを作りやすくなります（図8.11）。

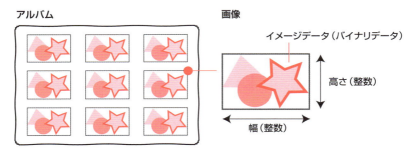

図 8.11 構造化されたデータ

　大きなプログラムを作成する場合には、複数のデータをひとまとめにして、それをさらにまとめて、というふうにしてデータを整理しなければ、プログラムの処理自体もまとまりがなくなってしまいます。オブジェクト指向プログラミングでは、このひとまとまりにしたデータをそれぞれオブジェクトとして扱います。オブジェクトには、データとデータを処理するためのメソッドもセットになっていて、処理の内容に対して責任を持たせます。

　また、ネットワーク上のサーバもプログラムで操作する対象となります。サーバとの通信は、Webやメールなど、アプリケーションごとに決められた手順（通信の決まりを**プロトコル**といいます）に従う必要があります。プロトコルをプログラムで実現する場合は、メッセージのフォーマットや手順を管理するためのライブラリを実装するのが一般的です。Rubyには、Net::HTTPやNet::POPなどのクラスが添付されているので、手軽にネットワークプログラミングを行えます。

8.11.2 オブジェクト指向の特徴

オブジェクト指向プログラミングの考え方について簡単に紹介しました。ここでは、オブジェクト指向の特徴を整理しておきましょう。

○ カプセル化

カプセル化とは、オブジェクトが管理するデータをオブジェクトの外部から直には操作できないようにして、変更したり参照したりするときは必ずメソッドを呼び出させるようにすることです。カプセル化によって、不整合なデータをオブジェクトに設定してプログラムの挙動がおかしくなるといったことを防げるようになります。

メソッドはオブジェクトの内部が不整合な状態にならないように作成すべきです。メソッドの利用者が気をつけるのではなく、そもそもメソッドの定義自体、不整合な状態が起きないように定義しておくのが理想的です。

Rubyではオブジェクトの外部からインスタンス変数に直にアクセスすることができませんから、もともとカプセル化が強制されています。attr_accessor (p.151) のようにアクセスメソッドを簡単に定義する方法はありますが、むやみに使用せずに、必要なものだけを公開するようにしましょう。

カプセル化のもう1つのメリットは、具体的なデータや処理をオブジェクトの内部に隠ぺいして抽象的に表現できることです。たとえばTimeクラスを利用すると、現在時刻をシステムから取得したり、時刻から年月日などの情報を取り出したりすることができます。

```
t = Time.now   # システムから現在時刻を取得する
p t.year       #=> 2019 (時刻から年を取り出す)
```

現在時刻をシステムから取得する際にどのような処理を行うのか、Timeオブジェクトの内部ではどのような形式で時刻の情報が管理されているのか、さらにそこから年を取り出すにはどのような計算を行うか、といったことはTimeクラスのメソッドの内部で決められています。仮に、オブジェクトの内部で保持する具体的なデータ構造が変更されても、外部から見えるメソッドの名前や機能に変化がなければ、クラスの利用者は内部の変化を気にせずに使えます。逆にクラスを作成する側も、適切なメソッドを用意しておけばクラスの利用側のことを気にせずに内部を変更できます。カプセル化を行うことは、クラスを作成する側と利用する側の両方にメリットがあるのです。

第8章 クラスとモジュール

○ ポリモーフィズム

オブジェクトはデータと処理を組み合わせた「機能」を提供します。データをどのように処理するのかはオブジェクトが知っています。言い換えると、それぞれのオブジェクトが独自にメッセージの解釈を持っているということです。同じ名前のメソッドが複数のオブジェクトに属すること(そしてそのオブジェクトによって異なる結果が得られること)をオブジェクト指向の用語で**ポリモーフィズム**(**多相性**または**多態性**)といいます。

ObjectとStringとFloatの各オブジェクトに対してto_sメソッドを呼び出す例を見ると、それぞれのクラスによって結果の形式が異なっていることがわかります。

```
obj = Object.new   # オブジェクト(Object)
str = "Ruby"       # 文字列(String)
num = Math::PI     # 数値(Float)

p obj.to_s         #=> "#<Object:0x7fa1d6bd1008>"
p str.to_s         #=> "Ruby"
p num.to_s         #=> "3.141592653589793"
```

いずれも、「データを表示可能な形式で文字列化する」という意味の同じ名前のメソッドですが、実際の文字列を作る手順はオブジェクトが表現するデータによって異なります(図8.12)。StringクラスもFloatクラスもObjectクラスから派生していますが、Objectクラスから継承したto_sメソッドを定義し直して、よりふさわしい文字列を返すバージョンのto_sメソッドを提供しています。

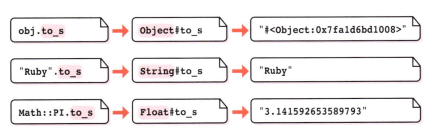

※ 同名の**to_s**メソッドでもクラス専用のバージョンが呼ばれる。

図 8.12 ポリモーフィズム

8.11.3 ダックタイピング

オブジェクトの特徴を考えるうえで、ポリモーフィズムを積極的に活用した考え方である**ダックタイピング**（Duck Typing）を紹介しましょう。ダックタイピングは「アヒルのように歩きアヒルのように鳴くものはアヒルに違いない」という格言から来た言葉です。この言葉の意味するところは、

> オブジェクトを特徴づけるのは実際の種類（クラスとその継承関係）ではなく、そのオブジェクトがどのように振舞うか（どんなメソッドを持っているか）である。

ということです。たとえば「文字列を含む配列から要素を取り出して、その要素に含まれるアルファベットを小文字にして返す」というメソッドを考えてみます（List 8.14）。

List 8.14 fetch_and_downcase.rb

```
def fetch_and_downcase(ary, index)
  if str = ary[index]
    return str.downcase
  end
end

ary = ["Boo", "Foo", "Woo"]
p fetch_and_downcase(ary, 1)  #=> "foo"
```

実のところ、このメソッドに配列ではなくハッシュを渡して、次のように使うこともできます。

```
hash = {0=>"Boo", 1=>"Foo", 2=>"Woo"}
p fetch_and_downcase(hash, 1)  #=> "foo"
```

なぜなら、fetch_and_downcaseメソッドが、引数として渡されるオブジェクトに期待していることは、

第8章 クラスとモジュール

- **ary[index]** という形式で要素が取り出せること
- 取り出した要素が**downcase**メソッドを持っていること

の2つだからです。この条件を満たしていれば、fetch_and_downcaseメソッドに渡すオブジェクトは配列とハッシュのどちらでなくてもかまいません。

Rubyは変数に型を持ちません。決められたクラスのオブジェクトしか代入できない、という変数はありません。そのため、プログラムを実行するまでは、変数が指し示しているオブジェクトに対するメソッド呼び出しが正しいかどうかを判断できません。

これは、実行するまで不具合を見つけにくい、という欠点と考えられることもあります。しかし、その半面、継承のような明示的な関係を持っていないオブジェクト同士で処理を共通化させるといったことを容易に実現できるのです。「同じ操作を行えるならば、実際は違うものであってもその違いを気にしない」、逆に「実際は違うものであっても、同じ名前のメソッドを用意することによって、処理を共通化することができる」というのがダックタイピングの考え方です。

ダックタイピングによって共通に扱われるものは必ずしも継承などの明示的な関係にあるわけではないので、うまく使いこなすには少し慣れが必要かもしれません。たとえば、先ほど紹介した「ary[index]」の形式は、さまざまなクラスでオブジェクトが保持する要素にアクセスする手段として用いられます。最初はこういった単純でわかりやすいメソッドを意識するようにしていれば、コツをつかめてくるのではないでしょうか。

8.11.4 オブジェクト指向の例

では、実際の例をもとにオブジェクトがどのように組み立てられているかを見てみましょう。List 8.15は、Net::HTTPクラスを使ってRubyのホームページのHTMLを取得して、コンソールに出力するスクリプトです。

List 8.15 http_get.rb

```
1: require "net/http"
2: require "uri"
3: url = URI.parse("https://www.ruby-lang.org/ja/")
4: http = Net::HTTP.new(url.host, url.port)
5: http.use_ssl = true
6: doc = http.get(url.path)
7: puts doc.body
```

8.11 オブジェクト指向プログラミング

　1〜2行目でnet/httpライブラリとuriライブラリを読み込んでいます。これによってNet::HTTPクラスとURIモジュールを利用できるようになります。3行目はURIモジュールのparseメソッドを使って、URLの文字列を解析しています。戻り値は文字列を解析した結果として得られたURI::HTTPSクラスのインスタンスです。URLはその表記のルールに従って複数の情報に分割されます。

```
require "uri"
url = URI.parse("https://www.ruby-lang.org/ja/")
p url.scheme   #=> "https"                  (スキーム：URLの種類)
p url.host     #=> "www.ruby-lang.org"   (ホスト名)
p url.port     #=> 443                       (ポート番号)
p url.path     #=> "/ja/"                    (パス)
p url.to_s     #=> "https://www.ruby-lang.org/ja/"
```

　スキームはどのようなプロトコルを使用するかという情報です。よく使われるURLには「http://」で始まるものと、「https://」で始まるものがあります。どちらもHTTPというプロトコルを使用しますが、「https://」のほうは、ネットワークの途中の経路で内容を覗き見たり改ざんしたりするのを防ぐことができるように暗号を使用する点が異なります。ネットワーク上のサーバに接続するには、サーバのホスト名とポート番号が必要となります。またサーバは複数のドキュメントを管理しているので、これを特定するのがパスです。URL文字列を解析して分解した情報をひとまとめにして扱うのがURI::HTTPSクラスの役割です。

　モジュール名がURLではなくURIとなっています。URLというのは、URIという識別子の表記法のうち特定の種類のものを指す名称です。解説は省きますので、URLとはURIの一種であると思っておいてください。

　再びList 8.15に戻ると、4行目でNet::HTTPクラスのnewメソッドにホスト名とポート番号を与えてNet::HTTPオブジェクトを作成しています。5行目は通信を暗号化するための指定です。スキームが「https」の場合に必要です。6行目ではNet::HTTP#getメソッドにパスを指定してドキュメントを取得しています。最後に、7行目で得られたドキュメントをコンソールに出力しています。bodyメソッドで得られたドキュメントはStringオブジェクトなので、Net::HTTPクラスとは無関係に処理されています。

第8章 クラスとモジュール

　Net::HTTP#getを実行したときに、オブジェクトの内部では次のような処理が実行されます。

① ホスト名とポート番号を使って、サーバと通信するための通信路（ソケットといいます）を作成する
② OpenSSLライブラリを使ってソケットを暗号化する準備をする
③ パスを使って、要求メッセージを表現するNet::HTTPRequestオブジェクトを作成する
④ ソケットに要求メッセージを書き込む
⑤ ソケットからデータを読み取って、応答メッセージを表現するNet::HTTPResponseオブジェクトに格納する
⑥ Net::HTTPResponseオブジェクトの機能によって応答メッセージを解析し、ドキュメントに相当する部分を取り出す

　この関係を図にすると、図8.13のようになります。

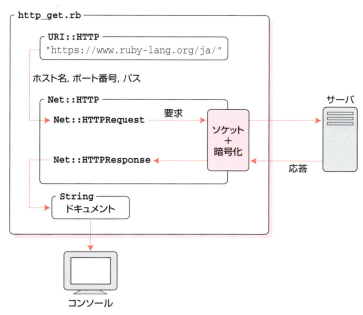

図 8.13 http_get.rbの動き

この例では、URLの解析はURI::HTTP、ネットワークの接続はソケット、暗号化の処理はOpenSSLライブラリ、通信のメッセージに関する詳細はNet::HTTPRequestとNet::HTTPResponse、通信に必要なソケット、リクエスト、レスポンスに関する操作を順序よく実行するのがNet::HTTP、という具合に各オブジェクトが処理を分担しています。個々の情報に対して適切なオブジェクトを用意することによって、何をどこに配置すべきか、そこで必要な処理はどのようなものかといった方針を決定できます。

　この方針は、プログラムを新しく作るときだけでなく、拡張したり修正したりする場合にも役立ちます。オブジェクト同士はメソッドを通じて情報をやりとりするので、その情報がオブジェクトの内部でどのように保持されていようとかまいません。適切な情報を適切なメソッドで操作することを念頭においてクラスを作成することで、見通しのよいプログラムが書けるようになります。

　ここで重要なのは、「自然にそのようなプログラムが書けてしまう」という点です。勘が働くようになるにはプログラミングの経験も必要ですし、また**デザインパターン**といった、クラスの役割の構成についての一般的な手法も手助けになるでしょう。「もの」を外側から見た特徴を中心に考えることによって、実際のものごとの関係に近いモデルを使ってプログラムを組み立てることができるようになります。

第8章　クラスとモジュール

Column

オブジェクト指向プログラミングのオススメの参考書

　オブジェクト指向プログラミングについては、一般向けの日本語書籍も多数出版されていて、書籍でも入門しやすい分野になっています。

　オブジェクト指向プログラミング全般についての入門書としては、平澤章『オブジェクト指向でなぜつくるのか　第2版』（日経BP社）が平易な説明でわかりやすいでしょう。

　デザインパターンについての入門書を読みたい方には、結城浩『増補改訂版Java言語で学ぶデザインパターン入門』（SBクリエイティブ）をお勧めします。とにかくやさしい解説とシンプルなサンプルプログラムでデザインパターンの基礎知識が得られます。

　デザインパターンを踏まえたオブジェクト指向プログラミングの解説であれば、アラン・シャロウェイ＋ジェームズ・R・トロット『オブジェクト指向のこころ』（丸善出版）があります。各パターンをいつ使うべきか・なぜ使うべきかについて、詳しく解説されています。

　また、Rubyでのオブジェクト指向プログラミングを読みたいのであればSandi Metz『オブジェクト指向設計実践ガイド』（技術評論社）があります。こちらは静的型付け言語でのそれとは異なる、Rubyならではのプログラミングについて学べます。

188

第9章 演算子

ここではRubyの演算子について詳しく見ていきます。

前半では演算子に関連する文法のうち、ここまで紹介しきれなかったものや、論理演算子を使ったRubyのイディオムを紹介します。

また、Rubyの演算子には、メソッド定義によってその操作を変更できるものがあります。後半では実際に演算子を定義する方法を紹介します。

9.1 代入演算子

Rubyの変数は、その名前の変数に最初に代入を行うタイミングで作成されます。その後、変数に代入されたオブジェクトに何か操作を行って、もう一度同じ変数に代入する、ということもしばしばあります。たとえばaに1を足したり、bを2倍するというのがそれにあたります。

```
a = a + 1
b = b * 2
```

これらの式はそれぞれ次のように書き換えることができます。

```
a += 1
b *= 2
```

多くの二項演算子 *op* について、次の変換が行われます。

第9章　演算子

```
var op= val
   ↓
var = var op val
```

　このように二項演算子と代入を組み合わせた演算子を**代入演算子**といいます。表9.1は代入演算子の一覧です。

表 9.1 代入演算子

&&=	||=	^=	&=	|=	<<=	>>=
+=	-=	*=	/=	%=	**=	

　この書き方は変数だけでなく、メソッドを経由したオブジェクトの操作にも使うことができます。次の2つの式は同じ結果になります。

```
$stdin.lineno += 1
$stdin.lineno = $stdin.lineno + 1
```

　ただし、これらの式が「$stdin.lineno」と「$stdin.lineno=」という2つのメソッド呼び出しを行っていることに注意してください。このような書き方を行うには、対象となるオブジェクトが、値の参照と設定の2つのアクセスメソッドを持っていなければいけません。

9.2 論理演算子の応用

　ここでは論理演算子の応用例を紹介します。まず、論理演算子を使った演算には次の特徴があることを理解する必要があります。

- 左側の式から順に評価される
- 論理式の真偽が決定すると、残りの式は評価されない
- 最後に評価された式の値が論理式全体の値となる

少し詳しく説明します。まず、|| について見てみましょう。

　条件1 || 条件2

という論理式では、必ず**条件1**、**条件2**の順に真偽が判定されます。ここで、**条件1**の結果が真のときは**条件2**の結果を見るまでもなく全体が真となることは明らかです。逆にいえば、**条件2**を評価する必要があるのは、**条件1**が偽の場合だけです。このような場合、Rubyの論理演算子は無駄な条件の判定は行わないようになっています。これをさらに拡張して、

条件1 || 条件2 || 条件3

とした場合にも、**条件1**と**条件2**の両方が偽にならなければ、**条件3**の判定は行われません。また、ここでいう**条件**とはRubyの式全般を指します。

```
var || "Ruby"
```

という式では、変数varの真偽が判断され、nilかfalseの場合にのみ、文字列"Ruby"の真偽が判断されます。先ほど挙げたように、論理式の戻り値は、最後に評価された式の戻り値に一致するので、この式全体の戻り値は、

- **var**がオブジェクトを参照していたらその値
- **var**が**nil**または**false**の場合は、文字列 **"Ruby"**

となります。

続いて、&&について見てみましょう。基本的なルールは||の場合と同じです。

条件1 && 条件2

という論理式における**条件2**は、||とは逆に、**条件1**の結果が真の場合にのみ評価されます。

このような論理演算子の性質を利用した応用例を紹介しましょう。変数nameに、必ず何らかの値を与える場合を考えます。

```
name = "Ruby"     # nameにデフォルト値を設定する
if var            # varがnilまたはfalseでなければ
  name = var      # nameにvarを代入する
end
```

第9章 演算子

この4行でやりたいことは、||を使って次の1行で書くことができます。

```
name = var || "Ruby"
```

今度は少し状況を変えて、変数に配列の先頭要素を代入する場合を考えてみます。Array#firstメソッドは先頭要素を返します。

```
item = nil          # itemに初期値を設定する
if ary              # aryがnilまたはfalseでなければ
  item = ary.first  # aryの先頭要素をitemに代入する
end
```

変数aryがnilの場合、ary.firstというメソッド呼び出しを行うとエラーになってしまいます。この例では、あらかじめitemにnilを代入したうえで、aryがnilでないことを確認してから、firstメソッドを呼んでいます。これは、&&を使えば次のように1行で書くことができます。

```
item = ary && ary.first
```

この操作をさらに短く済ませるために、「**オブジェクト&.メソッド呼び出し**」とする書き方もあります。これは「安全参照演算子」や「nilチェックつきメソッド呼び出し」という機能で、aryがnilでないときにだけfirstメソッドを呼び出します。aryがnilのときはnilになります。

```
item = ary&.first
```

最後に||の代入演算子を紹介しましょう。

192

```
var ||= 1
```

は、

```
var = var || 1
```

と同じ意味なので、varがnilかfalseの場合に限り1を代入する、という処理になります。これは変数にデフォルト値を与える場合の定番の書き方です。

9.3 条件演算子

条件分岐を書くための演算子もあります。条件演算子？：は次のように使います。

条件 ？ 式1 ： 式2

この式は次のif文と同じ意味を持っています。

if 条件
  式1
else
  式2
end

たとえば、aとbのうち、大きいほうをmaxに代入するという処理は、次のように書くことができます。

```
a = 1
b = 2
max = (a > b) ?  a : b
p max    #=> 2
```

式が複雑になると読みづらくなってしまうので、簡潔に書けるときにだけ使ったほうがよいでしょう。条件演算子は**三項演算子**とも呼ばれます。

column

if文？　if式？

　プログラムの用語で値を持つものを「式」といい、また構文上のひとまとまりを「文」といいます。「a = x + y」という1行を例に考えてみると、「x」と「y」は式、これを組み合わせた「x + y」も式、さらに「a = x + y」はいずれも式で、全体として他の行とは独立した1つの文になっています。

　「第5章　条件判断」で紹介した「if文」ですが、実際は最後に評価した式の値がif全体の値として返されます。そのため、次のようにif全体が返す値をそのまま変数に代入することができます。

```
a = 1
b = 2
max = if a > b
  a
else
  b
end
p max    #=> 2
```

　近年のメジャーな言語の多くで条件分岐の構文を式として扱うことはできないので、本書もそれにならって「if文」としましたが、厳密には「if式」と呼ぶべきものです。Rubyでは、if以外にもunless、class、defなどのほとんどの構文が式として定義されており、何らかの値を返します。

 範囲演算子

　Rubyには範囲（Range）オブジェクトという、値の範囲を表すオブジェクトがあります。たとえば、1から10までを表す範囲オブジェクトを生成するには、次のようにします。

```
Range.new(1, 10)
```

この省略形として用意されているのが、**範囲演算子**です。次の式は前記の例と同じ意味です。

```
1..10
```

この演算子は第6章のfor文の例の中で使用しています。

```
sum= 0
for i in 1..5
  sum += i
end
puts sum
```

範囲演算子には「..」と「...」の2種類があります。「$x..y$」と「$x...y$」の違いは、前者がxからyまでの範囲を表すのに対し、後者はxからyの1つ手前までの範囲を表す点です。

Rangeオブジェクトに対してto_aメソッドを呼ぶと、範囲の開始から終了までの値を含む配列を作ることができます。このメソッドを使って「..」と「...」の違いを確認してみましょう。

```
p (5..10).to_a    #=> [5, 6, 7, 8, 9, 10]
p (5...10).to_a   #=> [5, 6, 7, 8, 9]
```

数値以外のオブジェクトでも、現在の値から次の値を作るメソッドがあれば、範囲の始点と終点を指定することでRangeオブジェクトを作成できます。たとえば、文字列オブジェクトからRangeオブジェクトを作ることができます。

```
p ("a".."f").to_a   #=> ["a", "b", "c", "d", "e", "f"]
p ("a"..."f").to_a  #=> ["a", "b", "c", "d", "e"]
```

Ruby 2.6からは、範囲演算子の右辺、つまり終点を省略することもできます。その場合無限のリストを生成するので処理が止まらなくならないように

注意しましょう。

```
p ("ぁ"..).take(100)   #=> ["ぁ", "あ", "ぃ", "い", "ぅ", ... ]
```

　Rangeオブジェクトの内部では、始点の値から次々と値を作るためにsuccメソッドが使われます。succメソッドの戻り値に対してさらにsuccメソッドを呼び、その値に対してさらにsuccメソッドを……というように終点となる値より大きくなるまで、次々と値を生成しているのです。

実行例

```
> irb --simple-prompt
>> val = "a"
=> "a"
>> val = val.succ
=> "b"
>> val = val.succ
=> "c"
>> val = val.succ
=> "d"
```

9.5　演算子の優先順位

　演算子には**優先順位**が設けられています。式の中に複数の演算子がある場合は、より優先順位の高いものが先に呼び出されます。たとえば四則演算では、乗算や除算は加算や減算よりも先に計算されます。演算子の優先順位の例を表9.2に示します。

　Rubyの演算子を優先順位の高いものから順に並べると、図9.1のようになります。

9.5 演算子の優先順位

表 9.2 演算子の優先順位の例

式	意味	結果
1 + 2 * 3	1 + (2 * 3)	7
"a" + "b" * 2 + "c"	"a" + ("b" * 2) + "c"	"abbc"
3 * 2 ** 3	3 * (2 ** 3)	24
2 + 3 < 5 + 4	(2 + 3) < (5 + 4)	true
2 < 3 && 5 > 3	(2 < 3) && (5 > 3)	true

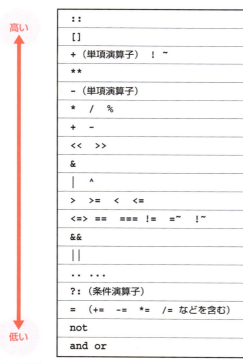

高い

::
[]
+ （単項演算子）　!　~
**
- （単項演算子）
*　/　%
+　-
<<　>>
&
|　^
>　>=　<　<=
<=>　==　===　!=　=~　!~
&&
||
..　...
?：（条件演算子）
=　（+=　-=　*=　/= などを含む）
not
and or

低い

図 9.1 演算子の優先順位

　優先順位とは違う順番にしたいときは、先に計算したい部分を「()」で囲みます。これで、内側の「()」の中から順に処理されます。演算子の優先順位に自信が持てないときは積極的に「()」を利用しましょう。

197

9.6 演算子を定義する

　Rubyの演算子の多くはインスタンスメソッドとして実装されているので、ユーザが新たに定義したり再定義したりして、意味を変えることができます。しかし、表9.3に挙げる演算子は意味を変えることができません。

表 9.3　再定義できない演算子

| :: | && | \|\| | .. | ... | ?: | not | = | and | or |

9.6.1　二項演算子

　「式　演算子　式」のように、式と式の間に置く演算子を二項演算子といいます。四則演算でもおなじみの演算子です。

　二項演算子を定義するには、演算子をメソッド名としてメソッドを定義します。演算子の左側の項がレシーバとなり、右側の項がメソッドの引数として渡されます。List 9.1のプログラムでは、二次元の座標を表すPointクラスを作って、演算子+と-を定義しています。

List 9.1　point.rb

```ruby
class Point
  attr_accessor :x, :y

  def initialize(x=0, y=0)
    @x, @y = x, y
  end

  def inspect  # pメソッドで「(x, y)」と表示する
    "(#{x}, #{y})"
  end

  def +(other)  # x、yのそれぞれを足す
    self.class.new(x + other.x, y + other.y)
  end

  def -(other)  # x、yのそれぞれを引く
```

```ruby
    self.class.new(x - other.x, y - other.y)
  end
end

point0 = Point.new(3, 6)
point1 = Point.new(1, 8)

p point0              #=> (3, 6)
p point1              #=> (1, 8)
p point0 + point1  #=> (4, 14)
p point0 - point1  #=> (2, -2)
```

List 9.1のように、二項演算子を定義するときには、引数名として「other」がよく用いられます。

なお、演算子+と-の中で、新しいPointオブジェクトを作る際に「self.class.new」としていますが、次のようにPoint.newメソッドを使うこともできます。

```ruby
def +(other)
  Point.new(x + other.x, y + other.y)
end
```

この場合は戻り値として必ずPointオブジェクトが返されます。逆に、Pointクラスを継承したサブクラスのオブジェクトで演算子+や-を使ったときにはサブクラスのオブジェクトを返すほうが適切なケースがあると思いますが、この書き方ではPointオブジェクトしか返すことができません。メソッド内で同じクラスのオブジェクトを作るときは、クラスを名前で記述するのではなく「self.class」で、そのときの実際のクラスを参照してnewメソッドを呼ぶほうが、継承やMix-inに柔軟に対応できます。

putsメソッドとpメソッドの違い

　List 9.1で、表示用としてinspectメソッドを定義しています。
　このメソッドはpメソッドがオブジェクトの内容を示す文字列を得るために使います。オブジェクトから文字列を作るメソッドにはもう1つ、to_sメソッドがあって、こちらはputsやprintメソッドが使います。文字列オブジェクトを例に両者の違いを見てみましょう。

```
> irb --simple-prompt
>> str = "たのしいRuby"
=> "たのしいRuby"
>> str.to_s
=> "たのしいRuby"
>> str.inspect
=> "\"たのしいRuby\""
```

　String#to_sの結果はもとの文字列と同じになっていますが、String#inspectの結果には「\"」が含まれています。これはpメソッドで文字列を表示したときに、文字列であることをわかりやすくするためです。使い分けとしては、プログラムの出力として意味のある形式の文字列を返すのがto_sメソッドで、プログラムを書いている人が動作確認のためにオブジェクトを調べるための文字列を返すのがinpsectメソッドとなります。
　to_sメソッドは、putsメソッドやprintメソッドのほかに、Array#joinメソッドなど、内部的に文字列が必要な場面でも用いられます。
　inspectメソッドは主にpメソッドによる出力のためのメソッドと言っても差し支えありません。irbコマンドが表示する1行ごとの式の結果もinspectメソッドによって作られます。自分でクラスを作る場合は目的に応じて、これらのメソッドを定義すると便利です。

● ● 9.6.2 単項演算子

「**演算子 式**」のように、式の前に置く演算子を単項演算子といいます。再定義可能な単項演算子は、+、-、~、!の4つです。これらはそれぞれ、+@、-@、~@、!@という名前で定義できます。List 9.1のPointクラスに、これらの演算子を定義してみましょう（List 9.2）。単項演算子はいずれも引数を持ちません。

List 9.2 point.rb（抜粋）

```ruby
class Point
  ⋮
  def +@
    dup                     # 自分の複製を返す
  end

  def -@
    self.class.new(-x, -y)   # x、yのそれぞれの正負を逆にする
  end

  def ~@
    self.class.new(-y, x)    # 90度反転させた座標を返す
  end
end

point = Point.new(3, 6)
p +point  #=> (3, 6)
p -point  #=> (-3, -6)
p ~point  #=> (-6, 3)
```

● ● 9.6.3 添字メソッド

添字メソッドとは、配列やハッシュで用いられるobj[*i*]とobj[*i*]=*x*のことです。これらは、それぞれ[]と[]=という名前で定義できます。Pointクラスのインスタンスpointについて、point.xをpoint[0]、point.yをpoint[1]でアクセスできるようにしてみます（List 9.3）。

201

第9章　演算子

List 9.3 point.rb（抜粋）

```ruby
class Point
  :
  def [](index)
    case index
    when 0
      x
    when 1
      y
    else
      raise ArgumentError, "out of range `#{index}'"
    end
  end

  def []=(index, val)
    case index
    when 0
      self.x = val
    when 1
      self.y = val
    else
      raise ArgumentError, "out of range `#{index}'"
    end
  end
end

point = Point.new(3, 6)
p point[0]          #=> 3
p point[1] = 2      #=> 2
p point[1]          #=> 2
p point[2]          #=>エラー（ArgumentError）
```

　引数indexは、配列でいうところの添字です。このクラスには2つの要素し
かないので、2以上の値をインデックスとして指定された場合には、引数に誤
りがあることを表すエラーにしています。

第10章 エラー処理と例外

　プログラムの実行にはさまざまなエラーがつきものです。プログラマがまったく間違えることなく、そして、すべての処理がいつも正常に動作すればエラーが起こることはありませんが、残念ながらそうはうまくいかないものです。この章ではプログラムのエラーとその対処に関する話題を中心に、例外処理について紹介します。

10.1 エラー処理について

　実際のプログラムを紹介する前に、エラーについてもう少し一般的な話から始めることにしましょう。プログラムの実行中に発生するエラーには、次のようなものがあります。

- データのエラー
  家計簿の計算を行う際に、金額があるべき欄に商品名が書かれていては必要な計算ができません。また、HTMLのような構造を持ったデータの場合には、タグが閉じていないなど、構文上の間違いがあるとうまく処理を行うことができません。
- システムのエラー
  ハードディスクの故障のような明らかな障害や、ネットワークが切断されているといった、プログラムの力だけでは回復できない問題が起こることもあります。
- プログラムのミス
  存在しないメソッドの呼び出しや、引数として渡す値の誤り、また、計算ミスによって間違ったデータを作成してしまうなど、プログラムのミスによるエラーも考えられます。

第10章　エラー処理と例外

　このように、プログラムはさまざまなエラーに出会う可能性があります。
発生したエラーを放置しておくと、たいていは正常な処理を続けられないの
で、何らかの対処が必要になります。

- **エラーの原因を取り除く**
  ディレクトリにファイルを作成したいときに、対象のディレクトリが
  存在しない場合には、ディレクトリを自力で作成すればよいでしょう。
  ここでディレクトリが作成できない場合にはまた別の対処を考える必
  要があります。
- **無視して続行する**
  そもそも無視してもかまわないようなものはエラーとはいわないかも
  しれませんが、たとえば必要な設定ファイルが読めないといった状況
  が考えられます。読めなくても最低限の動作をできるようにデフォル
  トの値をあらかじめ用意しておけば、エラーを無視することもできま
  す。
- **エラー発生前の状態を復元する**
  エラーが発生したことを報告するだけで、次の動作はユーザに指示し
  てもらうこともあります。
- **もう一度試す**
  一度失敗しても、時間をおいて再度試せばうまくいくこともあります。
- **プログラムを終了する**
  自分ひとりで使うプログラムでは、そもそもエラーに対処する必要は
  ないかもしれません。

　実際にどのような対処を行えばよいかについては、プログラムの大きさや、
アプリケーションの性質にもよるので一概にはいえません。しかし、エラー
の発生があらかじめ予想される場合は、特に次の点に気をつけるとよいでし
ょう。

- **入力データ、特に人間が手作業で作成したデータを破壊しないか？**
- **エラーの内容と、（可能なら）その原因を通知することができるか？**

　ファイルを上書きしてしまい、時間をかけて入力したデータを消してしま
うなど、大切なデータを失ったり、あるいは壊してしまっては困ります。また、
エラーの原因がユーザにある場合や、プログラム自身がエラーの原因を取り

204

除くことができない場合は、ユーザに対して、わかりやすいエラーメッセージを報告しなければ、やはり使いにくいプログラムとなってしまうでしょう。

Rubyにはエラー処理をサポートするための**例外**という仕組みが備わっているので、いくらか楽にエラー処理を記述することができるようになっています。

 例外処理

プログラムの実行中にエラーが起こると例外が発生します。例外が発生するとプログラムの実行は一時中断し、**例外処理**を探します。例外処理が記述されていればそれを実行します。例外処理が記述されていなければ、プログラムは、次のようなメッセージを表示してから終了します。

実行例

```
> ruby test.rb
ruby test.rb
Traceback (most recent call last):
    4: from test.rb:9:in `<main>'
    3: from test.rb:6:in `bar'
    2: from test.rb:2:in `foo'
    1: from test.rb:2:in `open'
test.rb:2:in `initialize': No such file or directory @ rb_sysopen - /no/file (Errno::ENOENT)
```

このメッセージは、

```
Traceback (most recent call last):
    呼び出しの深さ ファイル名:行番号:in `メソッド名'
    呼び出しの深さ ファイル名:行番号:in `メソッド名'
      ︙
    1 ファイル名:行番号:in `メソッド名'
ファイル名:行番号:in `メソッド名':エラーメッセージ (例外クラス名)
```

という形式になっています。上から読むと、最初に<main>として表記されているプログラムの本体が実行され、そこからメソッドbarが呼ばれ、メソッド

barからfooが呼ばれ、メソッドfooからメソッドopenが呼ばれ、openがエラーを発生させている様子がわかります。最後の行は発生したエラーそのものに関する情報です。

　エラーを発生させたメソッドは、そのメソッド自体に問題あるのではなく、往々にしてメソッドの呼び出したときの引数などに問題があることがあります。したがってプログラムのエラーを確認するうえで、メソッドがどういった順序で呼ばれたのかという情報が重要になります。このメソッドの呼び出しの順序のことをバックトレース（またはスタックトレース）といいます。

 以前は、最初にエラーメッセージが表示され、それに続いてバックトレースも深いものから<main>に向かって表示されていましたが、Ruby 2.5からエラーメッセージがコンソールに出力される場合の順序が変更されました。プログラムが大きくなるとバックトレースが長くなるため、コンソールを上にスクロールしなければメッセージを確認できないという問題があります。そこで出力の順序が見直されました。エラーメッセージがコンソールではなくファイルに出力される場合は、以前と同じ順序で出力されます。

　例外処理の仕組みがない言語では、処理が完全に終わったかどうかを1つ1つ確認しながらプログラムを書く必要があります（図10.1）。このような言語では、プログラムの多くの部分をエラー処理に費す必要があり、繁雑になりがちです。

● 例外処理の仕組みがない言語

```
if a() == false
  エラー処理
end
if b() == false
  エラー処理
end
if c() == false
  エラー処理
end

a(), b(), c()
でエラーが起きると
falseを返す
```

● Rubyでの例外処理

```
begin
  a()
  b()
  c()
rescue
  エラー処理
end

a(), b(), c()
で例外が発生する
```

図 10.1 例外処理の仕組みの有無

いつもその通りにいくものでもありませんが、例外処理には、

- 操作の完了を1つ1つ確認しなくても、エラーは自動的に検出される
- エラーの発生場所も同時に報告されるのでデバッグしやすい
- 正常な処理とエラーの処理を分けて記述できるようになり、プログラムの見通しがよくなる

といったメリットがあります。

10.3 例外処理の書き方

例外処理には、次のように begin 〜 rescue 〜 end 文を使用します。

```
begin
    例外を発生させる可能性のある処理
rescue
    例外が起こった場合の処理
end
```

Rubyでは例外に関する情報もオブジェクトとして扱われます。rescueに続けて変数名を指定することで、例外オブジェクトを得ることができます。

```
begin
    例外が起こる可能性のある処理
rescue => 例外オブジェクトが代入される変数
    例外が起こった場合の処理
end
```

変数名を指定しなくても、表10.1のように変数$!に自動的にセットされますが、明示的に変数名を指定する書き方のほうがわかりやすくなります。

表 10.1 例外発生時に自動的にセットされる変数

変数	意味
$!	最後に発生した例外（例外オブジェクト）
$@	最後に発生した例外の位置に関する情報

また、例外オブジェクトから表10.2のメソッドを呼べば、例外に関する情報を取得できます。

第10章　エラー処理と例外

表 10.2 例外オブジェクトのメソッド

メソッド名	意味
class	例外の種類
message	例外のメッセージ
backtrace	例外の発生した位置に関する情報（$@は$!.backtraceと同じ）

　List 10.1のプログラムはUnixのwcコマンドの簡易版です。引数で指定した各ファイルの行数、単語数、文字数を出力し、最後に全ファイルの集計を出力します。

実行例

```
> ruby wc.rb intro.rd sec01.rd sec02.rd
      50        67      1655 intro.rd
      81        92      3445 sec01.rd
     123       162      3420 sec02.rd
     254       321      8520 total
```

List 10.1 wc.rb

```ruby
ltotal = 0                               # 行数の合計
wtotal = 0                               # 単語数の合計
ctotal = 0                               # 文字数の合計
ARGV.each do |file|
  begin
    input = File.open(file)              # ファイルを開く（A）
    l = 0                                # file内の行数
    w = 0                                # file内の単語数
    c = 0                                # file内の文字数
    input.each_line do |line|
      l += 1
      c += line.size
      line.sub!(/^\s+/, "")              # 行頭の空白を削除
      ary = line.split(/\s+/)            # 空白文字で分解する
      w += ary.size
    end
    input.close                          # ファイルを閉じる
    printf("%8d %8d %8d %s\n", l, w, c, file)  # 出力を整形する
```

208

```
      ltotal += l
      wtotal += w
      ctotal += c
    rescue => ex
      puts ex.message                    # 例外のメッセージを出力（B）
    end
  end

  printf("%8d %8d %8d %s\n", ltotal, wtotal, ctotal, "total")
```

（**A**）でファイルが開けなかった場合には、rescue節に処理が移ります。例外オブジェクトは、変数exに代入され、（**B**）が実行されます。

たとえば、存在しないファイルを指定すると次のようにエラーが報告されます。エラーを報告したあとは、プログラムを終了するのではなく、次のファイルの処理に移ります。

実行例

```
> ruby wc.rb intro.rd sec01.rd sec02.rd sec03.rd
      50        67      1655 intro.rd
      81        92      3445 sec01.rd
     134       188      3729 sec02.rd
No such file or directory - sec03.rd
     265       347      8829 total
```

例外が発生したメソッド中にrescue節がない場合は、呼び出し元にさかのぼって例外処理を探します。わざとらしい例ですが、図10.2のプログラムを見てください。fooメソッドを呼び出すと存在しないファイルを開こうとします。File.openメソッドが例外を発生させると、foo、barを飛び越えて、トップレベルのrescue節によって捕捉されます。

```
def foo
  File.open("/no/file")
end

def bar
  foo()
end

begin
  bar()
rescue => ex
  print ex.message, "\n"
end
```

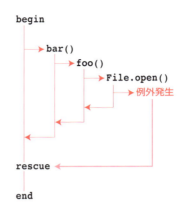

図 10.2 例外処理の動き

　エラー処理はメソッドごとではなく、必要に応じて記述すれば十分です。エラーの原因を解決したりする必要が特にない場合は、例外を捕捉する必要はありません。もちろん、例外を捕捉しない場合は、プログラムはただちに終了します。

後処理

　例外が起こっても起こらなくても常に実行したい処理がある場合には、ensure節に後処理を記述します。

```
begin
    例外を発生させる可能性のある処理
rescue => 変数
    例外が起こった場合の処理
ensure
    例外の有無にかかわらず実行される処理
end
```

　ファイルをコピーするメソッドを考えてみましょう。次のcopyメソッドはファイルfromをtoにコピーします。

```ruby
def copy(from, to)
  src = File.open(from)      # コピー元ファイルfromを開く（**A**）
  begin
    dst = File.open(to, "w") # コピー先ファイルtoを開く（**B**）
    data = src.read
    dst.write(data)
    dst.close
  ensure
    src.close                # （**C**）
  end
end
```

（**A**）でコピー元のファイルを開けなければ、例外が発生して呼び出し元に戻りますが、これ以降の処理がうまくいくかどうかにかかわらず、srcは閉じなければいけません。それを実行するのが（**C**）の部分です。ensure節に書かれた処理は、begin〜endで囲まれた部分から抜ける場合には必ず実行されます。もしも、（**B**）でコピー先のファイルが開けなくても（**C**）は実行されます。

10.5 やり直し

rescue節でretryを用いると、begin以下の処理をもう一度やり直せます。
　次の例は、ファイルが開けるようになるまで、10秒ごとにFile.openメソッドを実行して、成功すればその内容を読み取ります。

```ruby
file = ARGV[0]
begin
  io = File.open(file)
rescue
  sleep 10
  retry
end

data = io.read
io.close
```

ただし、どうやっても開けないファイルを指定すると、無限ループになってしまうので注意が必要です。その場合、5回失敗したらretryせずに終了する、というような方法もあります。

10.6 rescue修飾子

if修飾子やunless修飾子のように、rescueにも修飾子があります。

　式1 rescue 式2

これは式1の処理の中で例外が発生した場合は、式2の値が全体の値となります。つまり、

```
begin
   式1
rescue
   式2
end
```

と同じ意味です。次の例を見てください。

```
n = Integer(val) rescue 0
```

Integerメソッドは引数"123"のような数値らしい文字列を受け取った場合にはその文字列が示す整数値を返し、"abc"のように数値として不正な文字列を受け取った場合には例外を発生します（文字列が数値として正しいかどうかを判定する場合によく使われます）。この例の場合、valが数値として不正なフォーマットだった場合は例外が発生し、「=」の右側全体の値としては0が返ることになります。このように、難しい処理が必要ではないときに、デフォルト値がほしい場合などによく使われます。

10.7 例外処理の構文の補足

例外処理のためにメソッドの処理全体をbegin～endでくくるような場合は、beginとendを省略してrescue節やensure節を記述することができます。

```
def foo
    メソッドの本体
rescue => ex
    例外処理
ensure
    後処理
end
```

同様にクラス定義内でも、rescue節やensure節を記述できます。ただし、クラス定義内で例外が発生すると、例外が発生した箇所以降のメソッド定義などが行われなくなるため、通常はこの処理を利用することはありません。

```
class Foo
    クラス定義の本体
rescue => ex
    例外処理
ensure
    後処理
end
```

10.8 捕捉する例外を指定する

複数の種類の例外が発生する可能性があって、それぞれを個別に対処する必要がある場合は、複数のrescue節を記述することで処理を分けることができます。

```
begin
  例外を発生させる可能性のある処理
rescue Exception1, Exception2 => 変数
  Exception1またはException2に対する処理
rescue Exception3 => 変数
  Exception3に対する処理
rescue
  それ以外の例外が起こった場合の処理
end
```

クラスを指定すれば、想定している例外だけを捕捉することができます。

```
file1 = ARGV[0]
file2 = ARGV[1]
begin
  io = File.open(file1)
rescue Errno::ENOENT, Errno::EACCES
  io = File.open(file2)
end
```

この例では、file1を開くのに失敗した場合にfile2を開いています。ここで捕捉しているErrno::ENOENTとErrno::EACCESは、ファイルが存在しない場合とファイルを開くための権限がない場合に発生する例外です。

 ## 例外クラス

すでに述べたように、例外もオブジェクトです。すべての例外はExceptionクラスのサブクラスとなっていて、エラーの種類に応じた例外を定義しています。組み込みの例外クラスは図10.3のような継承の関係を持っています。

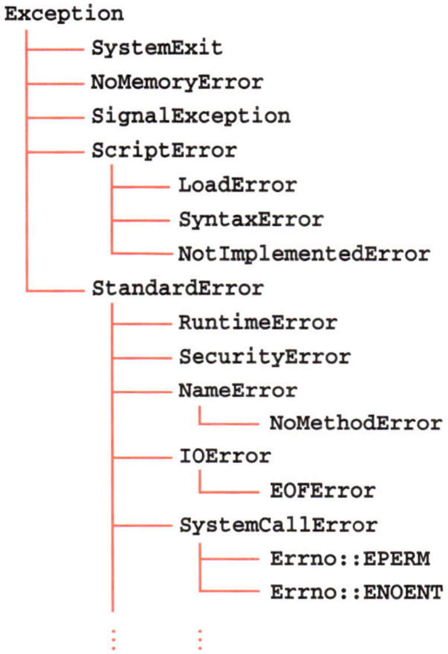

```
Exception
    ├── SystemExit
    ├── NoMemoryError
    ├── SignalException
    ├── ScriptError
    │       ├── LoadError
    │       ├── SyntaxError
    │       └── NotImplementedError
    └── StandardError
            ├── RuntimeError
            ├── SecurityError
            ├── NameError
            │       └── NoMethodError
            ├── IOError
            │       └── EOFError
            └── SystemCallError
                    ├── Errno::EPERM
                    └── Errno::ENOENT
    ⋮       ⋮
```

図 10.3 例外クラスの継承関係

　rescue節で指定した例外の種類は、例外クラスのクラス名です。rescue
節で例外クラスを指定しなかった場合は、StandardErrorとそのサブクラス
が捕捉されます。

　すでに紹介したように、rescue節は指定した例外クラスを捕捉しますが、
同時にそのサブクラスも捕捉します。自分で例外クラスを定義する場合は、
StandardErrorクラスを継承したクラスを作成し、さらにそれを継承するの
が一般的です。

```
MyError = Class.new(StandardError)   # 新しい例外クラス
MyError1 = Class.new(MyError)
MyError2 = Class.new(MyError)
MyError3 = Class.new(MyError)
```

　このように定義すれば、

第10章　エラー処理と例外

```
begin
  ⋮
rescue MyError
  ⋮
end
```

とすることで、そのサブクラスである、MyError1、MyError2、MyError3など
も捕捉できるようになります。
　本題とは関係ありませんが、この例の

```
MyError = Class.new(StandardError)
```

という書き方は、StandardErrorを継承した新しいクラスを作成して、
MyErrorという定数に代入するという意味です。第8章で紹介した継承を伴
うclass文を使って、次のように定義したクラスと同じように利用できます。

```
class MyError < StandardError
end
```

　class文の場合はその中にメソッドを定義したりできますが、今回は単に
StandardErrorを継承した新しいクラスを生成できれば十分なので、1行で
簡潔に書ける例を紹介しました。

10.10 例外を発生させる

　自分で例外を発生させるにはraiseメソッドを使います。自分で判定した条件をもとに例外を新しく発生させる場合や、直前に捕捉した例外を再び発生させて、例外を呼び出し元に伝えたいときに使用します。
　raiseメソッドは、次の4つの形式を持っています。

- **raise メッセージ**
  RuntimeErrorを発生させます。新しく生成された例外オブジェクトにメッセージとして文字列をセットします。
- **raise 例外クラス**
  指定した例外を発生させます。
- **raise 例外クラス, メッセージ**
  指定した例外を発生させます。新しく生成された例外オブジェクトにメッセージとして文字列をセットします。
- **raise**
  rescue節の外ではRuntimeErrorを発生させます。rescue節の中では最後に発生した例外($!)をもう一度発生させます。

　例外が発生する際に$!に例外オブジェクトが設定されている、つまりrescue節の中で新たな例外を発生させると、新しい例外オブジェクトは自動的に$!を取り込みます。これによって例外のもとになった例外を後から調べることができます。もとの例外オブジェクトは新しい例外オブジェクトのcauseメソッドで参照できます。

```
begin
  begin
    raise "Error1"     # 最初の例外
  rescue
    # このとき$!は"Error1"
    raise "Error2"     # 2番目の例外
  end
rescue => e            # "Error2"を捕捉
  p e                  #=> #<RuntimeError: Error2>
  p e.cause            #=> #<RuntimeError: Error1>
end
```

第10章　エラー処理と例外

column

エラーメッセージ

　プログラムを書き終えて実行しても、一度でちゃんと動くということはめったにありません。プログラムはさまざまなエラーによって終了してしまいますが、間違いを探すヒントがエラーメッセージとして出力されます。

　Rubyのエラーメッセージは英語（のようなもの）で出力されるので、読むのが面倒と感じてしまう方もいるかもしれませんが、これをきちんと読まなければ、問題を解決するのに時間がかかってしまいます。ここでは、よく目にすると思われるメッセージの例とその意味を紹介します。

○ syntax error

```
foo.rb:2: syntax error, unexpected end, expecting ')'
```

　プログラムに文法的な間違いがあります。特にカッコや文字列の閉じ忘れの場合、インタプリタが報告してくる場所よりもずっと前の部分に間違いがあるかもしれません。次の点を確認してください。

- **if**、**while**、**begin**などに対応する**end**があるか
- カッコや文字列はきちんと閉じているか
- ヒアドキュメントが閉じているか
- 配列やハッシュの要素の区切りを表す記号に誤りや抜けがないか
- 演算子の使い方に誤りがないか
- 誤って全角文字（英数字や空白）が使われていないか

○ NameError／NoMethodError

```
name.rb:2:in `foo': undefined local variable or method
`retrun' for main:Object (NameError)
Did you mean?  return
               retry
```

　メソッドや変数が存在しません。この例の場合は、returnをretrunと書いてしまったために例外が発生しています。NameErrorの場合は、「Did you mean?」というメッセージでエラーになった名前と似たメソッド名や変数名の候補を列挙してくれます。

218

10.10 例外を発生させる

```
method.rb:1:in `<main>': undefined method `inejct' for
[]:Array (NoMethodError)
Did you mean?  inject
```

文法的にメソッド名の誤りと判断できる場合は、NoMethodErrorとなります。次の点を確認してください。

- メソッド名や変数名のスペルが間違っていないか
- 変数に期待通りのオブジェクトが代入されているか
- 自分の考えていたクラスとは違うクラスのオブジェクトが代入されていないか

ArgumentError

```
arg.rb:1:in `foo': wrong number of arguments (given 1,
expected 0) (ArgumentError)
```

メソッドの引数に誤りがあります。例の場合は引数を取らないところに、1つ渡していることを表しています。また、printfメソッドのフォーマット文字列が不正であるといったような、メソッドが期待しているものとは異なる引数が渡されたときにも発生します。

TypeError

```
type.rb:1:in `scan': wrong argument type nil (expected
Regexp) (TypeError)
```

メソッドが期待しているものとは別のクラスのオブジェクトが渡されています。思いがけず変数にnilが代入されていることは、慣れていてもよくあります。

LoadError

```
load.rb:1:in `require': cannot load such file -- foo
(LoadError)
```

第10章 エラー処理と例外

requireに指定したライブラリを読み込むことができません。利用している
ライブラリから間接的にライブラリをロードしている場合もあります。次の点
を確認してください。

- **require**の引数が間違っていないか
- 目的のライブラリがインストールされているか
- **$LOAD_PATH**で参照しているディレクトリにファイルが存在するか

○ [BUG]

```
segv.rb:6: [BUG] Segmentation fault at 0x0000000000000000
ruby 2.6.1p33 (2019-01-30 revision 66950) [x86_64-linux]

-- Control frame information ---------------------------------
c:0004 p:---- s:0018 e:000017 CFUNC  :call
c:0003 p:0018 s:0013 e:000012 METHOD segv.rb:6
c:0002 p:0027 s:0007 e:000005 EVAL   segv.rb:8 [FINISH]
c:0001 p:0000 s:0003 E:0001d0 (none) [FINISH]

-- Ruby level backtrace information --------------------------
  …デバッグ用の情報…
```

Rubyや拡張ライブラリのバグによるエラーです。

最新版ではすでに解決しているかもしれないので、Rubyをアップデートす
ることも検討してみてください。それでもダメな場合はRubyのメーリングリ
スト ruby-list（https://www.ruby-lang.org/ja/community/mailing-lists/）で相談
してみてもよいでしょう。Rubyの開発チームにバグレポートとして報告する
と、今後の開発に役立てられるかもしれません。

220

第11章 ブロック

Rubyプログラミングではブロックが活躍します。ブロックは、もともとは「繰り返し」のための構文でしたが、現在ではプログラムのさまざまなところで使われます。ブロックを活用することが、Rubyのプログラミングに慣れるための重要なポイントになります。

この章ではブロックの用途と機能について見ていきます。

11.1 ブロックとは

ブロックとは、メソッド呼び出しの際に引数と一緒に渡すことのできる処理のかたまりのことです。これまでもeachメソッドやtimeメソッドなど、主に繰り返しについて説明する際にブロックが登場しました。ブロックを受け取ったメソッドは必要な回数だけブロックを実行します。実行される回数は、メソッドによって制御されるため、あらかじめ決まっているわけではなく、一度も実行されない場合もあります。

次の例は、Arrayオブジェクトに格納された整数値について、eachメソッドを使って、先頭から順にそれぞれの値を2乗した数値を表示します。この「do」から「end」までの部分がブロックです。この場合はブロックは5回実行されます。

```
[1, 2, 3, 4, 5].each do |i|
  puts i ** 2
end
```

第11章　ブロック

　「第7章　メソッド」でも紹介しましたが、このようなメソッド呼び出しを
「ブロックつきメソッド呼び出し」または「ブロックつき呼び出し」といいま
す。ブロックつき呼び出しの一般形は次の通りです。

　　オブジェクト.メソッド名(引数リスト) do |ブロック変数|
　　　繰り返したい処理
　　end

　または、

　　オブジェクト.メソッド名(引数リスト) {|ブロック変数|
　　　繰り返したい処理
　　}

　ブロックの冒頭には、**ブロック変数**（または**ブロックパラメータ**）というも
のが用意されています。これはブロックを実行する際に、メソッドから渡さ
れるパラメータです。ブロック変数がいくつ渡されるかはメソッドによって
異なります。たとえばArray#eachメソッドの場合は、配列の要素が1つずつ
順にブロック変数としてブロックに渡されます。Array#each_with_index
メソッドの場合は、「**要素，そのインデックス**」の2つの値がブロックに渡さ
れます。

> **実行例**

```
> irb --simple-prompt
>> ary = ["a", "b", "c"]        ← 変数aryに値を配列を代入
=> ["a", "b", "c"]
>> ary.each {|obj| p obj}        ← Array#eachの例
"a"
"b"
"c"
=> ["a", "b", "c"]
>> ary.each_with_index do |obj, idx|
>?    p [obj, idx]               ── Array#each_with_index
>> end                                の例
["a", 0]
["b", 1]
["c", 2]
=> ["a", "b", "c"]
```

222

「第6章 繰り返し」で紹介したloopメソッドのように、ブロック変数がないメソッドもあります。

11.2 ブロックの使われ方

11.2.1 繰り返し

ブロックつき呼び出しは、しばしば繰り返しに用いられます。ブロックを受け取るメソッドのうち、繰り返しを行うものは特にイテレータと呼ばれます。イテレータの代表的なメソッドはeachメソッドです。

次の例は、配列の各要素の文字列を大文字にして出力します。

```
alphabet = ["a", "b", "c", "d", "e"]
alphabet.each do |i|
  puts i.upcase
end
```

ハッシュも配列と同様、要素を取り出していくような形になりますが、配列と異なり「[キー, 値]」のペアを配列にして取り出していきます。List 11.1のようにすれば、全部のキーと値のペアを取り出して処理することができます。この例ではpair[1]でハッシュの値を取り出して合計しています。ハッシュのキーのほうを取り出すにはpair[0]とします。

List 11.1 hash_each.rb

```
sum = 0
outcome = {"参加費"=>1000, "ストラップ代"=>1000, "懇親会会費"=>4000}
outcome.each do |pair|
  sum += pair[1]   # 値を指定している
end
puts "合計 : #{sum}"
```

ブロック変数を受け取るときは、多重代入と同様のルールで複数の値のパラメータを受け取ることができます。List 11.1を書き換えて、List 11.2のようにすれば、キーと値を別の変数で受け取れます。

第11章 ブロック

List 11.2 hash_each2.rb

```ruby
sum = 0
outcome = {"参加費"=>1000, "ストラップ代"=>1000, "懇親会会費"=>4000}
outcome.each do |item, price|
  sum += price
end
puts "合計 : #{sum}"
```

　次に、Fileクラスのeach_lineメソッドを使ったサンプルプログラムを見てみましょう。List 11.3は「sample.txt」というファイルから行を順に取り出し表示するプログラムです。

List 11.3 file_each.rb

```ruby
file = File.open("sample.txt")
file.each_line do |line|
  print line
end
file.close
```

　ファイルオブジェクトには1行ずつデータを取り出して繰り返しを行うeach_lineメソッドのほかにも、1文字ずつデータを取り出して繰り返しを行うeach_charメソッド、1バイトごとに繰り返しを行うeach_byteメソッドなどがあります。ファイル以外でもデータを取り出しながら繰り返しを行うメソッドは「each_××」という名前になっているものがたくさんあります。

11.2.2　定形の処理を隠す

　ブロックを繰り返しに使うイテレータの例を見てきました。しかし、この章の冒頭でも述べたように、ブロックはイテレータ以外にも広く使われています。その1つとして、後処理を確実に実行させるための使い方があります。典型的な例としてFile.openメソッドを紹介しておきましょう。File.openメソッドは、ブロックを受け取ると、ファイルオブジェクトをブロック変数として、一度だけブロックを起動します。ブロックを使えば先ほどのList 11.3を、List 11.4のように書き直すことができます。

224

List 11.4 file_open.rb

```ruby
File.open("sample.txt") do |file|
  file.each_line do |line|
    print line
  end
end
```

書き直す前と比べると、ファイルオブジェクトfileからデータを読み出す部分は同じですが、closeメソッドの呼び出しがなくなっている点が異なっています。開いたファイルを使い終わったあとは、確実にファイルを閉じないと、別のプログラムから開けなくなったり、一度に開けるファイルの上限に達すると新しいファイルが開けなくなったりといった問題の原因になる可能性があります。

さらに、List 11.4はファイルが開けなくてエラーになった場合でもファイルを閉じてくれます。内部的にはList 11.5のような処理が行われているのです。

List 11.5 file_open_no_block.rb

```ruby
file = File.open("sample.txt")
begin
  file.each_line do |line|
    print line
  end
ensure
  file.close
end
```

File.openメソッドにブロックを与えた場合は、ブロック内の処理が終了してメソッドから抜ける前に自動的にファイルが閉じられるので、List 11.3にあるようなFile#closeメソッドの呼び出しを書く必要がなくなります。

ファイルを使い終わったら閉じるといった決まりきった処理はメソッド側で行って、ユーザ側では必要な処理だけをブロック内に記述できるようにすると便利です。こうすることによって、プログラムの記述量を減らすとともに、ファイルの閉じ忘れなどのミスを防ぐことができます。

11.2.3 計算の一部を差し替える

もう1つ、よく使われるブロックつき呼び出しの使い方を紹介しましょう。今度は、配列の並べ替えを例に、処理の方法を指定するための使い方を見ていきます。

○ 並べ替えの順序を指定する

例として、sortメソッドとsort_byメソッドを取りあげます。Arrayクラスのsortメソッドは、配列内の要素を並べ替えるためのメソッドです。要素の並べ替えを行うには、さまざまな方法があります。

- 数の大きい順
- 文字列のアルファベット順
- 文字列の長さの長い順
- 配列の要素の合計値の大きい順

こういったそれぞれの条件に合わせて別々のメソッドを定義してしまうと、メソッドの数が多すぎて、覚えきれなくなってしまいます。そのため、Array#sortメソッドでは要素の並べ替えの処理はメソッド内に用意してあって、要素同士の前後関係を比較する方法だけをブロックで指定するようになっています。

 配列などの要素を一定の順序に並べ替えることを、「整列する」または「ソートする」といいます。

Array#sortは、ブロックを指定しなければ、それぞれの要素を<=>演算子で比較した結果順に並べ替えます。<=>演算子は、結果として-1、0、1のいずれかを返します。

表 11.1 a <=> b の結果

a < b のとき	-1（0より小）
a == b のとき	0
a > b のとき	1（0より大）

11.2 ブロックの使われ方

　文字列同士を<=>演算子で比較した場合は文字コードの値で大小が決まります。アルファベットの場合は、大文字のアルファベットに続いて小文字のアルファベットという順になるため、次のようになります。

```
array = ["Ruby", "Perl", "PHP", "Python"]
sorted = array.sort
p sorted      #=> ["PHP", "Perl", "Python", "Ruby"]
```

　並び順の指定にはブロックつき呼び出しを使います。ブロックを与えない場合と同じようにソートするなら、次のようにします。

```
array = ["Ruby", "Perl", "PHP", "Python"]
sorted = array.sort {|a, b| a <=> b}
p sorted      #=> ["PHP", "Perl", "Python", "Ruby"]
```

　sortメソッドの呼び出しに「{|a, b| a <=> b}」というブロックが加わりました。sortメソッドの内部では、ブロックを実行した結果によって要素の前後関係を判断します。このブロックは、要素の大小関係が必要になったときに、比較すべき2つのオブジェクトをブロック変数として呼び出されます。ブロック変数のaとbを何らかの方法で比較する処理を与えれば、全体がその順にソートされます。

　ここで注意が必要なのは、「ブロックの最後の式がブロックを実行した結果となる」ということです。<=>演算子を使った式はブロックの最後に書かなければいけません。

> 「ブロックの最後の式」とは、ブロックの末尾の行に書かれた式のことではなく、ブロックの最後に実行された式のことです。

　文字列の長い順にソートするなら、次のようにします。

```
array = ["Ruby", "Perl", "PHP", "Python"]
sorted = array.sort {|a, b| b.length <=> a.length}
p sorted      #=> ["Python", "Ruby", "Perl", "PHP"]
```

第11章　ブロック

先ほどはaとbという文字列を単純に比較していましたが、今度はString
#lengthメソッドを使って、文字列の長さを比較しています。数値を<=>演算
子で比較すると値の小さい順になるので、<=>の左右を逆にすることで文字
列の長い順にソートができています。

このように、sortメソッドでは順序の判定にブロックを使います。

○ 並べ替えに必要な情報を先に取得する

sortメソッドに指定したブロックをもう少し詳しく見てみましょう。この
ブロックは比較のたびに2つの要素をブロック変数としてブロックが呼び出
されます。先ほど紹介した文字列を長さの順にソートする例で、lengthメソ
ッドが何回呼び出されているかを調べてみましょう（List 11.6）。

List　11.6　sort_comp_count.rb

```ruby
# %w(...) は各単語を要素とする配列を生成するリテラルです
ary = %w(
  Ruby is a open source programming language with a focus
  on simplicity and productivity. It has an elegant syntax
  that is natural to read and easy to write
)

call_num = 0    # ブロックの呼び出し回数
sorted = ary.sort do |a, b|
  call_num += 1 # ブロックの呼び出し回数を加算する
  a.length <=> b.length
end

puts "ソートの結果 #{sorted}"
puts "配列の要素数 #{ary.length}"
puts "ブロックの呼び出し回数 #{call_num}"
```

実行例

```
> ruby sort_comp_count.rb
ソートの結果 ["a", "a", "is", "on", "It", "an", "is", "to", ...]
配列の要素数 28
ブロックの呼び出し回数 97
```

228

この例では28個の要素に対して、ブロックが97回呼ばれていることがわかりました。1回のブロックの実行でlengthメソッドは2回呼ばれるので、都合194回も呼んでいることになります。本来ならばすべての文字列に対してlengthメソッドを1回ずつ呼び出して、得られた値を使ってソートを行えば十分なはずです。単純に値を<=>演算子で比較できる場合は、sort_byメソッドを使うと、より効率よくソートを行えます。

```ruby
ary = %w(
  Ruby is a open source programming language with a focus
  on simplicity and productivity. It has an elegant syntax
  that is natural to read and easy to write
)
sorted = ary.sort_by {|item| item.length}
p sorted
```

sort_byメソッドは与えられたブロックを各要素ごとに1回ずつ呼び出した結果を使ってソートします。この場合も<=>演算子を呼び出す回数は変わりませんが、lengthメソッドを呼び出す回数は配列の要素数（この場合は28回）で済むというわけです。

このようにブロックは、並べ替えの処理の共通部分はメソッドで提供して、並べ替えの順序（または順序を決定するために必要な情報の取得）といった、目的によって異なる処理だけを差し替えるためにも使われます。

11.3 ブロックつきメソッドを作る

ブロックを受け取るメソッドの作り方は、「第7章　メソッド」でも簡単に紹介しましたが、詳しく見ていきましょう。

11.3.1 ブロックを実行する

「第7章　メソッド」で紹介したmyloopメソッドをもう一度見てみましょう（List 11.7）。

第11章　ブロック

List 11.7 myloop.rb

```ruby
def myloop
  while true
    yield                 # ブロックを実行する
  end
end

num = 1                   # numを初期化する
myloop do
  puts "num is #{num}"    # numを表示する
  break if num > 10       # numが10を越えていたら抜ける
  num *= 2                # numを2倍する
end
```

　myloopメソッドは、while文でループを実行しながら、「yield」という命令を呼んでいます。このyieldがメソッドに与えられたブロックを実行する命令です。このwhile文は条件が常にtrueになっているため限りなく繰り返しを実行しようとしますが、ブロックの中でbreakが呼ばれるとmyloopメソッドを終了させて次の処理に進みます。

11.3.2　ブロック変数を渡す、ブロックの結果を得る

　先ほどの例では、ブロック変数も、ブロックを実行した結果も使っていませんでした。今度は、2つの整数を受け取って、1つ目の整数から2つ目の整数までの整数値を順に取り出して値ごとに何らかの処理を行ってから合計するメソッドを考えてみましょう。「何らかの処理」をブロックで指定できるようにしてみます（List 11.8）。

List 11.8 total.rb

```ruby
1: def total(from, to)
2:   result = 0              # 合計の値
3:   from.upto(to) do |num|  # fromからtoまで処理する
4:     if block_given?       #   ブロックがあれば
5:       result += yield(num) #     ブロックで処理した値を足す
6:     else                  #   ブロックがなければ
7:       result += num       #     そのまま足す
```

```
 8:      end
 9:    end
10:    return result              # メソッドの結果を返す
11: end
12:
13: p total(1, 10)                          # 1から10の和 => 55
14: p total(1, 10) {|num| num ** 2} # 1から10の2乗の値の和 => 385
```

totalメソッドはfromからtoまでの整数値をInteger#uptoメソッドで
順に取り出して、その値をブロックで処理した結果を変数resultに足し込ん
でいきます。5行目のように、yieldに引数を渡すと、その値がブロック変数
としてブロックに渡ります。また、ブロックを実行した結果がyieldの結果
となって戻ってきます。

4行目で使っているblock_given?は、メソッドの中で使うと、そのメソッ
ドが呼ばれたときにブロックが与えられている場合はtrueを、与えられてい
ない場合はfalseを返すメソッドです。ブロックがない場合は7行目でnum
をそのまま足しています。

この例ではyieldに1つの引数を渡して、1つのブロック変数として受け取
っています。yieldに0個、1個、3個の複数の引数を渡して、ブロック変数と
してどのように受け取れるかを見てみましょう（List 11.9）。

List 11.9 block_args_test.rb

```
def block_args_test
  yield()               # ブロック変数なし
  yield(1)              # ブロック変数1つ
  yield(1, 2, 3)        # ブロック変数3つ
end

puts "ブロック変数を |a| で受け取る"
block_args_test do |a|
  p [a]
end
puts

puts "ブロック変数を |a, b, c| で受け取る"
block_args_test do |a, b, c|
```

第11章　ブロック

```
  p [a, b, c]
end
puts

puts "ブロック変数を |*a| で受け取る"
block_args_test do |*a|
  p [a]
end
puts
```

実行例

```
> ruby block_args_test.rb
ブロック変数を |a| で受け取る
[nil]
[1]
[1]

ブロック変数を |a, b, c| で受け取る
[nil, nil, nil]
[1, nil, nil]
[1, 2, 3]

ブロック変数を |*a| で受け取る
[[]]
[[1]]
[[1, 2, 3]]
```

　注目すべきは、yieldの引数の数と、ブロック変数の数は違ってもかまわないことです。ブロック変数が多い場合はnilとなり、ブロック変数の数が足りない場合は値を受け取ることができないだけです。|a| で受け取るケースと、|a, b, c| で受け取るケースでその様子がわかります。

　最後の |*a| で受け取るケースでは、ブロック変数をまとめて配列として受け取っていることがわかります。メソッド定義で不定の数の引数をまとめて受け取る場合と似た動きになるようになっています。

11.3 ブロックつきメソッドを作る

11.3.3 ブロックの実行を制御する

次にbreakなどでブロックの実行を制御する場合の動きを見てみましょう。List 11.8のtotalメソッドを呼び出す際に、次のように途中でbreakを使って中断すると、totalメソッドの結果はどうなるでしょうか。

```
n = total(1, 10) do |num|
  if num == 5
    break
  end
  num
end
p n    #=> ??
```

答えはnilです。ブロックの中でbreakを呼ぶと、ブロックつき呼び出しの場所まで一気に戻ってくるため、totalメソッドの中で計算の結果を返す処理などがすべて飛ばされてしまいます。メソッドの結果として何か値を返したい場合は「break 0」のようにbreakに引数を与えると、その値をメソッドの戻り値として得ることができます。

また、ブロックの中でnextを使うと、ブロックのその回の実行を中断します。中断するのはその回だけなので、続きはそのまま実行されます。nextを使うとブロックを実行したyieldが戻りますが、その戻り値は、nextに何も指定しなければnil、「next 0」のように引数を与えると、その値となります。

```
n = total(1, 10) do |num|
  if num % 2 != 0
    next 0
  end
  num
end
p n    #=> 30
```

233

第11章 ブロック

●‥ 11.3.4 ブロックをオブジェクトとして受け取る

ここまでは、ブロックを受け取ったメソッドの側ではyield命令を呼ぶことで、ブロックを実行しました。

もう1つ、ブロックをオブジェクトとして受け取る方法について見ていきます。ブロックをオブジェクトとして受け取ることで、ブロックを受け取ったメソッドとは別の場所でブロックを実行したり、ブロックを別のメソッドに与えて実行したりできるようになります。

ブロックをオブジェクトとして持ち運ぶには、Procオブジェクトを使います。Procオブジェクトを作る典型的な方法は、Proc.newメソッドをブロックつきメソッドとして呼び出すことです。ブロックの手続きは、Procオブジェクトに対してcallメソッドで呼び出すと実行できます。

List 11.10の例では、メッセージを出力するProcオブジェクトを作成して、2回呼び出しています。callメソッドに与えた引数がブロック変数となって、ブロックが実行されます。

List 11.10 proc1.rb

```ruby
hello = Proc.new do |name|
  puts "Hello, #{name}."
end

hello.call("World")
hello.call("Ruby")
```

実行例

```
> ruby proc1.rb
Hello, World.
Hello, Ruby.
```

メソッドからメソッドにブロックを渡すときには、ブロックをProcオブジェクトとして変数で受け取って、次のメソッドに渡すという操作を行います。メソッド定義の際に最後の引数を「&引数名」の形式にすると、そのメソッドを呼び出すときに与えられたブロックは、自動的にProcオブジェクトに包まれて引数として渡されます。

234

List 11.11は、List 11.8のブロックの受け取り方を変えて書き直したものです。

List 11.11 total2.rb

```
 1: def total2(from, to, &block)
 2:   result = 0                # 合計の値
 3:   from.upto(to) do |num|    # fromからtoまで処理する
 4:     if block               #   ブロックがあれば
 5:       result +=            #     ブロックで処理した値を足す
 6:             block.call(num)
 7:     else                   #   ブロックがなければ
 8:       result += num        #     そのまま足す
 9:     end
10:   end
11:   return result            # メソッドの結果を返す
12: end
13:
14: p total2(1, 10)                     # 1から10の和 => 55
15: p total2(1, 10) {|num| num ** 2}    # 1から10の2乗の値の和 => 385
```

冒頭のメソッド定義の引数に&blockという引数の定義があります。このように、変数名の前に「&」をつけて受け取る引数のことを**ブロック引数**といいます。メソッド呼び出しの際にブロックが渡されなければブロック引数はnilになるので、ブロックの有無を値が渡されているかどうかで判断できます。また、ブロックの実行がyieldではなく、block.call(num)になっている点が以前と違います。

「第7章　メソッド」では、メソッドの引数にはさまざまな要素があって、デフォルト値の指定など引数の定義には順番があることを説明しました。ブロック引数はすべての引数の要素の中で一番最後になっていなければなりません。

ブロックをProcオブジェクトとして受け取ることにより、ブロックを好きなタイミングで呼び出すことができるようになります。インスタンス変数に保持しておいて、別のインスタンスメソッドからブロックを実行するといったことも可能です。

Procオブジェクトをブロックとしてほかのメソッドに渡すこともできま

す。この場合は、メソッド呼び出しの引数に&をつけて「**&Procオブジェクト**」の形式で指定します。たとえば、ブロック引数として受け取ったブロックを、Array#eachメソッドのブロックとして中継する場合は、List 11.12のようにします。

List 11.12 call_each.rb

```ruby
def call_each(ary, &block)
  ary.each(&block)
end

call_each [1, 2, 3] do |item|
  p item
end
```

こうすると、call_eachメソッドを呼び出す際に与えたブロックを、ary.eachメソッドにそのまま渡すことができます。

実行例

```
> ruby call_each.rb
1
2
3
```

本書の以前の版ではブロック引数を「Proc引数」と呼んでいましたが、第6版からはRubyリファレンスマニュアルの記載に合わせてブロック引数と表記しています。

11.4 ローカル変数とブロック変数

　ブロックは名前空間をブロックの外側と共有しています。ブロックの外側で作られたローカル変数は、ブロックの中でも引き続き使うことができます。一方、ブロック変数として使われる変数は、ブロックの外側に同じ名前の変数があっても別のものとして扱われます。List 11.13の例を見てください。

11.4 ローカル変数とブロック変数

List 11.13 local_and_block.rb

```ruby
x = 0              # xを初期化
y = 0              # yを初期化
ary = [1, 2, 3]

ary.each do |x|    # ブロック変数としてxを使用する
  y = x            # yにxを代入する
end

p [x, y]           # xとyの値を確認する
```

実行例

```
> ruby local_and_block.rb
[0, 3]
```

　ary.eachメソッドのブロックの中で、ローカル変数yにxの値を代入しています。そのため、最後にブロックが呼ばれたときのxの値である3が、yとして残ります。一方、xの値はary.eachを呼び出す前と変わっていません。
　逆にブロック内で初出の変数はブロックの外側に持ち出すことができません。先ほどの例で、2行目のyの初期化を削除するとエラーになります。

```ruby
x = 1              # xを初期化
# y = 1            # yを初期化しない
ary = [1, 2, 3]

ary.each do |x|    # ブロック変数としてxを使用する
  y = x            # yにxを代入する
end

p [x, y]           # yを参照するとエラー（NameError）
```

　ブロックは、ブロックの外側とローカル変数の有効範囲を共有しつつ、新しい有効範囲を作るためにこのような挙動になります。ブロック内で代入されるローカル変数は、ブロック外側の同名の変数と関係があるのかどうか常

第11章 ブロック

に注意する必要があるので、Rubyの仕様の中でも少々ひっかかりやすい部分
です。

　ブロック変数は常にブロック内でのみ有効な変数（ブロックローカル変数）
として扱われるので外側のローカル変数を上書きしませんが、ブロック変数
とは別にブロックローカル変数を定義するためのブロックの構文が用意され
ています。ブロックローカル変数は、ブロック変数の後ろに「;」で区切って
定義します。

　List 11.14で確認してみましょう。ブロックの実行後もxとyの値が変更さ
れずに保存されていることがわかります。

List 11.14 local_and_block2.rb

```
x = y = z = 0          # xとyとzを初期化
ary = [1, 2, 3]
ary.each do |x; y|     # ブロック変数x、ブロックローカル変数yを使用
  y = x                # ブロックローカル変数yを代入
  z = x                # ブロックローカルでない変数zを代入
  p [x, y, z]          # ブロック内のx、y、zの値を確認する
end
puts
p [x, y, z]            # x、y、zの値を確認する
```

実行例

```
> ruby local_and_block2.rb
[1, 1, 1]
[2, 2, 2]
[3, 3, 3]

[0, 0, 3]
```

238

11.4 ローカル変数とブロック変数

Column

Rubyリファレンスマニュアルについて

本書では限られた紙面の都合と、要点を絞って説明していることから、すべてのRubyの機能については触れてはいません。本書にも書かれていないRubyの詳しい機能を知りたい場合は、リファレンスマニュアルで調べるのが効果的です。

○ Web上のリソース

Rubyのリファレンスマニュアルはソースコードとともに英語で書かれています。日本語版のマニュアルは「るりま」プロジェクトによって整備されています。次のURLでドキュメントを閲覧できます。

- ドキュメント（Ruby公式サイト）
  https://www.ruby-lang.org/ja/documentation/（日本語）
  https://www.ruby-lang.org/en/documentation/（英語）
- るりま
  https://doc.ruby-lang.org/ja/

○ リファレンスマニュアルを読むコツ

リファレンスマニュアルを読み解くコツを4つ挙げておきます。

- **クラスやメソッドを調べるときは「組み込みライブラリ」と「標準添付ライブラリ」から調べる**

  URLでいうと、組み込みライブラリはhttps://docs.ruby-lang.org/ja/2.6.0/library/_builtin.html、標準添付ライブラリはhttps://docs.ruby-lang.org/ja/2.6.0/library/index.htmlになります。ここで、調べたい対象のクラスを探して読みましょう。

- **メソッドを調べるときは「るりまサーチ」を使う**

  リファレンスマニュアルのページはクラスやモジュールごとになっているため、メソッドを探している場合は目視では見つけるのが難しいこともあります。そのような場合は、無理に頭から調べるより、るりまサーチ検索を使ってメソッドを探したほうが早そうです。

  - るりまサーチ：
    https://docs.ruby-lang.org/ja/search/

239

第11章　ブロック

図 11.1　るりまサーチ

● スーパークラスのメソッドも調べる

　あるクラスのメソッドを探すときに、そのクラスのページを見ても目当てのメソッドが見つからないことがあります。そのような場合、目的のメソッドはそのクラスではなく、スーパークラスで定義されているかもしれません。対象のクラスはスーパークラスから継承したメソッドを使っていた、というわけです。

● 一度に全部を覚えようとしない

　Ruby標準のメソッドは相当な数になります。標準添付ライブラリまで含めると、とても一度に把握できる数ではありません。ですから、Rubyに慣れるまでは、「必要なときに必要なところだけ読む」という態度で十分です。Rubyに慣れてきたら、「あるクラスのメソッドを一通り読む」とか、「文法の説明を一通り読む」といった読み方をお勧めします。

「わたしたちは、わたしたちより先立つなにかのふるまいを見て、
わたしたちより先立つなにかの言葉を聞いて、そしてさらに、
いったん、それらを見たり聞いたりしなかったかのように、
ふるまい、言葉をしゃべる。」
—— 高橋源一郎『文学の向う側Ⅱ』

第3部

クラスを使おう

Rubyには
さまざまなクラスがあります。
クラスの使い方を覚えれば
Rubyのたのしみを
感じられることでしょう。

第12章

数値 (Numeric) クラス

　Numericクラスとは、これまでに何度も登場してきた数値を扱うクラスです。足し算や引き算のような基本的な操作だけでなく、Numericクラスの機能をもう少し詳しく見ていくことにします。

- **Numericのクラス構成**
  IntegerやFloatなどを含む数値クラスの構成を紹介します。
- **数値のリテラル**
  プログラム中に数値を直接記述するための、さまざまな表記方法を紹介します。
- **算術演算**
  四則演算などの基本的な演算や、数値計算のためのMathモジュールを紹介します。
- **型の変換**
  IntegerからFloatへ、またはその逆など、数値の型を変換する方法を紹介します。
- **ビット演算**
  ビット演算を行う演算子を紹介します。
- **乱数**
  ランダムな値を得るための機能を紹介します。
- **数えあげ**
  Integerを使って繰り返しの回数を指定する方法を紹介します。

第12章 数値（Numeric）クラス

Numericのクラス構成

　数値クラスには、-1、0、1、10などの整数を表すIntegerクラスと、0.1、3.141592など小数点以下の精度を持つ浮動小数点数を表すFloatクラスがあります。
　これらの数値クラスはNumericクラスのサブクラスとして定義されています。

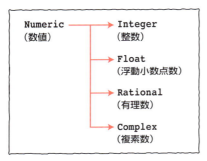

図 12.1　Numericクラスのサブクラス

　プログラミング言語の多くは整数型が扱える値の大きさ（桁数）に制限があるため、それを超える数の計算をすると「桁あふれ」という現象が発生して正しい結果を得ることができませんが、Rubyの整数はとても大きな値を扱う場合でも特に意識する必要はありません。例として、2の10乗と2の1000乗を計算してみましょう。**はべき乗を計算する演算子です。

実行例

```
> irb --simple-prompt
>> 2 ** 10
=> 1024
>> 2 ** 1000
=> 10715086071862673209484250490600018105614048117055336074437
50388370351051124936122493198378815695858127594672917553146825
18714528569231404359845775746985748039345677748242309854210746
05062371141877954182153046474983581941267398767559165543946077
06291457119647768654216766042983165262436683720566806937Ｇ
```

244

12.1 Numericのクラス構成

　Rubyでは有理数や複素数も扱えます。有理数はRationalクラス、複素数はComplexクラスで表します。

　Rationalオブジェクトは「**Rational(分子, 分母)**」の形式で生成します。たとえば

$$\frac{2}{5} + \frac{1}{3}$$

といった分数の計算は、Rationalオブジェクトを利用すると次のように書けます。Rational#to_fメソッドを使うと、Floatオブジェクトに変換できます。また、Rationalオブジェクトから分子と分母を取り出すには、numeratorメソッドとdenominatorメソッドを使います。

```
a = Rational(2, 5)
b = Rational(1, 3)
p [a, b]                    #=> [(2/5), (1/3)]
c = a + b
p c                         #=> (11/15)
p c.to_f                    #=> 0.7333333333333333
p [c.numerator, c.denominator]  #=> [11, 15]
```

　Complexオブジェクトは「**Complex(実数部, 虚数部)**」の形式で生成します。複素数1+2iを2乗する計算は次のように書けます。Complexオブジェクトから実数部と虚数部を取り出すには、realメソッドとimaginaryメソッドを使います。

```
c = Complex(1, 2) ** 2
p c                     #=> (-3+4i)
p [c.real, c.imaginary] #=> [-3, 4]
```

第12章 数値(Numeric)クラス

数値のリテラル

数値オブジェクトを表現するリテラルの例を表12.1に挙げます。

表 12.1 数値オブジェクトのリテラル

リテラル	意味(カッコ内は10進数での値)
123	整数の10進表記
0123	整数の8進表記(83)
0o123	整数の8進表記(83)
0d123	整数の10進表記(123)
0x123	整数の16進表記(291)
0b1111011	整数の2進表記(123)
123.45	浮動小数点数
1.23e4	浮動小数点数の指数表記(1.23×10の4乗= 12300.0)
1.23e-4	浮動小数点数の指数表記(1.23×10の-4乗= 0.000123)
123r	有理数の(123/1)
123.45r	有理数の123.45 (12345/100 = 2469/20)
123i	虚数の123i
123.45i	虚数の123.45i

単純な数字の羅列は10進数表記の整数を表します。また、0bで始まる数値は2進数、0または0oで始まる数値は8進数、0dで始まる数値は10進数、0xで始まる数値は16進数を表します。なお、数値リテラル中の「_」は無視されます。3桁区切りなどで数値を表現する際に便利です。

```
p 1234567        #=> 1234567
p 1_234_567      #=> 1234567
p 0b11111111     #=> 255
p 01234567       #=> 342391
p 0x12345678     #=> 305419896
```

小数点を含む数値は浮動小数点数となります。有効数字を表現する仮数部と、指数を10のべき乗で表す指数表記も利用できます。指数表記するときは、「仮数部となる数値」「アルファベットの e (またはE)」「指数部となる整数」の順に書きます。

```
p 1.234              #=> 1.234
p 1.234e4            #=> 12340.0
p 1.234e-4           #=> 0.0001234
```

また、整数や少数の末尾に「r」をつけることでRationalオブジェクトを、「i」をつけることでComplexオブジェクトを作ることができます。

 ## 算術演算

数値オブジェクト同士の基本的な計算は、表12.2の演算子を使って行うことができます。

表 12.2 算術演算のための演算子

演算子	演算
+	加算
-	減算
*	乗算
/	除算
%	剰余（余り）
**	べき乗

IntegerオブジェクトとFloatオブジェクトを計算した結果はFloatオブジェクトになります。一方、Integerオブジェクト同士、Floatオブジェクト同士を計算した結果は、それぞれIntegerオブジェクト、Floatオブジェクトになります。

```
p 1 + 1         #=> 2
p 1 + 1.0       #=> 2.0
p 2 - 1         #=> 1
p 2 - 1.0       #=> 1.0
p 3 * 2         #=> 6
p 3 * 2.0       #=> 6.0
p 3 * -2.0      #=> -6.0
p 5 / 2         #=> 2
p 5 / 2.0       #=> 2.5
```

第12章　数値（Numeric）クラス

```
p 5 % 2       #=> 1
p 5 % 2.0     #=> 1.0
p 5 ** 2      #=> 25
p 5 ** 0.5    #=> 2.23606797749979
```

　また整数と有理数の割り算の結果は有理数、整数と虚数の足し算の結果は
虚数になることから、p.245で紹介した有理数と虚数の計算の例は、リテラル
表記を用いて次のように書くことができます。

```
r = (2 / 5r) + (1 / 3r)
p r              #=> (11/15)
p r.to_f         #=> 0.7333333333333333

c = (1 + 2i) ** 2
p c              #=> (-3+4i)
```

　負の整数でのべき乗は、有理数を表すRationalオブジェクトを返します。

```
p 5 ** -2.0      #=> 0.04
p 5 ** -2        #=> (1/25)
```

12.3.1　割り算

　数値オブジェクトには、/と%のほかにも割り算に関するメソッドがいく
つかあります。

○ *x*.div(*y*)

　*x*を*y*で割った商を整数で返します。

```
p 5.div(2)     #=> 2
p 5.div(2.2)   #=> 2
p -5.div(2)    #=> -3
p -5.div(2.2)  #=> -3
```

248

○ *x*.`quo`(*y*)

*x*を*y*で割った商を返します。整数同士の場合はRationalオブジェクトになります。

```
p 5.quo(2)      #=> (5/2)
p 5.quo(2.2)    #=> 2.2727272727272725
p -5.quo(2)     #=> (-5/2)
p -5.quo(2.2)   #=> -2.2727272727272725
```

○ *x*.`modulo`(*y*)

「x ％ y」と同じです。

○ *x*.`divmod`(*y*)

*x*を*y*で割ったときの商と余りを配列にして返します。商は「*x / y*」の結果を小さい方向に丸めた値です。余りは「*x ％ y*」の結果と同じです。したがって、

ans = *x*.`divmod`(*y*)

の場合に、次の結果が成り立ちます。

x == *ans*[0] * *y* + *ans*[1]

```
p 10.divmod(3.5)     #=> [2, 3.0]
p 10.divmod(-3.5)    #=> [-3, -0.5]
p -10.divmod(3.5)    #=> [-3, 0.5]
p -10.divmod(-3.5)   #=> [2, -3.0]
```

○ *x*.remainder(*y*)

*x*を*y*で割った余りを返します。結果の符号は「*x*」の符号に一致します。

```
p 10.remainder(3.5)     #=> 3.0
p 10.remainder(-3.5)    #=> 3.0
p -10.remainder(3.5)    #=> -3.0
p -10.remainder(-3.5)   #=> -3.0
```

また、0による割り算はIntegerクラスではエラーとなりますが、Floatクラスでは Infinity（無限大）やNaN（Not a Number）を返します。これらの値を使った演算はInfinityかNaNにしかなりません。入力をそのまま使って演算する場合など、0で割り算を行う可能性がある場合は注意してください。

```
p 1 / 0          #=> エラー（ZeroDivisionError）
p 1 / 0.0        #=> Infinity
p 0 / 0.0        #=> NaN
p 1.divmod(0)    #=> エラー（ZeroDivisionError）
p 1.divmod(0.0)  #=> エラー（ZeroDivisionError）
```

12.4 Mathモジュール

三角関数や対数関数など、よく使う数値演算のためのメソッドはMathモジュールで提供されています。このモジュールはモジュール関数と定数を提供します。たとえば、平方根を求めるには次のようにします。

```
p Math.sqrt(2)   #=> 1.4142135623730951
```

Mathモジュールでは、表12.3に示すメソッドが提供されます。

12.4 Mathモジュール

表 12.3 Mathモジュールで提供されるメソッド

メソッド名	意味
acos(x)	逆余弦関数
acosh(x)	双曲線逆余弦関数
asin(x)	逆正弦関数
asinh(x)	双曲線逆正弦関数
atan(x)	逆正接関数
atan2(x, y)	4象限表現の逆正接関数
atanh(x)	双曲線逆正接関数
cbrt(x)	立方根
cos(x)	余弦関数
cosh(x)	双曲線余弦関数
erf(x)	誤差関数
erfc(x)	相補誤差関数
exp(x)	指数関数
frexp(x)	浮動小数点数の正規化小数と指数
gamma(x)	ガンマ関数
hypot(x, y)	ユークリッド距離関数
ldexp(x, y)	浮動小数点数と2の整数乗の積
lgamma(x)	ガンマ関数の自然対数
log(x)	底をeとする対数（自然対数）
log10(x)	底を10とする対数（常用対数）
log2(x)	底を2とする対数
sin(x)	正弦関数
sinh(x)	双曲線正弦関数
sqrt(x)	平方根
tan(x)	正接関数
tanh(x)	双曲線正接関数

また、表12.4の定数が用意されています。

表 12.4 Mathモジュールで提供される定数

定数名	意味
PI	円周率（3.141592653589793）
E	自然対数の底e（2.718281828459045）

数値型の変換

　IntegerオブジェクトをFloatオブジェクトに変換するには、to_fメソッドを使います。逆にFloatオブジェクトをIntegerオブジェクトに変換するには、to_iメソッドを使います（Integer#to_iメソッドとFloat#to_fメソッドはレシーバと同じ値を返します）。また、文字列を数値に変換することもできます。

```
p 10.to_f           #=> 10.0
p 10.8.to_i         #=> 10
p -10.8.to_i        #=> -10
p "123".to_i        #=> 123
p "12.3".to_f       #=> 12.3
```

　Float#to_iメソッドは小数点以下を切り捨てた値を返します。小数点以下を四捨五入するにはroundメソッドを使います。引数で小数点以下の何位を丸めるかを指定できます。負の値を指定すると、小数点より上位の桁（つまり整数部分）を丸めます。

```
p 0.12.round(1)     #=> 0.1
p 0.18.round(1)     #=> 0.2
p 1.2.round         #=> 1
p 1.8.round         #=> 2
p 120.round(-2)     #=> 100
p 180.round(-2)     #=> 200
```

　レシーバよりも大きくてもっとも小さい整数を返すceilメソッドと、レシーバよりも小さくてもっとも大きい整数を返すfloorメソッドもあります。

```
p 1.5.ceil          #=> 2
p -1.5.ceil         #=> -1
p 1.5.floor         #=> 1
p -1.5.floor        #=> -2
```

数値をRationalオブジェクトやComplexオブジェクトにも変換できます。次のようにそれぞれto_rメソッドとto_cメソッドを使います。

```
p 1.5.to_r          #=> (3/2)
p 1.5.to_c          #=> (1.5+0i)
```

 ## ビット演算

Integerクラスでは、表12.5に示すビット演算を利用できます。

表 12.5 Integerクラスのビット演算子

演算子	演算
~	ビット反転（単項演算子）
&	ビット積
|	ビット和
^	排他的論理和（(a&~b)|(~a&b)）
>>	右ビットシフト
<<	左ビットシフト

ビット演算は、整数を2進数で表現したときの各桁をビットとして扱う演算です。次のプログラムのように、2進数表記の数値リテラルを用いたり、printfメソッドで2進数表示したりすることで、ビット演算を使う際の値や結果をわかりやすくできます。

```
def bits(i)
  # printfの%bフォーマットを使って、
  # 整数の末尾8ビットを2進数表示する
  printf("%08b\n", i & 0b11111111)
end

i = 0b11110000
bits(i)              #=> 11110000
bits(~i)             #=> 00001111
bits(i & 0b00010001) #=> 00010000
```

第12章　数値（Numeric）クラス

```
bits(i | 0b00010001) #=> 11110001
bits(i ^ 0b00010001) #=> 11100001
bits(i >> 3)         #=> 00011110
bits(i << 3)         #=> 10000000
```

Column

ビットとバイト

コンピュータの世界では「ビット」や「バイト」という表現がよく使われます。これらの意味についてざっと紹介しておきましょう。

○ ビット（bit）

「ビット」は情報の一番小さな単位で、「ON」か「OFF」か、あるいは「0」か「1」か、という情報を表現します。もともとは「Binary digit」の略だったそうです。

○ ビットと2進数

ビットの持つ情報は「0」と「1」の2通りですが、ビットを2つ組み合わせれば「00」「01」「10」「11」の4通りの情報を表現できます。同様に3ビットでは8通り、4ビットでは16通り、という具合にビット数を増やすごとに倍の情報を表現できるようになります。

このように、「0」と「1」のみで数値を表す表記の仕方を「2進数」といいます。ふだん使っている表記は「10進数」といいますが、これは、1つの桁で「0」から「9」の10通りの数が使われているからです。

○ 8進数と16進数

コンピュータが扱う情報は、2進数で表現されます。けれども、すべてを0と1で書こうとすると、桁数ばかり大きくなってしまい、人間にはわかりにくくなります。そこで8進数や16進数が使われます。8進数では3ビットを0から7まで8つの数字を用いて表します。16進数では4ビットを0から15までの数を用いて表現します。16進数では、10から15をアルファベットのAからFを使って表現します。

○ バイト（byte）

8ビットをまとめたものを1バイトといいます。1バイトで表現できる数は10

進数で表すと0から255になります。

8進数は1桁で3ビットを表すので、1バイトは「2ビット、3ビット、3ビット」の3つに分けた3桁（000から377）になります。

16進数は1桁で4ビットを表すので、1バイトは「4ビット、4ビット」の2つに分けた2桁（00からFF）になります。16進数だとどの桁も4ビット分になるので、データの中身を確認する際によく用いられます。

12.7 乱数

この世の中では、デタラメなデータが必要とされることがあります。デタラメに期待される性質として、次のようなものがあります。

- **規則性、法則性がない**
- **一定の範囲の数が均等に出現する**

サイコロを振る場合でたとえると、次に出る目を予測することができず、またすべての目が偏りなく現れるということです。このような性質のことをランダムといい、ランダムに得られる数値のことを**乱数**といいます。乱数は、サイコロの目やトランプのシャッフルのように偶然性が必要な場面や、暗号の鍵のように予測が難しいデータが必要な場面で用いられます。

乱数を得るにはRandom.randメソッドを使います。Random.randメソッドは、引数を与えない場合には1未満の浮動小数点数を返します。引数として正の数値を与えた場合には、0からその値より小さい範囲の数値を返します。

```
p Random.rand        #=> 0.13520495197709
p Random.rand(100)   #=> 31
p Random.rand(100)   #=> 84
```

ソフトウェアでは本物の乱数を作ることができないので、計算によって乱数のように見える値を作ります。この乱数を**擬似乱数**といいます。擬似乱数では、「種」と呼ばれる乱数を生成するきっかけとなる値が必要になります。Randomオブジェクトに乱数の種を指定して乱数を得るには、Random.newメ

第12章　数値（Numeric）クラス

ソッドで乱数生成器を初期化して、Random#randメソッドを使います。乱数の種があれば乱数列を再現することができるため、ゲームのリプレイのように再現性が求められる場面などで使用できます。Random.newメソッドの引数を省略すると、そのつど適当な種が与えられます。

```
r1 = Random.new(1)         # 乱数列を初期化する
p [r1.rand, r1.rand]
    #=> [0.417022004702574, 0.7203244934421581]

r2 = Random.new(1)         # 再び乱数列を初期化する
p [r2.rand, r2.rand]
    #=> [0.417022004702574, 0.7203244934421581]

r3 = Random.new            # 種を与えずに乱数列を初期化する
p [r3.rand, r3.rand]
    #=> [0.05181083770841388, 0.14668657231422644]
```

　情報セキュリティの分野ではパスワードや暗号の鍵の生成に乱数を用います。Rubyにはこのような目的で乱数を生成するためのsecurerandomライブラリが用意されています。このライブラリの提供するSecureRandom.random_bytesメソッドは、引数にバイト数を指定すると、その長さのランダムなバイト列（Stringオブジェクト）を返します。

　ランダムなバイト列には文字としては無効な値が含まれるので、そのまま表示できないなど扱いづらい場面があります。SecureRandom.base64メソッドは英数字と記号の組み合わせに変換された値を返すので、目的によって使い分けてください。

```
require "securerandom"

p SecureRandom.random_bytes(12)
    #=> "\x0FLz\xEE\x809F\x81\x80\xC3\x14\t"
p SecureRandom.base64(12)
    #=> "xEn6NEZi9MO9xt/K"
```

12.8 数えあげ

Integerクラスは数値の計算のほかにも、処理の回数や配列の要素数などを数えあげるために使われます。これから紹介するメソッドは、数によって指定された回数だけ処理を繰り返すイテレータです。

○ *n*.times {|*i*| … }

*n*回の繰り返しを行います。ブロック変数*i*には0から*n*-1が順に渡されます。

```
ary = []
10.times do |i|
  ary << i    # iを配列の要素として追加する
end
p ary  #=> [0, 1, 2, 3, 4, 5, 6, 7, 8, 9]
```

○ *from*.upto(*to*) {|*i*| … }

*from*から*to*に達するまで*i*を1ずつ加算しながら繰り返します。*from*が*to*より大きければ一度も繰り返しません。

```
ary = []
2.upto(10) do |i|
  ary << i
end
p ary  #=> [2, 3, 4, 5, 6, 7, 8, 9, 10]
```

○ *from*.downto(*to*) {|*i*| … }

*from*から*to*に達するまで*i*を1ずつ減算しながら繰り返します。*from*が*to*より小さければ一度も繰り返しません。

第12章　数値（Numeric）クラス

```
ary = []
10.downto(2) do |i|
  ary << i
end
p ary  #=> [10, 9, 8, 7, 6, 5, 4, 3, 2]
```

○ *from*.**step**(*to*, *step*) {|*i*| … }

from から *to* に達するまで *i* に *step* を足しながら繰り返します。*step* が正の場合、*from* が *to* より大きければ一度も繰り返しません。*step* が負の場合、*from* が *to* より小さければ一度も繰り返しません。

```
ary = []
2.step(10, 3) do |i|
  ary << i
end
p ary  #=> [2, 5, 8]

ary = []
10.step(2, -3) do |i|
  ary << i
end
p ary  #=> [10, 7, 4]
```

times、upto、downto、step の各メソッドは、ブロックを与えなければ Enumerator オブジェクトを返します。これにより、step メソッドのブロック変数として得られる一連の数値をさらに Enumerator#collect メソッドで収集したりできるようになります。Enumerator オブジェクトについては、第14章のコラム「Enumerator クラス」（p.316）を参照してください。

```
ary = 2.step(10).collect {|i| i * 2}
p ary  #=> [4, 6, 8, 10, 12, 14, 16, 18, 20]
```

258

12.9 丸め誤差

　一般に、小数点以下の数、とりわけ浮動小数点数を扱う場合には、誤差による問題が生じることがあります。具体的な例として、次のプログラムを実行すると、奇妙な結果になります。

```
a = 0.1 + 0.2
b = 0.3
p [a, b]        #=> [0.30000000000000004, 0.3]
p a == b        #=> false
```

　「0.1 + 0.2」と「0.3」を比較した結果はtrueを期待してしまいますが、実際には違う値になり、比較しても一致しません。なぜこのようなことが起こるのでしょうか？

　10進数では1/10、1/100、1/1000、……といった10のべき乗の逆数の組み合わせで数値を表現します。一方、Floatクラスが扱う浮動小数点数では、1/2、1/4、1/8、……といった2のべき乗の逆数の組み合わせをもとにしています。このため、1/5や1/3など、2進数表現では正確に表現できない数に対しては誤差が生じてしまいます（1/3は10進数でもうまく表現することができませんね）。このような数を2進数の和で表現しようとすると、適当なところで値を打ち切らなければならず、これが「丸め誤差」となって現れるのです。

　整数の割り算によって問題が生じる場合は、Rationalクラスを用いることで、丸め誤差のない形で計算を行うことができます。

```
a = 1 / 10r + 2 / 10r
b = 3 / 10r
p [a, b]        #=> [(3/10), (3/10)]
p a == b        #=> true
```

　また、本書では取りあげませんが、小数点以下の有効桁数を持った大きな10進数を扱うためのbigdecimalライブラリもあります。

Comparableモジュール

　Rubyの比較演算子（==や<=など）はメソッドとして提供されています。Comparableモジュールは比較演算子を提供するモジュールで、クラスにMix-inすると、インスタンス同士を比較するためのメソッド（次表）が追加されます（「Comparable」は「比較可能な」という意味です）。

表 Comparableモジュールが提供するメソッド

<	<=	==	>=	>	between?

　Comparableモジュールの各演算子は<=>演算子の結果を使います。<=>演算子を次表の関係が成り立つように定義するだけで、前表の各メソッドが利用可能になるのです。

表 a <=> bの結果

a < bのとき	-1（0より小）
a == bのとき	0
a > bのとき	1（0より大）

　次のVectorは、xとyの2つの成分を持つベクトルを表現するクラスです。ベクトル同士の大きさ（スカラー）を比較するように、<=>演算子を定義しています。このようにしてからComparableモジュールをインクルードすることにより、先の表の各メソッドで大小を比較できるようになります。

```
class Vector
  include Comparable
  attr_accessor :x, :y

  def initialize(x, y)
    @x, @y = x, y
  end

  def scalar
    Math.sqrt(x ** 2 + y ** 2)
  end

  def <=>(other)
```

```ruby
    scalar <=> other.scalar
  end
end

v1 = Vector.new(2, 6)
v2 = Vector.new(4, -4)
p v1 <=> v2      #=> 1
p v1 < v2        #=> false
p v1 > v2        #=> true
```

　本書で取りあげる主なクラスの中では、Numeric、String、TimeがComparable
モジュールをインクルードしています。

第12章　数値（Numeric）クラス

練習問題

(1) 温度を表すときに、日本では通常「摂氏（セルシウス）温度」という単位系が使われていますが、アメリカなどでは「華氏（ファーレンハイト）温度」という単位系が使われています。摂氏温度を華氏温度に変換するメソッドcels_to_fahrを定義してください。なお、摂氏温度と華氏温度の変換の公式は次のようになります。

華氏 ＝ 摂氏 × 9 ÷ 5 ＋ 32

(2) (1)とは逆に華氏温度を摂氏温度に変換するメソッドfahr_to_celsを定義してください。また、摂氏1度から摂氏100度まで1度きざみに華氏温度との対応を出力させてください。

(3) サイコロを振って出た目（1から6までのランダムな整数）を返すメソッドdiceを定義してください。

(4) 10個のサイコロを振って出た目の合計を返すメソッドdice10を定義してください。

(5) 整数numが素数であるかどうかを調べるメソッドprime?(num)を定義してください。なお、素数とは「それ自身と1以外で割ることのできない数」です。1桁の整数のうち、素数となるのは「2、3、5、7」です。

※解答は、サポートページ（https://tanoshiiruby.github.io/6/answer/）で公開しています。

配列（Array）クラス

この章では、配列（Array）クラスについて説明します。

- **配列の作り方**
  何もないところから、またはすでにあるオブジェクトから配列を作る方法を説明します。
- **インデックスの使い方**
  配列の基本は、インデックス（添字）を使って配列内の各要素にアクセスすることです。ここではインデックスの使い方について説明します。
- **「集合」としての配列、「列」としての配列**
  Rubyの配列には、配列を「集合」として扱うメソッドや「列」として扱うメソッドがあります。その考え方と使い方を紹介します。
- **配列の主なメソッド**
  配列のメソッドには、実行結果として新しいオブジェクトを返すだけではなく、要素を入れ替えたり削除したりするなどして、既存のオブジェクトを変更するものが多数あります。その考え方と使い方も紹介します。
- **配列とイテレータ**
  配列の各要素を1つ1つ処理するには、イテレータがよく使われます。イテレータの初歩的な使い方として、配列のイテレータ（メソッド）を紹介します。
- **配列内の各要素を処理する**
  イテレータ以外にも配列の各要素に対して処理を行う方法があります。その方法をいくつかに分けて紹介します。
- **複数の配列に並行してアクセスする**
  どんなオブジェクトでも配列の要素にすることができます。ここでは、そのために気をつけておかなければいけないことを説明します。

第13章 配列（Array）クラス

 ## 配列の復習

配列については、すでに第2章で紹介しましたが、もう一度復習しておきましょう。

配列は「インデックスのついたオブジェクトの集まり」です。

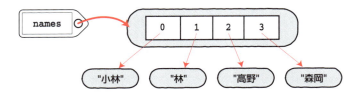

配列では、

- あるインデックスの要素（オブジェクト）を取り出すことができます
  【例】`print name[2]`
- あるインデックスの要素に好きな値（オブジェクト）を格納することができます
  【例】`name[0] = "野尻"`
- イテレータを使うことで、要素を1つ1つ取り出すことができます
  【例】`names.each {|name| puts name}`

こんな感じでしたね。思い出してきたでしょうか。

 ## 配列の作り方

第2章では、「[ ]」を使った配列の作り方を紹介しました。

```
nums = [1, 2, 3, 4, 5]
strs = ["a", "b", "c", "d"]
```

これ以外にも作り方があります。ざっと紹介しておきましょう。

264

13.2.1 Array.newを使う

クラスのインスタンスを作るメソッドnewは、配列を作るときにも使えます。

```
a = Array.new
p a                 #=> []
a = Array.new(5)
p a                 #=> [nil, nil, nil, nil, nil]
a = Array.new(5, 0)
p a                 #=> [0, 0, 0, 0, 0]
```

配列（Array）クラスの場合、引数を指定しないnewメソッドは、要素数が0個の配列を作ります。引数を1つだけ指定した場合は、その引数の数だけnilが格納された配列ができます。引数を2つ指定した場合は、1つ目の引数が要素数、2つ目の引数が格納される値となります。

この方法は、同じ要素の配列を作りたいときに使います。

13.2.2 %wや%iを使う

要素が空白を含まない文字列の配列を作る場合、%wが使えます。

```
lang = %w(Ruby Perl Python Scheme Pike REBOL)
p lang   #=> ["Ruby", "Perl", "Python", "Scheme", "Pike",
         #    "REBOL"]
```

単に「" "」や「,」を書く手間を省く、という感じにも見えますが、文字列の配列を作りたいことはままあるので、この書き方を覚えておくと、プログラムをすっきりとさせることができます。

同様に、要素がシンボルの配列は%iで作れます。

```
lang = %i(Ruby Perl Python Scheme Pike REBOL)
p lang   #=> [:Ruby, :Perl, :Python, :Scheme, :Pike, :REBOL]
```

第13章　配列（Array）クラス

例では、配列にしたい文字列を囲むための区切り文字として「()」を使いましたが、「<>」「||」「!!」「@@」「%%」などの記号を使うことができます。

とはいえ、あまり奇をてらってもプログラムが読みにくくなってしまいます。区切り文字には、「文字列中に区切り文字が含まれていない」ということに気をつけて、「()」「{}」「[]」「<>」「||」などを使うとよいでしょう。

13.2.3　to_aメソッドを使う

配列の作り方としては、ここまでの3通りがオーソドックスな方法ですが、ほかのオブジェクトを配列に変換する方法も触れておきましょう。

to_aメソッドは、多くのクラスで定義されているメソッドで、それぞれのオブジェクトを配列に変換します。

```
color_table = {black: "#000000", white: "#FFFFFF"}
p color_table.to_a  #=> [[:black, "#000000"],
                    #    [:white, "#FFFFFF"]]
```

ハッシュにto_aメソッドを適用すると、配列の配列ができます。これは、キーと値のペアからなる配列を、さらに配列にしたものになっています。

13.2.4　文字列のsplitメソッドを使う

もう1つ、ほかのオブジェクトを配列に変換する方法を紹介します。カンマや空白で区切られた文字列から、splitメソッドを使って配列を作る、というものです。これは、Rubyの定石の1つといってよいでしょう。

```
column = "2019/02/01,foo.html,proxy.example.jp".split(',')
p column
    #=> ["2019/02/01", "foo.html", "proxy.example.jp"]
```

splitメソッドについては、「14.6　文字列を分割する」（p.310）でも説明しています。

266

13.3 インデックスの使い方

配列の作り方がわかったところで、配列を操作するためのメソッドの説明に移ります。

まず、インデックスを使って配列を操作するメソッドを見ていきましょう。このタイプのメソッドが、配列を使うにあたっての基本になります。第2章での説明と重複するところもありますが、そこでは説明しなかったことも含めて、改めて説明します。

13.3.1 要素を取り出す

配列にインデックスを指定することで、要素を取り出せます。要素を1つだけ取り出すほかに、複数の要素を配列の形で取り出すことも可能です。

インデックスによる要素の取り出しには「[ ]」を使います。「[ ]」の使い方は、次の3通りあります。

(a) $a[n]$
(b) $a[n..m]$ または $a[n...m]$
(c) $a[n, len]$

(a) は、第2章でも使った、インデックスがnの要素を1つ取り出す方法です。たとえば配列alphaの先頭の要素を取り出すときは、alpha[0]とします。インデックスが0から始まるということは、前に説明した通りです。慣れないうちはどうしても間違いやすいので注意してください（図13.1）。

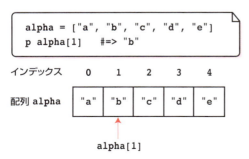

図 13.1 配列とインデックスの関係

第13章 配列（Array）クラス

インデックスの値がマイナスの数の場合は末尾から数えます（図13.2）。要素の数を超えるインデックスを参照した場合は、nilが得られます。

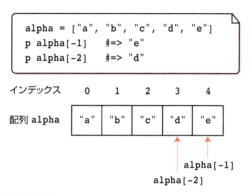

図 13.2 インデックスの値がマイナスの場合

(b)の「$a[n..m]$」という形は、$a[n]$から$a[m]$の要素までを並べた新しい配列を作って返します（図13.3）。「$a[n...m]$」という形は、$a[n]$から$a[m-1]$の要素までを並べた配列を返します。以降では、$[n..m]$の例のみを取りあげますが、$[n..m]$が使えるところは$[n...m]$も使えます。

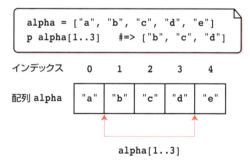

図 13.3 インデックスを範囲で指定する場合

mが元の配列よりも大きい場合には、配列の一番後ろの要素を指定した場合と同じ結果になります（図13.4）。また、$[n..]$という形にしても、同様の結果になります。

```
alpha = ["a", "b", "c", "d", "e"]
p alpha[1..7]    #=> ["b", "c", "d", "e"]
p alpha[1..]     #=> ["b", "c", "d", "e"]
```

図 13.4 インデックスの値が配列よりも大きい場合

（c）の「[n, len]」という、2つの数値を「,」で区切った形は、a[n] から len 個先までの要素を並べた新しい配列を返します（図13.5）。

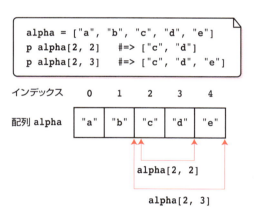

図 13.5 ある要素から、複数個の要素を取り出す場合

なお、この「[ ]」の代わりに、同じ働きをする一般的なメソッドも用意されています。こちらを使ってもかまいません。

- a.at(n) ……a[n] と同じ
- a.slice(n) ……a[n] と同じ
- a.slice(n..m) ……a[n..m] と同じ
- a.slice(n, len) ……a[n, len] と同じ

もっとも、ふだんは特にこれらのメソッドを使う必要はないでしょう。

13.3.2　要素を置き換える

[]、at、sliceメソッドは、要素を取り出すだけではなく、要素を置き換えるのにも使えます。

○ *a[n]* = *item*

これは、*a[n]*の要素を「*item*」に変更します。例として、2つ目の要素を"B"に、5つ目の要素を"E"に置き換えてみましょう（図13.6）。

```
alpha = ["a", "b", "c", "d", "e", "f"]
alpha[1] = "B"
alpha[4] = "E"
p alpha    #=> ["a", "B", "c", "d", "E", "f"]
```

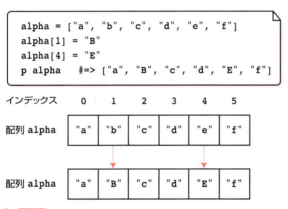

図 13.6　要素を置き換える

これは1つの要素だけを置き換える操作ですが、複数の要素をまとめて置き換えることもできます。複数要素の指定方法は「13.3.1　要素を取り出す」（p.267）で説明した、配列の中から複数の要素をまとめて取り出すのと同じ方法です。

例として、3つ目の要素から5つ目の要素までを入れ替えてみましょう。「[*n..m*]」という形で指定した場合は、図13.7のようになります。

同じ操作を、「[*n, len*]」という形で指定した場合は、次のようになります。

```
alpha = ["a", "b", "c", "d", "e", "f"]
alpha[2, 3] = ["C", "D", "E"]
p alpha   #=> ["a", "b", "C", "D", "E", "f"]
```

13.3 インデックスの使い方

図 13.7 複数の要素を置き換える

13.3.3　要素を挿入する

要素の置き換えを応用して、今ある要素はそのままに、新しい要素を挿入することもできます。

要素の挿入は、ちょっと変則的ですが、「0個の要素と置き換える」と見なすことができます。そこで、「[n, 0]」とすると、インデックスがnの要素の前に挿入されます（図13.8）。

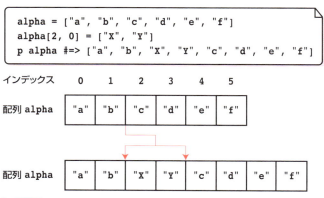

図 13.8 要素を挿入する

13.3.4 複数のインデックスから配列を作る

「13.3.1 要素を取り出す」(p.267)で紹介した方法は、複数の連続した要素を参照することはできますが、とびとびに要素を参照することはできませんでした。複数のインデックスを使って、とびとびに要素を参照し、1つの新しい配列を作るためのメソッドが、values_at メソッドです。

○ *a*.values_at(*n1*, *n2*, …)

これを使って、配列から1つおきに要素を取り出してみましょう（図13.9）。

```
alpha = %w(a b c d e f)
p alpha.values_at(1, 3, 5)  #=> ["b", "d", "f"]
```

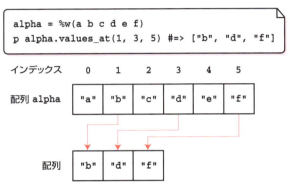

図 13.9 とびとびの要素を参照して配列を作る

13.4 集合としての配列

今までの操作は、すべてインデックスに基づく操作でした。つまり、「どこを取り出すか」「どこからどこまでを置き換えるか」「どこに挿入するか」といったように、直接インデックスを指定していたわけです。

もちろん、配列ことArrayクラスは「インデックスつきオブジェクトの集まり」なので、インデックスを使うのは当然といえば当然です。ですが、インデックスを直接意識しないで、要素を使いたいことも多々あります。

たとえば、配列で集合を表すことを考えてみましょう。この場合、Arrayクラスの各要素が「集合に含まれている要素」ということになります。

ところが、集合には順序がありません。そのため、["a", "b", "c"]も

["b"，"c"，"a"] も ["c"，"b"，"a"] も、どれも同じ集合を表している、と考えることになります。

そのような使い方をする場合、「このオブジェクトは配列の何番目の要素なのかな？」などと考えると、混乱してしまうかもしれません。インデックスによる操作は、Arrayクラスの持つ機能の1つの側面にすぎないのです。

ここでは、配列を集合として見た場合のメソッドについて説明します。また、次の節では、列として見た場合のメソッドについて説明します。

● ●• 13.4.1 集合の演算

集合の基本的な演算といえば「共通集合と和集合を作る」というものがあります。

- **2つの集合のどちらにも含まれる要素を取り出し、新しい集合を作る**
- **どちらか一方にでも含まれる要素を集めて、新しい集合を作る**

1番目の集合を「共通集合」、2番目の集合を「和集合」ということを、数学で学んだ人は多いでしょう。Rubyでは、これらの集合をそれぞれ次のように表します。

- 共通集合……*ary1 & ary2*
- 和集合　……*ary1 | ary2*

Rubyの配列で共通集合と和集合を表現すると、図13.10のようになります。

集合の演算といえばもう1つ、ある集合からその集合に属していない要素だけを取り出す「補集合」がありますが、Arrayクラスの場合、「全体集合」に相当するものがないので、補集合はありません。その代わり、ある集合からもう1つの集合に含まれている要素を除いた集合を作る、「差」の演算が可能です（図13.11）。

- 集合の差……*ary1 - ary2*

273

第13章 配列（Array）クラス

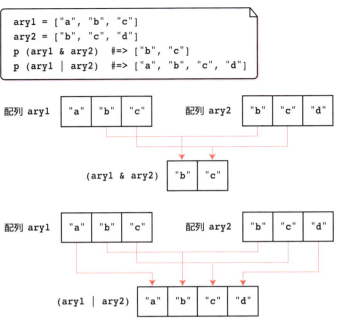

図 13.10 共通集合と和集合

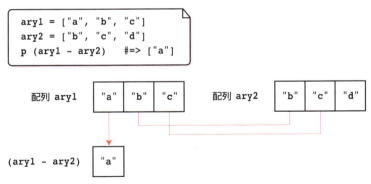

図 13.11 集合の差

　図13.11の配列ary2に含まれていた文字列"d"は、配列ary1に含まれていないので、残りません。

13.4.2 「|」と「+」の違い

配列を結合させるメソッドには、「|」のほかに「+」があります。この2つは似ていますが、同じ要素が含まれている場合の振舞いが異なります。

```
num = [1, 2, 3]
even = [2, 4, 6]
p (num + even)   #=> [1, 2, 3, 2, 4, 6]
p (num | even)   #=> [1, 2, 3, 4, 6]
```

配列numと配列evenはどちらも「2」という要素を持っています。「+」を使って結合した場合、2は2つになりますが、「|」を使って結合した場合、同じ要素は1つだけになります。

13.5 列としての配列

今度は、配列をオブジェクトの列としてみた場合のメソッドについて説明します。

この列という構造は、**キュー**や**スタック**というデータ構造を作るのに向いています。キューとスタックは、対になるデータ構造で、どちらも

- 要素を追加する
- 追加した要素を取り出す

という2つの操作でデータをやりとりします。

キューは、要素を取り出す際、要素を追加した順に取り出すことができるデータ構造です（図13.12 (a)）。これは、**FIFO**（First-in First-out）とも呼ばれています。「最初に入れたものを最初に取り出す」という意味ですね。また、何かを待つ人が、列を作って並んでいる状態と同じなので、**待ち行列**と呼ばれることもあります。

一方、スタックは、要素を追加した順と逆の順序で要素を取り出していきます。こちらは、**LIFO**（Last-in First-out）、つまり「最後に入れたものを最初に取り出す」というデータ構造です（図13.12 (b)）。要素を追加するときは一番後ろに加え、要素を取り出すときは一番後ろから取る、という感じです。

第13章 配列（Array）クラス

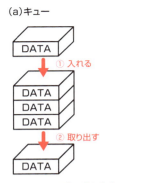
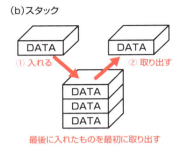

(a)キュー　　　　　　　　　(b)スタック

最初に入れたものを最初に取り出す　　　最後に入れたものを最初に取り出す

図 13.12 キューとスタック

　つまり、「A」「B」「C」の順にデータを格納していった場合、「A」「B」「C」の順にデータを取り出せるのが「キュー」、「C」「B」「A」の順にデータを取り出せるのが「スタック」、ということになります。

　キューやスタックは、使い方が若干難しいデータ構造なのですが、効率よくデータを処理する場合に欠かせないものです。

　このようなデータ構造を配列を使って実現するには、配列の先頭や末尾にデータを挿入したり、反対に先頭や末尾からデータを取り出す、といった操作を行えることが必須条件となります。その点、Rubyの配列には、表13.1のメソッドが揃っているので簡単に実現できます。

表 13.1 配列の先頭・末尾要素を操作するメソッド

	先頭要素に対する操作	末尾要素に対する操作
要素を加える	unshift	push
要素を取り出す	shift	pop
要素を参照する	first	last

　キューは図13.13のようにpushメソッドとshiftメソッドを、スタックは図13.14のようにpushメソッドとpopメソッドを使って実現します。

13.5 列としての配列

```
alpha = ["a", "b", "c", "d", "e"]
p alpha.push("f") #=> ["a", "b", "c", "d", "e", "f"]
p alpha.shift     #=> "a"
p alpha           #=> ["b", "c", "d", "e", "f"]
```

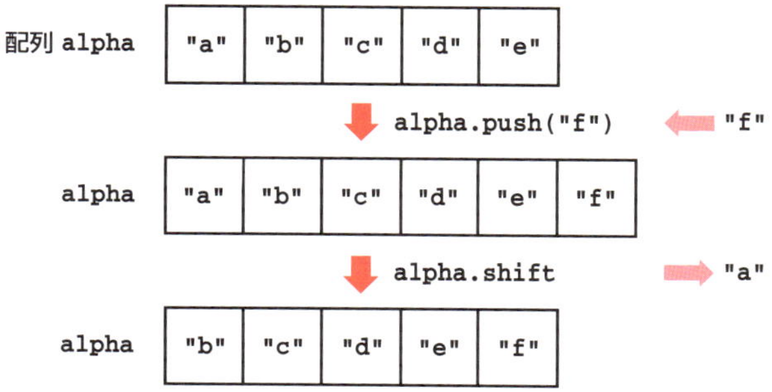

図 **13.13** キュー

```
alpha = ["a", "b", "c", "d", "e"]
p alpha.push("f") #=> ["a", "b", "c", "d", "e", "f"]
p alpha.pop       #=> "f"
p alpha           #=> ["a", "b", "c", "d", "e"]
```

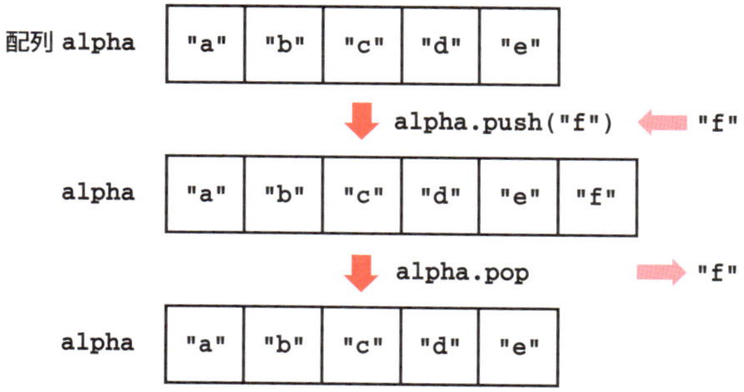

図 **13.14** スタック

　shiftメソッドやpopメソッドは配列の要素を取り出すだけではなく、配列からその要素を削除します。それでは困る場合のために、先頭か末尾の要素を参照するだけの、firstメソッドとlastメソッドが用意されています。

第13章 配列（Array）クラス

```
a = [1, 2, 3, 4, 5]
p a.first  #=> 1
p a.last   #=> 5
p a        #=> [1, 2, 3, 4, 5]
```

13.6 配列の主なメソッド

　配列に対するいろいろなメソッドのうち、よく使われるものを、似たような役割でまとめつつ、順に取りあげていきます。

13.6.1 配列に要素を加える

配列に対し、新しい要素をつけ加える操作です。

○ *a*.unshift(*item*)

配列*a*の先頭に新しい要素*item*をつけ加えます。

```
a = [1, 2, 3, 4, 5]
a.unshift(0)
p a  #=> [0, 1, 2, 3, 4, 5]
```

○ *a* << *item*
　a.push(*item*)

<<とpushは同じ働きのメソッドで、配列*a*の末尾に新しい要素*item*をつけ加えます。

```
a = [1, 2, 3, 4, 5]
a << 6
p a  #=> [1, 2, 3, 4, 5, 6]
```

278

13.6 配列の主なメソッド

○ *a*.concat(*b*)
a+b

配列*a*に別の配列*b*を連結します。concatは破壊的なメソッドですが、+は元の配列をそのままにして新しい配列を作ります。

```
a = [1, 2, 3, 4, 5]
a.concat([8, 9])
p a   #=> [1, 2, 3, 4, 5, 8, 9]
```

○ *a*[*n*] = *item*
a[*n..m*] = *item*
a[*n, len*] = *item*

配列*a*の指定された部分の要素を*item*に置き換えます。

```
a = [1, 2, 3, 4, 5, 6, 7, 8]
a[2..4] = 0
p a   #=> [1, 2, 0, 6, 7, 8]
a[1, 3] = 9
p a   #=> [1, 9, 7, 8]
```

---

column

破壊的なメソッドとfreeze

popメソッドやshiftメソッドのように、レシーバにあたるオブジェクトの値そのものを変更してしまうメソッドは、**破壊的なメソッド**と呼ばれます。破壊的なメソッドを使う場合には、注意が必要です。レシーバと同じオブジェクトを参照している変数があると、その変数の値も変化してしまうからです。たとえば、次のようなプログラムを見てみましょう。

```
a = [1, 2, 3, 4]
b = a
p b.pop   #=> 4
p b       #=> [1, 2, 3]
p a       #=> [1, 2, 3]
```

popメソッドで変数bの要素を削除すると、変数bの示す配列が[1, 2, 3, 4]から[1, 2, 3]になりますが、同時に変数aの示す配列の要素も削除されます。これは「b = a」によって、bはaの中身をコピーしたオブジェクトを示すようになるのではなく、bはaと同一のオブジェクトを示すようになるからです。

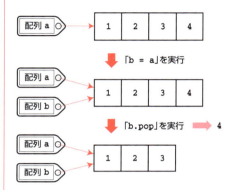

　破壊的なメソッドのような処理がオブジェクトの内容を変更することを禁止するためにObject#freezeメソッドがあります。これを使うとオブジェクトは凍結され、変更しようとするとエラーになります。一度凍結したオブジェクトを元に戻す方法はありませんが、dupメソッドでコピーしたオブジェクトは凍結されていない状態になります。

```
a = [1, 2, 3, 4]
a.freeze
b = a.dup
p a.pop
    #=> エラー（FrozenError）
p b.pop  #=> 4
```

　なお、Rubyのメソッドの中には、「sort」に対して「sort!」のように、同じ名前で「!」がついているメソッドがあります。破壊的にオブジェクトを操作するメソッドと、そうでないメソッドがある場合、破壊的なほうは使用する際に注意が必要なので、「!」をつけるというルールになっています。

13.6.2 配列から要素を取り除く

配列から、ある条件に従って要素を取り除きます。

○ *a*.compact
a.compact!

配列*a*の中から要素がnilのものを取り除きます。「compact」は新しい配列を作り、「compact!」は元の配列を置き換えます。compact!メソッドはnilを取り除いたあとの*a*を返しますが、何も取り除けなかったときはnilを返します。

```
a = [1, nil, 3, nil, nil]
a.compact!
p a  #=> [1, 3]
```

○ *a*.delete(*x*)

配列*a*から要素*x*を取り除きます。

```
a = [1, 2, 3, 2, 1]
a.delete(2)
p a  #=> [1, 3, 1]
```

○ *a*.delete_at(*n*)

配列*a*[*n*]の要素を取り除きます。

```
a = [1, 2, 3, 4, 5]
a.delete_at(2)
p a  #=> [1, 2, 4, 5]
```

第13章　配列（Array）クラス

○ *a*.**delete_if** {|*item*| … }
　a.**reject** {|*item*| … }
　a.**reject!** {|*item*| … }

　配列*a*の各要素*item*について、ブロックを実行した結果が真だった場合、*a*から*item*を取り除きます。delete_ifとreject!は破壊的なメソッドです。

```
a = [1, 2, 3, 4, 5]
a.delete_if {|i| i > 3}
p a  #=> [1, 2, 3]
```

○ *a*.**slice!**(*n*)
　a.**slice!**(*n*..*m*)
　a.**slice!**(*n*, *len*)

　配列*a*から指定された部分を取り除き、取り除いた値を返します。slice!は破壊的なメソッドです。

```
a = [1, 2, 3, 4, 5]
p a.slice!(1, 2)  #=> [2, 3]
p a               #=> [1, 4, 5]
```

○ *a*.**uniq**
　a.**uniq!**

　配列*a*の重複する要素を削除します。uniq!は破壊的なメソッドです。

```
a = [1, 2, 3, 4, 3, 2, 1]
a.uniq!
p a  #=> [1, 2, 3, 4]
```

282

○ **a.shift**

配列aの先頭要素を取り除き、取り除いた値を返します。

```
a = [1, 2, 3, 4, 5]
a.shift  #=> 1
p a      #=> [2, 3, 4, 5]
```

○ **a.pop**

配列aの末尾要素を取り除き、取り除いた値を返します。

```
a = [1, 2, 3, 4, 5]
a.pop #=> 5
p a   #=> [1, 2, 3, 4]
```

13.6.3　配列の要素を置き換える

配列の中の要素を、別の要素に置き換えるメソッドです。これも、「!」がつくものはレシーバの配列を変更してしまう破壊的なメソッド、「!」がつかないものは別の配列を作って返すメソッドです。

○ **a.collect {|item| … }**
  a.collect! {|item| … }
  a.map {|item| … }
  a.map! {|item| … }

配列aの各要素itemにブロックを適用し、その結果を集めて新しい配列を作ります。結果として、要素数は同じままですが、配列の各要素はブロックの中の処理によって前と異なるものになります。

```
a = [1, 2, 3, 4, 5]
a.collect! {|item| item * 2}
p a #=> [2, 4, 6, 8, 10]
```

第13章　配列（Array）クラス

○ *a*.fill(*value*)
　a.fill(*value*, *begin*)
　a.fill(*value*, *begin*, *len*)
　a.fill(*value*, *n*..*m*)

　配列 *a* の要素を *value* に置き換えます。引数が1つの場合は、*a* の要素すべてを *value* にします。引数が2つの場合、*begin* から配列の末尾まで、引数が3つの場合は *begin* から *len* 個までを *value* にします。また2つ目の引数に「*n*..*m*」と範囲を指定している場合、その範囲を *value* にします。

```
p [1, 2, 3, 4, 5].fill(0)        #=> [0, 0, 0, 0, 0]
p [1, 2, 3, 4, 5].fill(0, 2)     #=> [1, 2, 0, 0, 0]
p [1, 2, 3, 4, 5].fill(0, 2, 2)  #=> [1, 2, 0, 0, 5]
p [1, 2, 3, 4, 5].fill(0, 2..3)  #=> [1, 2, 0, 0, 5]
```

○ *a*.flatten
　a.flatten!

　配列 *a* を平坦化します。「平坦化」というのは、配列の中に配列が入れ子になっているような場合に、その入れ子を展開して、1つの大きな配列にする操作です。

```
a = [1, [2, [3]], [4], 5]
a.flatten!
p a  #=> [1, 2, 3, 4, 5]
```

○ *a*.reverse
　a.reverse!

　配列 *a* の要素を逆順に並べ替えます。

```
a = [1, 2, 3, 4, 5]
a.reverse!
p a  #=> [5, 4, 3, 2, 1]
```

284

13.6 配列の主なメソッド

○ *a*.**sort**
  a.**sort!**
  a.**sort** {|*i*, *j*| … }
  a.**sort!** {|*i*, *j*| … }

配列*a*の各要素を並べ替えます。並べ替え方は、ブロックで指定できます。ブロックを指定しない場合には、<=>演算子を使って比較します。

```
a = [2, 4, 3, 5, 1]
a.sort!
p a  #=> [1, 2, 3, 4, 5]
```

ブロックを使った並べ替えの指定については、「11.2.3　計算の一部を差し替える」(p.226)でも説明しました。

○ *a*.**sort_by** {|*i*| … }

配列*a*の要素を並べ替えます。並べ替えはすべての要素についてブロックを評価した結果をソートした順に行われます。

```
a = [2, 4, 3, 5, 1]
p a.sort_by {|i| -i}  #=> [5, 4, 3, 2, 1]
```

詳しくは「11.2.3　計算の一部を差し替える」(p.226)を参照してください。

285

13.7 配列とイテレータ

これまでに触れた通り、イテレータは「繰り返しのためのメソッド」です。一方、配列は、たくさんのオブジェクトを1つにまとめる役割を持つオブジェクトです。このたくさんのオブジェクトに対して、何か操作したり、いくつかを取り出して操作したりするために、イテレータは頻繁に使われます。

たとえば、配列の各要素に対して同じ操作を行うためのメソッドとして紹介したeachメソッドは、代表的なイテレータです。このメソッドは、配列内のすべての要素1つずつに対して、特定の操作を行います。

また、レシーバが配列ではない場合でも、イテレータを実行した結果を何かのオブジェクトにして返すために配列を使う、ということもあります。

こちらの代表的なメソッドは、collectメソッドです。collectメソッドは、ある操作を行った結果を集めて、1つの配列にして返すメソッドです。

```
a = 1..5
b = a.collect {|i| i += 2}
p b   #=> [3, 4, 5, 6, 7]
```

この例では、レシーバは範囲オブジェクトですが、その結果は配列になっています。このように、イテレータと配列は深く結びついています。

13.8 配列内の各要素を処理する

配列の各要素に対して何らかの処理を行いたい場合、いくつかの方法があります。

13.8.1 繰り返しとインデックスを使う

オーソドックスなやり方は、ループを回して、つまり繰り返しを行いながら、インデックスを使って1つずつアクセスする方法です。

たとえば、listという配列の要素を1つずつ出力していくプログラムは、List 13.1のようになります。

List 13.1 list.rb

```
list = ["a", "b", "c", "d"]
for i in 0..3
  puts "#{i+1}番目の要素は#{list[i]}です。"
end
```

また、数値の入った配列の要素の合計を計算するには、List 13.2のプログラムのようになります。

List 13.2 sum_list.rb

```
list = [1, 3, 5, 7, 9]
sum = 0
for i in 0..4
  sum += list[i]
end
puts "合計:#{sum}"
```

13.8.2　eachメソッドで要素を1つずつ得る

配列ではeachメソッドを使った繰り返しが行えます。これを使って、List 13.2のプログラムを書き直してみましょう（List 13.3）。

List 13.3 sum_list2.rb

```
list = [1, 3, 5, 7, 9]
sum = 0
list.each do |elem|
  sum += elem
end
puts "合計:#{sum}"
```

ただし、eachメソッドを使った繰り返しの場合、取り出してきた要素のインデックスはわかりません。そこで、要素とそのインデックスがわかるeach_with_indexメソッドを使います（List 13.4）。

第13章 配列（Array）クラス

List 13.4 list2.rb

```ruby
list = ["a", "b", "c", "d"]
list.each_with_index do |elem, i|
  puts "#{i+1}番目の要素は#{elem}です。"
end
```

13.8.3　破壊的なメソッドで繰り返しを行う

「配列の各要素に対する処理が終わったときにはその配列が必要ない」という場合には、「配列の要素を1つずつ取り除いていって、最後には空になるようにする」という方法で繰り返しを実現できます。

```ruby
while item = a.pop
  # itemに対する処理
end
```

繰り返しを始める前、配列aにはすでに要素が入っているとします。この要素を、配列aから1つずつ取り除いていっては、取り除いた値の処理を行います。そして、配列が空になった時点で終了、という流れになります。

13.8.4　その他のイテレータを使う

collect、mapメソッドなど見ればわかるように、基本的な操作はすでに実装されています。こんなイテレータがほしい、と思った際には、Rubyリファレンスマニュアル（p.239）に目を通しておくとよいでしょう。がんばって実装したメソッドとほとんど同じような働きをするメソッドがすでに実装されていた、とがっかりせずに済みます。

13.8.5　専用のイテレータを作る

それでも、自分の使いたいメソッドがない、ということもあります。そんな場合は、自分でイテレータを作ることになります。

イテレータの作成については、「11.3　ブロックつきメソッドを作る」（p.229）でも解説しています。

13.9 配列の要素

　配列はその要素として、いろいろなオブジェクトを持つことができます。数字や文字列以外にも、配列オブジェクトの中に配列オブジェクトを入れたり、配列オブジェクトの中にハッシュオブジェクトを入れたりすることも可能です。

13.9.1　例：簡単な行列を使う

　例として、配列で行列を表現してみましょう。

　配列オブジェクトの各要素が配列オブジェクトになっている、いわゆる「配列の配列」は、行列などを表現する場合に使われます。

　たとえば、図13.15のような行列を、「配列の配列」を使って表現してみます。

$$\begin{pmatrix} 1, & 2, & 3 \\ 4, & 5, & 6 \\ 7, & 8, & 9 \end{pmatrix}$$

図 13.15 3行3列の行列

　1行目は [1, 2, 3]、2行目は [4, 5, 6]、3行目が [7, 8, 9] となっているので、これをさらに配列としてまとめると、

```
a = [[1, 2, 3], [4, 5, 6], [7, 8, 9]]
```

となります。

　この中で、たとえば「6」の位置の要素を取り出すには、

```
a[1][2]
```

と書きます。a[1] で [4, 5, 6] という配列を指定し、さらに [2] でその3つ目の要素を指定するわけです。

289

13.9.2 初期化に注意

配列オブジェクトの要素として配列オブジェクトやハッシュオブジェクトを使う場合、その初期化に注意する必要があります。

```
a = Array.new(3, [0, 0, 0])
```

と書くと、aは[[0, 0, 0], [0, 0, 0], [0, 0, 0]]という配列になるように思えますが、これには問題があります。a[0]、a[1]、a[2]の要素がすべて同じオブジェクトになってしまうのです（図13.16）。

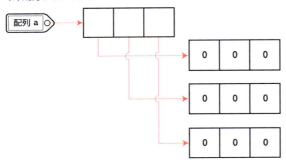

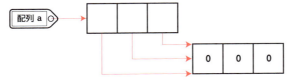

図 13.16 配列の初期化

次のように、最初の行の2つ目の要素のみを変更させたつもりが、すべての行の2つ目の要素が変更されてしまいます。これは困ってしまいますね。

```
a = Array.new(3, [0, 0, 0])
a[0][1] = 2
p a   #=> [[0, 2, 0], [0, 2, 0], [0, 2, 0]]
```

そこで、newメソッドに要素数とブロックを指定します。すると、要素の数だけブロックを起動して、その戻り値が要素にセットされます。ブロックの中で新しいオブジェクトを生成するようにすれば、各要素が同じオブジェクトを参照するという問題は起こりません。

```
a = Array.new(3) do
  [0, 0, 0]
end
p a   #=> [[0, 0, 0], [0, 0, 0], [0, 0, 0]]

a[0][1] = 2
p a   #=> [[0, 2, 0], [0, 0, 0], [0, 0, 0]]
```

次のようにすると、iには対応する要素のインデックスが渡されるので、インデックスごとに異なる値で初期化を行うことができます。

```
a = Array.new(5) {|i| i + 1}
p a   #=> [1, 2, 3, 4, 5]
```

13.10 複数の配列に並行してアクセスする

複数の配列の同じインデックスの要素に、まとめてアクセスする処理を考えます。List 13.5のプログラムは、3つの配列の同じインデックスの要素を合計して、新しい配列（result）に格納する例です。

List 13.5 sum_with_each.rb

```
ary1 = [1, 2, 3, 4, 5]
ary2 = [10, 20, 30, 40, 50]
ary3 = [100, 200, 300, 400, 500]

i = 0
result = []
```

第13章　配列（Array）クラス

```
while i < ary1.length
  result << ary1[i] + ary2[i] + ary3[i]
  i += 1
end
p result  #=> [111, 222, 333, 444, 555]
```

　このような処理は、zipメソッドを使うことでより簡単に記述できます（List 13.6）。

List 13.6 sum_with_zip.rb

```
ary1 = [1, 2, 3, 4, 5]
ary2 = [10, 20, 30, 40, 50]
ary3 = [100, 200, 300, 400, 500]

result = []
ary1.zip(ary2, ary3) do |a, b, c|
  result << a + b + c
end
p result  #=> [111, 222, 333, 444, 555]
```

　zipメソッドはレシーバと引数から渡された配列の要素を1つずつ取り出して、そのたびにブロックを起動します。引数は1つでもそれ以上でもかまいません。

Column

Enumerableモジュール

　コラム「Comparableモジュール」（p.260）に続いて、Mix-inのためのもう1つのモジュールであるEnumerableを紹介しましょう。「Enumerable」とは「数えあげられる」「列挙可能な」といった意味です。本書で取りあげているクラスの中では、Array、Dir、File、Hash、IO、StringIO、Range、Enumeratorなどの各クラスがEnumerableモジュールをインクルードしています。

13.10 複数の配列に並行してアクセスする

表 Enumerable モジュールが提供する主なメソッド

メソッド	意味
all?	すべての要素が真であれば true、そうでなければ false を返す
any?	1つ以上の要素が真であれば true、すべて偽なら false を返す
collect	各要素に対してブロックを実行した結果を配列にして返す
count	引数がなければ要素数を、引数があれば引数と同じ要素数を返す
cycle	各要素に対して繰り返し（最後の次は先頭に戻って）ブロックを実行する
detect	要素に対してブロックを実行し、結果が真となった最初の要素を返す
each_slice	引数の数 n に対し、n 要素ずつブロックに渡して実行する
each_with_index	要素とそのインデックスをブロックに渡して実行する
find	detect と同じ
find_all	各要素に対してブロックを実行し、結果が真になる要素だけを配列にして返す
first	先頭要素を取り出す
grep	引数のパターンとマッチする要素を配列にして返す
include?	引数を含んでいれば真を返す
inject	要素に対してブロックの畳み込み演算を行った結果を返す
map	collect と同じ
member?	include? と同じ
none?	すべての要素に対して偽なら true、そうでなければ false を返す
one?	ちょうど1要素だけ真なら true、そうでなければ false を返す
partition	ブロックを実行して真になるものと偽になるものを別々の配列にして返す
reduce	inject と同じ
reject	各要素に対してブロックを実行し、偽になったものを配列にして返す
reverse_each	各要素に対し、逆順にブロックを実行する
select	find_all と同じ
sort	ブロックの実行結果を元にソートした結果を配列にして返す
sort_by	ブロックの実行結果を <=> で比較した結果を元にソートした配列を返す
to_a	すべての要素を配列にして返す
zip	レシーバと引数の各要素をまとめて1要素とした配列を返す

　この章で Array クラスのメソッドとして紹介したものでも、実際は Enumerable モジュールによって提供されているものもあります。紹介しきれなかった各メソッドについては Ruby リファレンスマニュアル（p.239）などを参照してください。

　Comparable モジュールが <=> 演算子を要求するように、Enumerable モジュールは each メソッドを要求します。たとえば each_with_index メソッドのお

293

第13章　配列（Array）クラス

　おまかな動きをRubyで書けば、次のようになるでしょう（実際はブロックを受け取らないときにはEnumeratorオブジェクトを返すなど、もう少し複雑です）。

```ruby
module Enumerable
  def each_with_index
    index = 0              # インデックスを初期化する
    each do |item|
      yield(item, index)   # 要素とindexをパラメータとして
                           # ブロックを実行する
      index += 1           # インデックスを加算する
    end
  end
end
```

　繰り返しの処理を提供するクラスを作るときは、eachメソッドをイテレータとして作成したうえで、Enumerableモジュールをインクルードすると、前表のメソッドを使えるようになります。

練習問題

（1） 1から100までの整数が昇順に並ぶ配列aを作ってください（a[0]は1、a[99]は100になります）。

（2） （1）の配列の各要素をすべて100倍した、新しい配列a2を作ってください（a2[0]は100になります）。また、新しい配列を作成せずに、すべての要素を100倍した要素に置き換えてください。

（3） （1）の配列から3の倍数だけを取り出した、新しい配列a3を作ってください（a3[0]は3、a3[2]は9になります）。また、新しい配列を作成せずに、3の倍数以外の数を削除してください。

（4） （1）の配列を逆順に並べ替えてください。

（5） （1）の配列に含まれる整数の和を求めてください。

（6） 1から100 の整数を含む配列aryから、1〜10、11〜20、21〜30というように10個の要素を含む配列を10個取り出します。取り出したすべての配列を、順に別の配列resultに格納するとき、以下の???の部分に当てはまる式を考えてください。

```
ary = [1〜100の整数を含む配列]
result = Array.new
10.times do |i|
  result << ary[???]
end
```

（7） 数値からなる配列nums1とnums2に対して、それらの個々の要素を足し合わせた要素からなる配列を返すメソッドsum_arrayを定義してください。

```
p sum_array([1, 2, 3], [4, 6, 8]) #=> [5, 8, 11]
```

※解答は、サポートページ（https://tanoshiiruby.github.io/6/answer/）で公開しています。

第14章
文字列（String）クラス

第4章で触れたように、Rubyでの「文字列」はすべてStringクラスのオブジェクトです。この章ではStringクラスの扱いについて説明します。

- **文字列を作る**
  文字列を作るためのいろいろな方法を取りあげます。
- **文字列の長さを得る**
  文字列の長さを知るためのメソッドの紹介と、「文字数」と「バイト数」の違いについて説明します。
- **文字列のインデックス**
  文字列中の文字を扱う場合には、配列と同じようにインデックスを使用します。その使い方を紹介します。
- **文字列の連結と分割**
  文字列を連結するメソッドとして+、<<、concatメソッド、文字列を分割するメソッドとしてspiltメソッドを紹介します。
- **文字列を比較する**
  文字列が同じかどうか調べるメソッドと、ソートなどで使う、文字列の「大きさ」の比較について説明します。
- **改行文字の扱い方**
  文字列の中の不要な改行文字の扱いについて説明します。
- **文字列の検索と置換**
  文字列の検索や置換を行うためのメソッドを紹介します。
- **文字列と配列で共通するメソッド**
  文字列と配列は挙動の似た同名のメソッドが使えるので、まとめて紹介します。
- **日本語文字コードの変換**
  日本語文字列のために必要となる文字コードの変換を紹介します。

第14章 文字列（String）クラス

14.1 文字列を作る

　一番簡単な文字列オブジェクトの作り方は、文字列オブジェクトにしたい「文字の集まり」を「" "」や「' '」で囲って直接プログラム中に書く方法です。

```
str1 = "これも文字列"
str2 = 'あれも文字列'
```

　「" "」で文字列オブジェクトを作る場合と「' '」で文字列オブジェクトを作る場合との違いは、第1章で簡単に紹介しました。そのほかにも、「" "」を使うと「#{}」で囲まれた部分をRubyの式として実行し、その結果に置き換えられることも紹介しました。この「#{}」のことを**式展開**といいます。

```
moji = "文字列"
str1 = "あれも#{moji}"
p str1   #=> "あれも文字列"
str2 = 'あれも#{moji}'
p str2   #=> "あれも\#{moji}"
```

　また、「" "」を使えば、「\」を使った特殊文字（表14.1）を表現できます。

表 14.1 \を使った特殊文字

特殊文字	意味
\t	タブ（0x09）
\n	改行（0x0a）
\r	復帰（0x0d）
\f	改ページ（0x0c）
\b	バックスペース（0x08）
\a	ベル（0x07）
\e	エスケープ（0x1b）
\s	空白（0x20）
\v	垂直タブ（0x0b）
\\nnn	8進数表記（nは0〜7）
\x$nn$	16進数表記（nは0〜9、a〜f、A〜F）
\c$x$、\C-x	[Ctrl]（[Control]）+ x

298

特殊文字	意味
\M-*x*	[Alt]([Meta]) + *x*
\M-\C-*x*	[Alt]([Meta]) + [Ctrl]([Control]) + *x*
x	文字*x*そのもの (*x*は上の文字以外)
\u*nnnn*	Unicode文字の16進数表記 (*n*は0〜9、a〜f、A〜F)

「" "」「' '」以外にも文字列の作り方があります。順に見ていきましょう。

14.1.1 %Q、%qを使う

「"」や「'」を含めた文字列を作りたいときは、「\"」や「\'」などの特殊文字を使うよりも、%Qや%qを使うと簡単です。

```
desc = %Q{Rubyの文字列には「''」も「""」も使われます。}
str = %q|Ruby said, 'Hello world!'|
```

この場合、%Qを使ったほうは「" "」で囲った文字列、%qを使ったほうは「' '」で囲った文字列と同様の扱いになります。

14.1.2 ヒアドキュメントを使う

ヒアドキュメントとは、Unixのシェルに由来する記法で、「<<」を使って文字列を作るものです。改行を含む長い文字列を作りたい場合にはこの方法が一番簡単です。

> **<< "終了の記号"**
> **置き換える文字列**
> **終了の記号**

「<<」の後ろには、**終了の記号**として「' 'で囲った文字列」か「" "で囲った文字列」を書きます。「" "」で囲った場合には文字列内の特殊文字や式表現は展開されます。「' '」で囲った場合には展開されず、そのままの文字列になります。また、「" "」も「' '」もない文字列が使われた場合は、「" "」で囲った文字列と見なされます。

ヒアドキュメント全体が文字列リテラルとなるので、変数に代入したり、メソッドの引数にしたりできます。

終了の記号としての区切り文字列には、「EOF」や「EOB」をよく使います。この場合のEOFは「End of File」の略、EOBは「End of Block」の略です。

第14章　文字列（String）クラス

　ヒアドキュメントの終わりに書く区切り文字列は、行頭になければなりません。プログラム中のインデントが深い部分でヒアドキュメントを使うと、次の例のようにインデントのバランスが崩れてしまうこともあります。

```
10.times do |i|
  print(<<"EOB")
i: #{i}
EOB
end
```

　インデントを揃えたいときは「<<」の代わりに「<<-」を使いましょう。区切り文字列よりも行頭側の空白文字とタブ文字が無視されるので、行頭に区切り文字列を書かなくてもよくなり、次の例の「print」と「EOB」のようにインデントが揃うので、見やすくなります。

```
10.times do |i|
  print(<<-"EOB")
i: #{i}
  EOB
end
```

　さらに、「<<~」を使うと、行頭の空白が切り詰められるため、「i: #{i}」のインデントも揃えられます。

```
10.times do |i|
  print(<<~"EOB")
    i: #{i}
  EOB
end
```

　また、ヒアドキュメントを変数に代入するときは次のようにします。

300

```
str = <<-EOB
Hello!
Hello!
EOB
```

14.1.3　sprintfメソッドを使う

　数値を8進数や16進数として文字列で表すといったような、何らかのフォーマットに従った文字列を作る場合には、sprintfメソッドを使います。

　sprintfメソッドの使い方については、コラム「printfメソッドとsprintfメソッド」(p.302)を参照してください。

14.1.4　「` `」を使う

　「`コマンド`」の形式でコマンドの標準出力を受け取って文字列オブジェクトにできます。次に示すのはLinuxのlsコマンドとcatコマンドの出力を取得する例です。

実行例

```
> irb --simple-prompt
>> `ls -l /etc/hosts`
=> "-rw-r--r--  1 root  wheel  445  9 11 20:28 /etc/hosts\n"
>> puts `cat /etc/hosts`
# Host Database
#
127.0.0.1       localhost
255.255.255.255 broadcasthost
::1             localhost
fe80::1%lo0     localhost
=> nil
```

printfメソッドとsprintfメソッド

　文字列の整形に欠かせない、printfメソッドとsprintfメソッドについて紹介します。

　printfメソッドは、フォーマットに従って文字列を生成して出力します。printfメソッドを使えば、たとえば数字を出力するときに10進数だけでなく8進数や16進数で表示させたり、小数の場合、何桁まで表示させるか、といった指定を簡単に行うことができます。

printf(*format*[, *arg1*[, ...]])
sprintf(*format*[, *arg1*[, ...]])

　最初の引数*format*は文字列で、その中で「**%文字**」という形式でどのように整形するかを指定します。それ以降の引数でフォーマット中の「**%文字**」に対応する値を順番に指定します。printfメソッドは整形した文字列をコンソールに出力し、sprintfメソッドは整形した文字列をオブジェクトとして返します。

```
n = 65535
printf("%dの16進数表記は%xです\n", n, n)
    #=> 65535の16進数表記はffffです
p sprintf("%dの16進数表記は%xです\n", n, n)
    #=> "65535の16進数表記はffffです\n"
```

　sprintfメソッドにはformatという別名があり、さらに「**文字列　%　配列**」の形式でも同じことができます。

```
p format("Hello, %s!", "Ruby")   #=> "Hello, Ruby!"
p "%d年%d月%d日" % [2019, 2, 1]   #=> "2019年2月1日"
```

○ 指示子

　フォーマットの基本は「**%指示子**」の形式です。指示子によって与えられたデータをどのように整形するかが決められます。

14.1 文字列を作る

表 printfフォーマットの指示子

指定子	意味
%c	コードポイントに対応する文字を出力する
%s	文字列を出力する（引数.to_sを呼ぶ）
%p	pメソッドと同じ形式で出力する（引数.inspectを呼ぶ）
%b、%B	整数を2進数表現で出力する
%o	整数を8進数表現で出力する
%d、%i	整数を10進数表現で出力する
%x、%X	整数を16進数表現で出力する
%f	浮動小数点数を出力する
%e	浮動小数点数を指数表現で出力する
%%	%そのものを出力する

○ フラグ、最小幅、精度

「%」と指示子の間にフラグと最小幅と精度を指定することで、より細かく形式を指定することができます。

表 printfフォーマットのフラグ

フラグ	意味
#	%b、%B、%o、%x、%Xについて、リテラル表現と同じプリフィックス（「0b」「0B」「0」「0x」「0X」）を出力する
-	幅を指定した場合に出力を左寄せにする
+	「+」か「-」の符号を出力する
空白	負の数のときのみ符号「-」を出力する
0	最小幅を指定する際に余った桁を空白ではなく「0」で埋める

フラグに続けて最小幅と精度による出力の桁数を指定できます。最小幅と精度は「**最小幅.精度**」の形式で指定します。最小幅は出力の最小の桁数を指定するものです。結果が指定よりも長い場合は、はみ出して表示されます。精度は指示子が%fのときは小数点以下の桁数の指定、%sと%pのときは最大桁数の指定になります。最小幅と精度に「*」を指定すると、引数から値を取り出します。

```
p sprintf("%8s", "Ruby")             #=> "    Ruby"
p sprintf("%8.8s", "Hello Ruby")     #=> "Hello Ru"
p sprintf("%#010x", 100)             #=> "0x00000064"
p sprintf("%+.2f", Math::PI)         #=> "+3.14"
p sprintf("%*.*f", 5, 2, Math::PI)   #=> " 3.14"
```

303

14.2 文字列の長さを得る

文字列の長さを調べるには、lengthメソッドまたはsizeメソッドを使います。どちらも同じ結果を返すので、好きなほうを使いましょう。

```
p "just another ruby hacker,".length   #=> 25
p "just another ruby hacker,".size     #=> 25
```

日本語の文字列の場合も、文字数が返ってきます。

```
p "オブジェクト指向プログラミング言語".length   #=> 17
```

文字数ではなく、バイトの長さがほしい場合は、bytesizeメソッドを使います。

```
p "オブジェクト指向プログラミング言語".bytesize   #=> 51
```

なお、文字列の長さが0であるかどうかを調べるためだけのメソッドempty?もあります。繰り返しなどで文字列が空かどうかを調べるために使います。

```
p "".empty?      #=> true
p "foo".empty?   #=> false
```

14.3 文字列のインデックス

文字列中の特定位置の文字、たとえば「先頭から3番目の文字」を取り出すには、配列と同様に、インデックスを利用します。

```
str = "新しいStringクラス"
p str[0]      #=> "新"
p str[3]      #=> "S"
p str[9]      #=> "ク"
p str[2, 8]   #=> "いStringク"
p str[4]      #=> "t"
```

14.4 文字列をつなげる

文字列をつなげるといっても、

- 2つの文字列がつながった文字列を新しく作る
- すでにある文字列を長い文字列にする

というように2通りの方法があります（図14.1）。

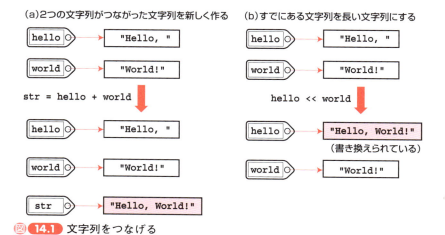

図 14.1 文字列をつなげる

新しい文字列を作るには、「+」を使います。

第14章　文字列（String）クラス

```
hello = "Hello, "
world = "World!"

str = hello + world
p str   #=> "Hello, World!"
```

　すでにある文字列に別の文字列をつなげるには、<<メソッドか、concatメソッドを使います。

```
hello = "Hello, "
world = "World!"

hello << world
p hello   #=> "Hello, World!"
hello.concat(world)
p hello   #=> "Hello, World!World!"
```

　「+」を使って新しい文字列を作る場合でも、

```
hello = hello + world
```

などとすると、変数helloについては、<<メソッドを使った場合と同じ結果が得られます。しかし、この方法は、helloとworldを連結した新しい文字列を生成するため、helloと同じオブジェクトを指していた変数がほかにあっても、そちらは変更されません。一方、<<メソッドやconcatメソッドを使う場合には、同じオブジェクトを指している別の変数にも影響があります。
　一般に、<<メソッドやconcatメソッドを使ったほうが効率がよいのですが、状況に応じて使い分けが必要です。

14.5　文字列を比較する

文字列が同じかどうかを調べるには、「==」または「!=」を使います。「str1 == str2」は、str1とstr2が同じ文字列の場合にはtrueを、異なる文字列の場合にはfalseを返します。「!=」は「==」と反対の動作になります。

```
p "aaa" == "baa"  #=> false
p "aaa" == "aa"   #=> false
p "aaa" == "aaa"  #=> true
p "aaa" != "baa"  #=> true
p "aaa" != "aaa"  #=> false
```

まるっきり同じ文字列かどうかは「==」「!=」で簡単に調べることができますが、「似ている文字列」かどうかを調べたいときは正規表現を使ったほうが簡単になることが多いでしょう。

14.5.1　文字列の大小比較

文字列にも「大小関係」があります。ただし、これは文字列の長さで決まるわけではありません。

```
p ("aaaaa" < "b")  #=> true
```

文字列の大きい、小さいは、文字コード順に決まります。文字コードは、アルファベットについてはABC順に、日本語のひらがなとカタカナについてはあいうえお順に並んでいるので、この順番に日本語や英語の文字列を並べる場合に利用できます。ただし、日本語のいわゆる「辞書順」とは異なるので、注意が必要です。たとえば「かけ」「かこ」「がけ」の3つの単語がある場合、辞書順では「かけ」「がけ」「かこ」の順番になりますが、Rubyで大小関係を比較したときは、小さいほうから「かけ」「かこ」「がけ」の順になります。

また、漢字の文字列から読み順にあった大小関係を得ることはできないので、読み順に並べたい場合には、あらかじめ読みがなを用意するなどの対処が必要です。

文字コード

コンピュータの中では、それぞれの文字を、数値によって管理しています。この数値のことをコードともいいます。

文字と数値の対応として、次のような表があることになります。

文字	数値
A	65
B	66
C	67

このような文字と数値の対応のことを、文字コードなどと呼びます。とはいえ、文字コードというのは正確な用語ではないので、この言葉を使う際には注意が必要です。

コンピュータの基本はASCIIというコードです。これは、アルファベットや数値、その他の記号や、さらには改行文字やタブなどの文字を集めて、0から127までの数値を割り振ったもので、1バイトに収まります（1バイトは0から255まで表現できます）。さらに、欧米圏では、ISO-8859-1という、ヨーロッパで使われる基本的な文字（アクサンやウムラウトがついた文字など）を128から255までの間に割り振った文字コードもよく使われていました。つまり、たいていの文字は1バイトで収まっていたわけです。

しかし、日本語では当然ひらがなやカタカナ、そして漢字が使えなければなりません。そうなると、1バイトでは収めることは不可能です。そのため、1文字を2バイトで表す技術が使われるようになりました。

ところが、非常に残念なことに、日本語を扱うための文字コードは1種類ではありません。大きく分けて次の4つの符号化方式があり、さらに同じ符号化方式でも、違う文字が使われることがあるのです。

符号化方式	主に使われるところ
UTF-8	テキスト全般
Shift_JIS	Windowsのテキスト
EUC-JP	従来のUnixのテキスト
ISO-2022-JP	電子メールなど

14.5 文字列を比較する

　符号化方式（character encoding scheme）というのは、文字に数値を割り振る、その割り振り方のことです。日本では、Shift_JIS、EUC-JP、ISO-2022-JPという3つの符号化方式が長らく使われてきました。これらは、国内で標準化されている「JIS X0208」という文字集合の規格が元になっています。また、文字コードの名前には、たいていこの符号化方式の名前が使われます。たとえば、「このテキストの文字コードはEUCだから、Windowsで開くときには気をつけてね」というように使われます。

　符号化方式が違うと、同じ文字を使っていても、その文字に割り振られた数値が異なります。この符号化の違いが、俗にいう「文字化け」の一因です。

文字	UTF-8	Shift_JIS	EUC-JP	ISO-2022-JP
あ	E38182	82A0	A4A2	2422

　上記の表は「あ」という文字に割り振られた数値を、16進数で表したものです。それぞれ、まったく異なる数値が割り振られているのがわかります。このような「文字」を一意に示す値を、**コードポイント**と呼ぶことがあります。なお、Rubyでコードポイントを調べるには、String#ordメソッドを使います。

```
#encoding: Shift_JIS
p "あ".ord   #=> 33440 (16進数では82A0)
```

　また、ISO-2022-JPは、ASCIIと同じ領域のコードを使っているのですが、実際にはASCIIとは区別ができるような巧妙な仕掛けが使われています（この仕掛けはちょっと複雑なので、説明を省きます）。

　そして、現在はUnicodeという、国際的な文字コードの規格が普及しています。UTF-8は、そのUnicodeの符号化方式の1つです。

　文字コードについては、矢野啓介『[改訂新版]プログラマのための文字コード技術入門』（技術評論社）など、いくつか詳しい書籍もあります。こちらの書籍では、Rubyについても、Encodingクラスができる前（Ruby 1.8時代）とできたあと（Ruby 1.9以降）の両方について触れているので、参考にしてください。

309

14.6 文字列を分割する

特定の文字で文字列を分割するには、splitメソッドを使います。たとえば、文字列strが「:」で区切られている場合、

```
column = str.split(":")
```

とすると、columnにそれぞれのカラムの文字列を要素とした配列オブジェクトが代入されます。

```
str = "高橋:タカハシ:1234567:000-123-4567"
column = str.split(":")
p column
    #=> ["高橋", "タカハシ", "1234567", "000-123-4567"]
```

14.7 改行文字の扱い方

標準入力からeach_lineメソッドなどで文字列を読み込んだ場合、末尾に改行文字がつきます。ところが、実際に文字列を扱うときには、改行文字が邪魔なことが少なくありません。このような場合のために、改行文字を取り除くメソッドがあります（表14.4）。

表14.4 改行文字を取り除くメソッド

	末尾を必ず1文字削る	改行がある場合のみ削る
非破壊的	chop	chomp
破壊的	chop!	chomp!

chopメソッドとchop!メソッドは、文字列の末尾がどんな文字であれ、その文字を削りますが、chompメソッドとchomp!メソッドは末尾が改行文字の場合のみ削ります。

14.8 文字列の検索と置換

```ruby
str = "abcde"    # 改行文字ではない場合
newstr = str.chop
p newstr  #=> "abcd"
newstr = str.chomp
p newstr  #=> "abcde"

str2 = "abcd\n"  # 改行文字の場合
newstr = str2.chop
p newstr  #=> "abcd"
newstr = str2.chomp
p newstr  #=> "abcd"
```

　each_lineメソッドを使って、繰り返し新しい行を読み込む場合には、chomp!メソッドなどで破壊的に改行文字を落とすのが常套です。

```ruby
f.each_line do |line|
  line.chomp!
  lineを処理する
end
```

という書き方は、chomp!メソッドも含めてイディオムといってもよいでしょう。なお、改行文字は、使っている環境によって異なる場合があります。これについては、コラム「改行文字の種類」(p.312) を参考にしてください。

14.8 文字列の検索と置換

　一般的な文字列操作を行うときには、「検索」と「置換」の処理が欠かせません。Rubyでは、手軽に文字列を操作できます。

14.8.1 文字列の検索

　文字列の中に特定の文字列が含まれているかどうかを調べたいときは、indexメソッドあるいはrindexメソッドを使います。

　indexメソッドは、引数に渡された文字列が含まれるかどうかを、対象となる文字列の左側の文字から調べていき、rindexメソッドは右側から調べていきます (rindexの「r」は「right (右)」の意味です)。

311

第14章　文字列（String）クラス

```ruby
str="すもももももも"
p str.index("もも")    #=> 1
p str.rindex("もも")   #=> 5
```

indexメソッドとrindexメソッドは、探す文字列が見つかった場合は一致部分の先頭インデックスを返し、見つからなかった場合はnilを返します。

また、単純に含まれるかどうかを調べたいだけであれば、include?メソッドを使うとよいでしょう。

```ruby
str="すもももももも"
p str.include?("もも")  #=> true
```

文字列ではなくパターンで探したい場合には、正規表現を使います。パターン検索は、「第16章　正規表現（Regexp）クラス」で詳しく取りあげます。

column

改行文字の種類

「改行」というのは、行の折り返しを行うための特別な記号です。コラム「文字コード」（p.308）で説明したように、コンピュータで使われる文字には番号が振られていますが、改行文字にも同じように番号が振られています。しかし、困ったことにこの改行文字の扱いは、OSによって異なります。

代表的なOSの改行文字を次にまとめておきます。ここで、「LF」（LineFeed）は「"\n"」、「CR」（Carriage Return）は「"\r"」という値になります。

OS種別	改行文字
Windows	CR + LF
macOS	LF
Unix	LF

Rubyで標準の改行文字は、「LF」です。これは、IO#each_lineメソッドなどで「行」の区切りとして使われます。

each_lineメソッドに引数を与えることで、改行文字を指定できます。デフォルトはeach_line("\n")です。

14.8.2　文字列の置換

ある文字列の一部分を、別の文字列に置き換えたいことがあります。この置き換えのことを**置換**と呼びます。置換のためにsubメソッドとgsubメソッドがあります。

subメソッドとgsubメソッドについては、「16.6.1　subメソッドとgsubメソッド」(p.358)で詳しく説明します。

14.9　文字列と配列で共通するメソッド

文字列では、配列と同じメソッドがいくつも使えます。

もちろん、Objectクラスのインスタンスメソッド、つまりすべてのオブジェクトが継承している(はずの)メソッドは、文字列(Stringクラスのインスタンス)でも配列(Arrayクラスのインスタンス)でも利用できます。それ以外のものとして、

(a) インデックス操作に関するメソッド
(b) **Enumerable**モジュール関連のメソッド
(c) 連結や逆順に関するメソッド

を使えます。

14.9.1　インデックス操作に関するメソッド

「14.3　文字列のインデックス」(p.304)でも説明したように、文字列は配列と同じようなインデックスを利用できます。配列に対するインデックス操作と同様のメソッドを、文字列に対しても使えます。

第14章　文字列（String）クラス

○ *s*[*n*] = *str*
　s[*n*..*m*] = *str*
　s[*n*, *len*] = *str*
　s.**slice**(*n*)
　s.**slice**(*n*..*m*)
　s.**slice**(*n*, *len*)

文字列*s*の一部を*str*に置き換えます。なお、この*n*や*m*、*len*は文字単位です。

```
str = "abcde"
str[2, 1] = "C"
p str   #=> "abCde"
```

sliceメソッドも[]と同様に使えます。

```
p "abcde".slice(2, 3)   #=> "cde"
```

　文字のインデックスではなくバイト数で指定したい場合には、byteslice
メソッドを使います。

```
p "こんにちはRuby".byteslice(15, 4)   #=> "Ruby"（UTF-8の場合）
```

○ *s*.**slice!**(*n*)
　s.**slice!**(*n*..*m*)
　s.**slice!**(*n*, *len*)

文字列*s*の一部を削ります。削られた部分がメソッドの戻り値となります。

```
str = "Hello, Ruby."
p str.slice!(-1)    #=> "."
p str.slice!(5..6)  #=> ", "
p str.slice!(0, 5)  #=> "Hello"
p str               #=> "Ruby"
```

314

14.9 文字列と配列で共通するメソッド

14.9.2 Enumeratorオブジェクトを返すメソッド

文字列には行単位に繰り返しを行うeach_lineメソッド、バイト単位に繰り返しを行うeach_byteメソッド、文字単位に繰り返しを行うeach_charメソッドがあります。これらのメソッドは、ブロックを与えない場合にはEnumeratorオブジェクト（p.316）を返すので、これらを使って次のようにしてEnumerableモジュールのメソッドを利用できます。

```
# each_lineメソッドで取り出した行をcollectメソッドで処理する
str = "あ\nい\nう\n"
tmp = str.each_line.collect do |line|
  line.chomp * 3
end
p tmp  #=> ["あああ", "いいい", "ううう"]

# each_byteメソッドで取り出した数値をcollectメソッドで処理する
str = "abcde"
tmp = str.each_byte.collect do |byte|
  -byte
end
p tmp  #=> [-97, -98, -99, -100, -101]

# each_charメソッドで取り出した数値をcollectメソッドで処理する
str = "AとB"
tmp = str.each_char.collect do |char|
  "(#{char})"
end
p tmp  #=> ["(A)", "(と)", "(B)"]
```

315

Enumeratorクラス

　Enumerableモジュール（p.292）は便利ですが、各メソッドの中心になる、1つずつ要素を取り出すためのメソッドがeachメソッドに限定されているのがちょっと不便です。

　Stringオブジェクトには、each_byte、each_lineあるいはeach_charといった繰り返しのためのメソッドが用意されていますが、それぞれに対してeach_with_indexやcollectといった、Enumerableモジュールのメソッドが使えると便利です。そこで登場するのがEnumeratorクラスです。

　Enumeratorクラスは、each以外のメソッドを元にして、Enumerableモジュールのメソッドを利用する際に使われるクラスです。Enumeratorクラスを使えば、「String#each_lineメソッドをeachメソッドの代わりにしてEnumerableモジュールのメソッドが利用できるクラス」といったものが実現できます。

　さらに、組み込みクラスのほとんどのイテレータは、ブロックを与えられなければEnumeratorオブジェクトを返します。そのため、each_lineメソッドやeach_byteメソッドの結果に対してmapメソッドなどを続けて呼び出すことができるのです。

```
str = "AA\nBB\nCC\n"
p str.each_line.class    #=> Enumerator
p str.each_line.map {|line| line.chop}
    #=> ["AA", "BB", "CC"]
p str.each_byte.reject {|c| c == 0x0a}
    #=> [65, 65, 66, 66, 67, 67]
```

14.9 文字列と配列で共通するメソッド

●•• **14.9.3　連結や逆順に関するメソッド**

Enumerableモジュール関連やインデックス関連以外にも、配列と同様に使えるメソッドがあります。

○ *s*.**concat**(*s2*)
　　s+*s2*

concatメソッドと「+」は、配列と同様に、文字列をつなぎ合わせることができます。

```
s = "ようこそ"
s.concat("ゲストさん")
p s   #=> "ようこそゲストさん"
```

○ *s*.**delete**(*str*)
　　s.**delete!**(*str*)

文字列*s*から、該当する文字列*str*の部分を取り除きます。

```
s = "検/索/避/け"
p s.delete("/")   #=> "検索避け"
```

○ *s*.**reverse**
　　s.**reverse!**

文字列*s*を逆順に並べ替えます。

```
s = "こんばんわ"
p s.reverse   #=> "わんばんこ"
```

317

第14章 文字列(String)クラス

 その他のメソッド

○ *s*.**strip**
  s.**strip!**

文字列 *s* の先頭と末尾にある空白文字をはぎとるメソッドです。文字列の入力などを受け取る際に、先頭と末尾の空白は不必要な場合、このメソッドが便利です。

```
p " Thank you. ".strip   #=> "Thank you."
```

○ *s*.**upcase**
  s.**upcase!**
  s.**downcase**
  s.**downcase!**
  s.**swapcase**
  s.**swapcase!**
  s.**capitalize**
  s.**capitalize!**

ここでの「case」とは、アルファベットの大文字・小文字の意味です。〜caseメソッドは、大文字・小文字を変換するものです。

upcaseメソッドは、小文字の文字を大文字に置き換えます。大文字の文字はそのままです。

```
p "Object-Oriented Language".upcase
    #=> "OBJECT-ORIENTED LANGUAGE"
```

反対に、downcaseメソッドは、大文字の文字を小文字に置き換えます。

```
p "Object-Oriented Language".downcase
    #=> "object-oriented language"
```

14.10 その他のメソッド

　また、swapcaseメソッドは、大文字の文字を小文字に、小文字の文字を大文字に置き換えます。

```
p "Object-Oriented Language".swapcase
   #=> "oBJECT-oRIENTED lANGUAGE"
```

　capitalizeメソッドは、最初の文字を大文字に、以降の文字を小文字にします。

```
p "Object-Oriented Language".capitalize
   #=> "Object-oriented language"
```

○ s.tr
s.tr!

　もともとはUnixのtrコマンドに由来するメソッドで、文字を置き換えるために使います。

　gsubメソッドと似ているのですが、gsubと異なるのは、「s.tr("a-z", "A-Z")」というように、複数の文字について、どのように置き換えるかをまとめて指定できる点です。

```
p "あいうえお".tr("い", "イ")        #=> "あいうえお"
p "あいうえお".tr("いえ", "イエ")      #=> "あいうエお"
p "あいうえお".tr("あ-お", "ア-オ")    #=> "アイウエオ"
```

　正規表現などを使って置き換える文字を指定することはできません。あくまでも1つの文字を別の1文字に置き換えるだけです。

14.11 日本語文字コードの変換

文字コードを変換するには、encodeメソッドを使う方法と、nkfライブラリを使う方法があります。

14.11.1　encodeメソッド

Rubyでの文字コード変換の基本はencodeメソッドを使う方法です。文字コードがShift_JISの文字列をUTF-8に変換する場合は、次のようにします。

```
# encoding: Shift_JIS

sjis_str = "Shift_JISの文字列"
p sjis_str.encoding    #=> #<Encoding:Shift_JIS>
utf8_str = sjis_str.encode("utf-8")
p utf8_str.encoding    #=> #<Encoding:UTF-8>
```

また、破壊的なメソッドとして、encode!メソッドも用意されています。

```
# encoding: Shift_JIS

str = "Shift_JISの文字列"
str.encode!("utf-8")   # strはUTF-8になる
p str.encoding         #=> #<Encoding:UTF-8>
```

encodeメソッドで指定できる文字コードの一覧は、Encoding.name_listメソッド（p.417）で取得できます。

14.11.2　nkfライブラリ

単に文字コードを変換するだけならencodeメソッドで十分ですが、いわゆる半角カナを全角カナに変換するといった用途には使えません。そのような場合、nkfライブラリを使います。

nkfライブラリは、NKFモジュールを提供します。NKFモジュールは、もともとUnix用に作られたnkf（Network Kanji code conversion Filter）というフ

14.11 日本語文字コードの変換

ィルタコマンドをRubyから使えるようにしたものです。

NKFモジュールでは、文字コードなどの指定にコマンドラインオプションのような文字列を使います。

NKF.nkf (オプション文字列 ， 変換する文字列)

nkfメソッドの主なオプションを表14.5に示します。

表 14.5 nkfの主なオプション

オプション	意味
-d	改行文字からCRを削除する
-c	改行文字にCRを加える
-x	半角カナを全角カナに変換しない
-m0	MIMEの処理を抑制する
-h1	カタカナをひらがなにする
-h2	ひらがなをカタカナにする
-h3	ひらがなとカタカナを入れ替える
-Z0	JIS X 0208の数字をASCIIにする
-Z1	-Z0に加えて全角スペースを半角スペースにする
-Z2	-Z0に加えて全角スペースを半角スペース2個にする
-e	出力文字コードをEUC-JPとする
-s	出力文字コードをShift_JISとする
-j	出力文字コードをISO-2022-JPとする
-w	出力文字コードをUTF-8（BOMなし）とする
-E	入力文字コードをEUC-JPとする
-S	入力文字コードをShift_JISとする
-J	入力文字コードをISO-2022-JPとする
-W	入力文字コードをUTF-8（BOMなし）とする
-W16	入力文字コードをUTF-16（Big Endian ／ BOMなし）とする

半角カナから全角カナへの変換や、あるいは電子メールに特有の文字列処理によるトラブルを避けるため、単純に文字コードを変換することが目的の場合は-xと-m0（まとめて-xm0と書けます）を常に指定すべきです。

文字コードがShift_JISの文字列をUTF-8に変換する場合は、次のようにします。

```
# encoding: Shift_JIS
require "nkf"

sjis_str = "Shift_JISの文字列"
utf8_str = NKF.nkf("-S -w -xm0", sjis_str)
```

321

第14章　文字列（String）クラス

　入力文字コードの指定を明示的に行わない場合は、ライブラリが自動的に判別を行うため、たいていは次のように書くことができます。

```
# encoding: Shift_JIS
require "nkf"

sjis_str = "Shift_JISの文字列"
utf8_str = NKF.nkf("-w -xm0", sjis_str)
```

　NKFはRubyの文字列がエンコーディングをサポートする以前から提供されてきたライブラリです。オプションを指定する方法などに、どことなくクセがあるのは、nkfというまったく別のコマンドの機能をそのまま取り込んでいるためです。現在は日本語の文字に関する特殊な処理を除けば、encodeメソッドを使うのがよいでしょう。

column

文字列リテラルと freeze

　リテラルとして作られた文字列は、通常は凍結（freeze）されていない、変更可能なオブジェクトになります。

```
str = "Ruby"
p str.upcase! #=> "RUBY"
```

　これに対し、スクリプトの冒頭にマジックコメントとして frozen-string-literal: true という指定を加えると、そのスクリプト中のすべての文字列リテラルが凍結されます（List 14.1）。これは、文字列に Object#freeze メソッドを使うのと同じ状態になります。

List frozen_string.rb

```
# frozen-string-literal: true

str = "Ruby"
p str.upcase!
```

これを実行すると、次のようにエラーになります。

実行例

```
> ruby frozen_string.rb
Traceback (most recent call last):
        1: from frozen_string.rb:4:in `<main>'
frozen_string.rb:4:in `upcase!': can't modify frozen String
(FrozenError)
```

また、--enable=frozen-string-literalというオプションをつけると、マジックコメントがなくても、スクリプト内の文字列リテラルがすべて凍結されます。

実行例

```
> ruby --enable=frozen-string-literal -e '"Ruby".upcase!'
Traceback (most recent call last):
        1: from -e:1:in `<main>'
-e:1:in `upcase!': can't modify frozen String (FrozenError)
```

 rubyコマンドの-eオプションでコマンドラインに書いたプログラムを実行できます。

第14章　文字列（String）クラス

練習問題

（1） "Ruby is an object oriented programming language" という文字列があります。この文字列に含まれる各単語を要素とする配列を作ってください。

（2） （1）の配列をアルファベット順にソートしてください。

（3） （2）の配列を大文字と小文字の区別をせずにアルファベット順にソートしてください。

（4） （1）の文字列に含まれる文字とその数を次のような形式で表示させてください（空白文字が6つ、'R' が1つ、'a' が4つ、'b' が……という意味です）。

```
' ': ******
'R': *
'a': ****
'b': **
'c': *
  ⋮
```

（6） " 七千百二十三 " といった、漢数字による1〜9999の数の表現を、「7123」のような数値に変換するメソッド kan2num を定義してください。

※解答は、サポートページ（https://tanoshiiruby.github.io/6/answer/）で公開しています。

第15章

ハッシュ (Hash) クラス

15

この章では、ハッシュ (Hash) クラスについて詳しく説明します。

- **ハッシュの復習**
  ハッシュの使い方について、ざっと紹介します。
- **ハッシュの作り方**
  新しいハッシュを作る方法をいくつか紹介します。
- **キーや値を取り出す・設定する**
  キーや値を、1つずつではなく、まとめて取り出す方法も紹介します。
- **条件判断**
  キーや値があるかないかを調べるメソッドを紹介します。
- **大きさを調べる**
  ハッシュの大きさを調べるメソッドを紹介します。
- **初期化する**
  ハッシュの初期化方法を新しくハッシュを作った場合と比べてみます。
- **使い方の例**
  ハッシュの使用例として単語の数を数えるプログラムを紹介します。

15.1 ハッシュの復習

　ハッシュの復習をする前に、配列の使い方をもう一度復習しましょう。
　配列では、インデックスを利用して、そのインデックスに対応するデータを取り出したり、逆に与えたりすることができました。

第15章　ハッシュ（Hash）クラス

```
person = Array.new
person[0] = "田中一郎"
person[1] = "佐藤次郎"
person[2] = "木村三郎"
p person[1]   #=> "佐藤次郎"
```

　ハッシュは、配列と同様に、オブジェクトの集まりを表現するオブジェクトです。配列ではインデックスを用いて、各要素にアクセスしましたが、ハッシュでは「キー」を利用します。インデックスには数値しか使えませんでしたが、キーにはどんなオブジェクトでも利用できます。このキーを使って、データを取り出したり、データを与えたりします。

```
person = Hash.new
person["tanaka"] = "田中一郎"
person["satou"] = "佐藤次郎"
person["kimura"] = "木村三郎"
p person["satou"]   #=> "佐藤次郎"
```

　この例では、「tanaka」や「satou」という文字列がキーになっています。それに対応している値が「"田中一郎"」や「"佐藤次郎"」です。「[]」を使っているところは配列にそっくりです。

15.2 ハッシュの作り方

　配列と同様、ハッシュを作るのにもいくつかの方法があります。特に使われるのは、次に紹介する2つの方法です。

15.2.1　{ }を使う

　ハッシュのリテラルを使う方法です。

　{ キー => 値 }

というように、「キー」と「値」のペアを並べて指定します。ペアとペアの区切りには「,」を使います。

```
h1 = {"a"=>"b", "c"=>"d"}
p h1["a"]  #=> "b"
```

また、キーがシンボルの場合は、

{ キー ： 値 }

という書き方もできます。

```
h2 = {a: "b", c: "d"}
p h2  #=> {:a=>"b", :c=>"d"}
```

15.2.2 Hash.newを使う

Hash.newは新しくハッシュを作るためのメソッドです。引数を与えた場合、その値がハッシュのデフォルト値、つまり「登録されていないキーを指定したときに返す値」になります。引数がない場合、そのハッシュのデフォルト値はnilになります。

```
h1 = Hash.new
h2 = Hash.new("")
p h1["not_key"]  #=> nil
p h2["not_key"]  #=> ""
```

ハッシュのキーには、いろいろなクラスのオブジェクトを使うことができます。しかし、キーに使うオブジェクトには、次のクラスのオブジェクトを使うことをお勧めします。

- 文字列（String）
- 数値（Numeric）
- シンボル（Symbol）
- 日付（Date）

詳しくはコラム「キーに使うオブジェクトの注意点」（p.339）を参照してください。

327

15.3 値を取り出す・設定する

キーを与えて値を取り出したり、特定のキーに対応する値を設定するために、配列と同じように「[]」が使えます。

```
h = Hash.new
h["R"] = "Ruby"
p h["R"]   #=> "Ruby"
```

値の登録にはstoreメソッドを、値の取り出しにはfetchメソッドを使うこともできます。前掲の例と同じことをstoreメソッドとfetchメソッドで行うと、次のようになります。

```
h = Hash.new
h.store("R", "Ruby")
p h.fetch("R")   #=> "Ruby"
```

fetchメソッドは、キーが登録されていない場合には例外を発生させる点が「[]」とは異なります。

```
h = Hash.new
p h.fetch("N")   #=> エラー（KeyError）
```

第2引数を指定すれば、キーが登録されていないときに返す値として使用されます。

```
h = Hash.new
h.store("R", "Ruby")
p h.fetch("R", "(undef)")   #=> "Ruby"
p h.fetch("N", "(undef)")   #=> "(undef)"
```

また、fetchメソッドは引数としてブロックを使うことができます。この場合、ブロックを実行した結果得られる値が、キーが登録されていないときに返す値になります。

```
h = Hash.new
p h.fetch("N") {String.new}  #=> ""
```

15.3.1　キーや値をまとめて取り出す

ハッシュに登録されているキーや値を、まとめて取り出すこともできます。ハッシュの場合、「キー」と「値」が組み合わせとして登録されているので、どれを取り出すかによってメソッドを使い分けます。1つずつ取り出すメソッドもあれば、全体を配列として一度に取り出すメソッドもあります（表15.1）。

表 15.1　ハッシュからキーと値を取り出すメソッド

	配列として	イテレータで
キーを取り出す	keys	each_key {│**キー**│ ..... }
値を取り出す	values	each_value {│**値**│ ..... }
[キー，値]のペアを取り出す	to_a	each {│**キー，値**│ ..... } each {│**配列**│ ..... }

keys、valuesメソッドは、それぞれハッシュのキー、または値の配列を作ります。to_aメソッドは、キーと値を、

　　[キー，値]

という2要素の配列にして、さらにこの配列を要素として並べた配列を作って返します。

```
h = {"a"=>"b", "c"=>"d"}
p h.keys    #=> ["a", "c"]
p h.values  #=> ["b", "d"]
p h.to_a    #=> [["a", "b"], ["c", "d"]]
```

また、配列として返すのではなく、イテレータを使ってキーや値を取り出

第15章　ハッシュ（Hash）クラス

すこともできます。

each_keyメソッドやeach_valueメソッドを使えば、キーや値を1つずつ取り出して操作することができます。eachメソッドを使えば、**[キー ， 値]**という配列で一度に得られます。

イテレータを使った例は、「15.9　応用例：単語数を数える」（p.337）を参考にしてください。

なお、to_aメソッドで配列にしたり、eachメソッドで1つずつ取り出すときの要素の順番は、ハッシュにキーを登録した順番になります。

15.3.2　ハッシュのデフォルト値

ハッシュのデフォルト値、つまり「そのハッシュに登録されていないキーが指定されたときに返す値」について説明します。ハッシュから値を取り出す際に、登録されていないキーを指定してもエラーにはならず、何らかの値が返されます。このときに返される値を指定する方法は、3通りあります。

◯ 1. ハッシュの生成時にデフォルト値を指定する

Hash.newに引数を指定するとデフォルト値として使われます（デフォルト値のデフォルトはnilです）。

```
h = Hash.new(1)
h["a"] = 10
p h["a"]  #=> 10
p h["x"]  #=> 1
p h["y"]  #=> 1
```

この方法では、配列の初期化と同様に、すべてのキーに対するデフォルト値が共有されるという性質があります。

◯ 2. ハッシュのデフォルト値を生成するブロックを指定する

キーによって異なる値を返させたい場合や、すべてのキーに対する値が同じオブジェクトになることを避けたい場合には、Hash.newにブロックを指定します。

```
h = Hash.new do |hash, key|
  hash[key] = key.upcase
```

330

```
  end
  h["a"] = "b"
  p h["a"]   #=> "b"
  p h["x"]   #=> "X"
  p h["y"]   #=> "Y"
```

　ブロック変数hashとkeyは、生成されたハッシュと指定されたキーです。
この方法を使うと、デフォルト値が必要な場合にブロックが起動されます。
また、ハッシュに代入を行わなければ、同じキーを指定しても再びブロック
が起動されます。

○ 3. fetchメソッドで指定する

　最後は、先ほど紹介したfetchメソッドを使う方法です。Hash.newにデフ
ォルト値やブロックを指定していた場合でも、fetchメソッドの第2引数の
値が優先されます。

```
  h = Hash.new do |hash, key|
    hash[key] = key.upcase
  end
  p h.fetch("x", "(undef)")   #=> "(undef)"
```

15.4 あるオブジェクトをキーや値として持つか調べる

○ *h*.key?(*key*)
　h.has_key?(*key*)
　h.include?(*key*)
　h.member?(*key*)

　ハッシュが、あるオブジェクトをキーとして持っているかどうかを調べる
ためのメソッドです。4つありますが、動作と使い方は一緒です。どれか1つ
に統一してもよいでしょうし、使い方によっていくつかを使い分けてもよい
でしょう。

ハッシュhがキーkeyを持っているときにはtrueを、持っていないときにはfalseを返します。

```
h = {"a"=>"b", "c"=>"d"}
p h.key?("a")        #=> true
p h.has_key?("a")    #=> true
p h.include?("z")    #=> false
p h.member?("z")     #=> false
```

○ ***h.value?(*** *value* ***)***
　h.has_value?(*value* ***)***

あるオブジェクトを値として持っているかを調べるためのメソッドです。keys?、has_keys?メソッドのキー *key* の部分が値 *value* になっただけで、使い方は同じです。

ハッシュhが値 *value* を持っているときにはtrueを、持っていないときにはfalseを返します。

```
h = {"a"=>"b", "c"=>"d"}
p h.value?("b")       #=> true
p h.has_value?("z")   #=> false
```

 ## ハッシュの大きさを調べる

○ ***h.size***
　h.length

ハッシュの大きさ、つまり登録されているキーの数を調べるには、lengthメソッドまたはsizeメソッドを使います。

```
h = {"a"=>"b", "c"=>"d"}
p h.length  #=> 2
p h.size    #=> 2
```

○ *h*.**empty?**

大きさが 0、つまり何もキーが登録されていないかどうかを調べるには、empty? メソッドを使います。

```
h = {"a"=>"b", "c"=>"d"}
p h.empty?  #=> false
h2 = Hash.new
p h2.empty?  #=> true
```

15.6 キーと値を削除する

すでに登録されているキーと値のペアを取り除くことも、配列と同様にできます。

○ *h*.**delete(***key***)**

キーを指定して削除するには delete メソッドを使います。

```
h = {"R"=>"Ruby"}
p h["R"]  #=> "Ruby"
h.delete("R")
p h["R"]  #=> nil
```

また、delete メソッドは引数にブロックを取ることができます。ブロックを指定すると、キーが存在しなかった場合、ブロックの実行結果を返します。

```
h = {"R"=>"Ruby"}
p h.delete("P") {|key| "no #{key}."}  #=> "no P."
```

第15章　ハッシュ（Hash）クラス

○ **h.delete_if {|*key, val*| … }**
h.reject! {|*key, val*| … }

条件を与えて、その条件に当てはまるものだけ削除したい場合には、
delete_ifメソッドを使います。

```
h = {"R"=>"Ruby", "P"=>"Perl"}
p h.delete_if {|key, value| key == "P"}  #=> {"R"=>"Ruby"}
```

また、reject!メソッドも、delete_ifメソッドと同じように使えますが、
削除の条件に当てはまるものがなかったときの戻り値が異なります。

delete_ifメソッドでは元のハッシュを返す一方、reject!メソッドは
nilを返します。

```
h = {"R"=>"Ruby", "P"=>"Perl"}
p h.delete_if {|key, value| key == "L"}
    #=> {"R"=>"Ruby", "P"=>"Perl"}
p h.reject! {|key, value| key == "L"}  #=> nil
```

15.7 ハッシュを初期化する

○ **h.clear**

一度使ったハッシュを空にするには、clearメソッドを使います。

```
h = {"a"=>"b", "c"=>"d"}
h.clear
p h.size  #=> 0
```

これは、

334

```
h = Hash.new
```

と、もう一度新しいハッシュを作り、代入するのに似ています。実際、hを利用するところが1カ所だけなら、どちらを使っても同じ結果になります。

しかし、hのハッシュを別の変数が参照している場合、結果が異なります。次の2つの例を見て、結果を比べてみてください（図15.1）。

【例1】
```
h = {"k1"=>"v1"}
g = h
h.clear
p g   #=> {}
```

【例2】
```
h = {"k1"=>"v1"}
g = h
h = Hash.new
p g   #=> {"k1"=>"v1"}
```

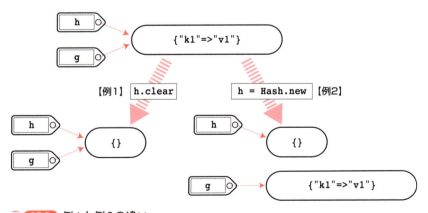

図 15.1 例1と例2の違い

第15章　ハッシュ（Hash）クラス

　例1では、h.clearによってhが参照しているハッシュそのものをクリア
しています。そのため、gが参照しているハッシュも、クリアされたハッシュ
になります。gとhは同じハッシュを参照しているままです。

　一方、**例2**では、hに新しいオブジェクトを代入しています。そのため、gが
参照しているハッシュは、そのままの形で残ります。つまり、gとhが参照し
ているハッシュは別のものになります。

　メソッドは、変数に対してではなく、変数が参照しているオブジェクトに
対して操作を行うことに注意してください。

15.7.1　2つのキーがあるハッシュを扱う

　ハッシュの値がハッシュになっている、いわゆる「ハッシュのハッシュ」も、
配列での「配列の配列」と同じように使うことができます。

```
table = {"A"=>{"a"=>"x", "b"=>"y"},
         "B"=>{"a"=>"v", "b"=>"w"} }
p table["A"]["a"]  #=> "x"
p table["B"]["a"]  #=> "v"
```

　この例では、tableというハッシュの値が、さらにハッシュになっていま
す。そのため、["A"]["a"]というように、2つのキーを並べて、値を取り出せ
ています。

15.8　2つのハッシュを合わせる

　2つのハッシュを組み合わせて新しいハッシュを作るには、Hash#mergeを
使います。

```
p ({"a"=>"x"}.merge({"b"=>"y"}))  #=> {"a"=>"x", "b"=>"y"}
```

　Hash#merge!はHash#mergeを破壊的にしたメソッドで、レシーバになる
ハッシュを更新します。Hash#merge!の別名としてHash#updateも同じよ
うに使えます。

336

15.9 応用例：単語数を数える

　ハッシュを使うと簡単にプログラミングできる例を挙げます。List 15.1は、1つのテキストファイルに現れる単語を集計し、出現回数順に表示するプログラムです。順番に見ていきましょう。

List 15.1 word_count.rb

```
 1: # 単語数のカウント
 2: counts = Hash.new(0)
 3:
 4: # 単語の集計
 5: File.open(ARGV[0]) do |f|
 6:   f.each_line do |line|
 7:     words = line.split
 8:     words.each do |word|
 9:       counts[word] += 1
10:     end
11:   end
12: end
13:
14: # 結果のソート
15: sorted = counts.sort_by {|c| c[1] }
16:
17: # 結果の出力
18: sorted.each do |word, count|
19:   puts "#{word}: #{count}"
20: end
```

　まず、2行目で出現回数を記録するハッシュcountsを作ります。countsは、キーが単語、値がその単語が出現した回数を表します。キーがない場合、出現回数が0回なので、値が0になるようにデフォルト値を設定しておきます。

　6行目から11行目までの繰り返しでは、指定されたファイルを読み込んで、それを単語単位に分割し、それぞれの単語ごとに集計します。

　6行目のeach_lineメソッドで入力を読み込み、変数lineに代入します。

337

第15章　ハッシュ（Hash）クラス

続く7行目では、変数lineをsplitメソッドで分割し、単語単位の配列にして、変数wordsに代入します。

8行目からの繰り返しでは、このwordsに対して、eachメソッドを使って登録されている単語を1つずつ取り出します。そして、それぞれの単語をキーにして、countsから出現回数を取り出し、+1します。このHashオブジェクトにはデフォルト値を指定してあるので、初出の単語であっても0を取り出すことができるのです。

15行目で出現回数順に単語をソートして、18行目からの繰り返しで結果を出力します。

ここでのポイントは整列の際に「c[1]」というように配列の2番目の要素を使っていることです。Hashをイテレータで処理すると、各要素がキーと値の配列として取り出されるため、この場合の配列は、

　　[単語 ， 出現回数]

という形になっています。つまり、c[0]で単語、c[1]で出現回数を示すことになります。そこで、sort_byメソッドでc[1]を比較すれば、出現回数順に並べ替えられるというわけです。

18行目のeachメソッドでは、並べ替えが終わったハッシュを、さらに1つずつ取り出します。そして、18行目で単語と出現回数を出力するわけです。では、実際にこのプログラムを使ってみましょう。Rubyに同梱されているファイルREADME.mdの単語の出現数を調べてみます。

実行例

```
> ruby word_count.rb README.md
#: 1
What's: 1
interpreted: 1
scripting: 1
      :
Ruby: 11
of: 11
you: 11
and: 14
to: 26
*: 26
the: 27
```

338

15.9 応用例：単語数を数える

　これによると、一番多い単語は「the」で、27回出現していることがわかります。

Column

キーに使うオブジェクトの注意点

　数値や自分で作ったクラスなどのオブジェクトをハッシュのキーに使うときの注意点を挙げておきます。さっそくですが、試しに、数値をキーにしたハッシュを作ってみます。

```
h = Hash.new
n1 = 1
n2 = 1.0
p n1 == n2        #=> true
h[n1] = "exists."
p h[n1]           #=> "exists."
p h[n2]           #=> nil
```

　n1をキーとして格納した値はn1を使って取り出すことができますが、値としてはn1と同一であるはずのn2を指定しても取り出すことができません。n2をキーにした場合、キーをうまく見つけることができないため、デフォルト値であるnilが返ってきてしまいます。

　ハッシュの内部では、ハッシュから値を取り出すときに指定するキーを、ハッシュに値を格納したときに指定したキーと比較して、一致しているかどうかで判定します。このとき、キー同士が一致するかどうかの判断はキー自身の挙動によって決まります。具体的には2つのキー、key1とkey2について、key1.hashとkey2.hashが同じ正数値を返し、key1.eql?(key2)がtrueになる場合に2つのキーが一致したと見なされます。

　例のように、「==」で比較した場合には同一となる場合でも、IntegerとFloatという異なるクラスに属するオブジェクトの場合には「同じキー」とは判断できないようになっているので、期待とは違う結果になってしまうというわけです。

339

第15章　ハッシュ（Hash）クラス

練習問題

（1）　曜日を表す英語と日本語との対応を表すハッシュ wday を定義してください。

```
p wday[:sunday]    #=> "日曜日"
p wday[:monday]    #=> "月曜日"
p wday[:saturday]  #=> "土曜日"
```

（2）　ハッシュのメソッドを使って、（1）のハッシュ wday のペアの数を数えてください。

（3）　each メソッドと（1）のハッシュ wday を使って、

「sunday」は日曜日のことです。
「monday」は月曜日のことです。

という文字列を出力させてください。

（4）　ハッシュには、配列の %w のようなものがありません。そこで、空白とタブと改行（正規表現で定義するなら「/\s+/」）で区切られた文字列をハッシュに変換するメソッド str2hash を定義してください。

```
p str2hash("bule 青 white 白\nred 赤");
    #=> {"blue"=>"青", "white"=>"白", "red"=>"赤"}
```

※解答は、サポートページ（https://tanoshiiruby.github.io/6/answer/）で公開しています。

340

第16章
正規表現（Regexp）クラス

Rubyは「すべてがオブジェクト」というプログラミング言語なので、正規表現もオブジェクトになっています。この正規表現オブジェクトが所属するクラスが、Regexpクラスです。

- **正規表現の書き方と使い方**
  正規表現についての概説です。
- **正規表現のパターンとマッチング**
  正規表現に使われるメタ文字と、それを使ったマッチングの実際について説明します。
- **メタ文字をエスケープする**
  正規表現のメタ文字そのものにマッチさせる方法を説明します。
- **正規表現のオプション**
  正規表現で設定できるいくつかのオプションについて説明します。
- **キャプチャ**
  正規表現のマッチングのもう1つの役割、キャプチャについて説明します。
- **正規表現を使うメソッド**
  引数に正規表現を使うメソッドについて説明します。
- **正規表現の例**
  正規表現の例として、URLにマッチする正規表現を紹介します。

第16章　正規表現（Regexp）クラス

16.1　正規表現について

ここでは、正規表現について、概要と作り方を紹介します。

16.1.1　正規表現の書き方と使い方

「2.3　正規表現」（p.59）でも述べたように、正規表現とは「文字列」とマッチングを行う「パターン」の記法のことです。正規表現で書かれたパターンを保持するオブジェクト（Regexpクラスのオブジェクト）は「正規表現オブジェクト」あるいは単に「正規表現」と呼びます。

これまでは単純な文字によるパターンしか使いませんでしたが、もっと複雑なパターン、たとえば「1文字目はAからDまでのアルファベットのうちのどれか、2文字目以降は数字が続くパターン」といったものも簡単に書けます（このパターンは、「/[A-D]\d+/」となります）。

とはいえ、何でも書けるわけではありません。たとえば、「なんとなくRubyに似た字面の文字列」というような漠然としたパターンを作ることはできません。「Rから始まってyで終わる、4文字の文字列」といったように、具体的に指定する必要があります（このパターンは「/R..y/」となります）。

このように、正規表現を使いこなせるようになるには、正規表現のパターンの書き方を理解する必要があります。そこでこの章では、具体的な正規表現の使い方を学ぶ前に、さまざまなパターンの書き方について説明します。そのあとで、Rubyでの正規表現の使い方を説明します。

16.1.2　正規表現オブジェクトの作り方

正規表現を作るためには、正規表現として扱いたいパターンを表した文字列を、「//」で囲ってやります。直接プログラム中にパターンとして記述するには、これが一番てっとり早いでしょう。

これとは別に、クラスメソッドからオブジェクトを作る方法「Regexp.new(*str*)」を使うこともできます。先に文字列オブジェクト*str*があって、その文字列をもとに正規表現を作る場合などは、こちらの方法がよいでしょう。

```
re = Regexp.new("Ruby")
```

また、配列や文字列オブジェクトの場合と同様、%を使った特殊な表記で作る方法もあります。正規表現の場合は「%r」を使います。これは、正規表現中に「/」の文字を使いたい場合に便利です。構文の例を次に示します。

```
%r(パターン)
%r<パターン>
%r|パターン|
%r{パターン}
```

16.2 正規表現のパターンとマッチング

正規表現の作り方を覚えたところで、いよいよマッチングの説明に入りましょう。正規表現には、「=~」というメソッドがあります。これは、正規表現と文字列がマッチするかどうかを調べるためのメソッドで、

正規表現 =~ 文字列

という形で使います。マッチしない場合にはnilを、マッチする場合には、文字列の中で、そのマッチする文字列が始まる文字の位置を返します。

「第5章 条件判断」で説明したように、nilとfalseが偽、それ以外が真、と解釈されるので、マッチしたかどうかで処理を変えるには、次のように書きます。

```
if 正規表現 =~ 文字列
    マッチした場合の処理
else
    マッチしなかった場合の処理
end
```

真と偽が逆になる「!~」というメソッドもあります。

16.2.1 通常の文字によるマッチング

まず、簡単なパターンとのマッチングから行います（表16.1）。正規表現によるパターンが英数字のみで書かれている場合、単純に文字列の中にその文字が含まれているかどうかでマッチする・しないを判断します（以降の表では、マッチしている部分を▶このように◀表現します）。

第16章　正規表現（Regexp）クラス

表 16.1 通常の文字を使った例

パターン	文字列	マッチする部分
/ABC/	"ABC"	" ▶ ABC ◀ "
/ABC/	"ABCDEF"	" ▶ ABC ◀ DEF"
/ABC/	"123ABC"	"123 ▶ ABC ◀ "
/ABC/	"A1B2C3"	（マッチしない）
/ABC/	"AB"	（マッチしない）
/ABC/	"abc"	（マッチしない）

16.2.2　行頭と行末とのマッチング

先ほどの例のように、/ABC/というパターンは、ABCを含む文字列ならどんな文字列でもマッチします。では、「ABC」という文字列そのものだけにマッチする、つまり「"ABC"」という文字列にはマッチしても、「"012ABC"」や「"ABCDEF"」にはマッチしないようなパターンを書くにはどうすればよいでしょうか？　これには、「/^ABC$/」というパターンを使います。

「^」や「$」という文字は、特殊な意味を持つ文字です。「^」や「$」という文字とマッチするものではありません。このような特殊な文字を、**メタ文字**といいます。「^」「$」以外のメタ文字については、あとの節で順に紹介します。

「^」は「行頭とマッチするパターン」、「$」は「行末とマッチするパターン」を表します（表16.2）。つまり、「/^ABC/」というパターンは、行の先頭から「ABC」という文字が続く文字列にマッチし、また「/ABC$/」というパターンは、行の末尾が「ABC」で終わる文字列にマッチします。

表 16.2 「^」と「$」を使った例

パターン	文字列	マッチする部分
/^ABC$/	"ABC"	" ▶ ABC ◀ "
/^ABC$/	"ABCDEF"	（マッチしない）
/^ABC$/	"123ABC"	（マッチしない）
/^ABC/	"ABC"	" ▶ ABC ◀ "
/^ABC/	"ABCDEF"	" ▶ ABC ◀ DEF"
/^ABC/	"123ABC"	（マッチしない）
/ABC$/	"ABC"	" ▶ ABC ◀ "
/ABC$/	"ABCDEF"	（マッチしない）
/ABC$/	"123ABC"	"123 ▶ ABC ◀ "

行頭や行末は文字ではないので、「行頭にマッチする」という表現には少し違和感を覚えるかもしれませんが、たびたび使われるので慣れてください。

344

16.2 正規表現のパターンとマッチング

Column

行頭と行末

「^」と「$」がマッチするものは、「行頭」「行末」であって、「文字列の先頭」や「文字列の末尾」ではありません。文字列の先頭にマッチするメタ文字は「\A」、文字列の末尾にマッチするメタ文字は「\z」です。

これはどう異なるのでしょうか？　Rubyの文字列、すなわちStringオブジェクトでは、「行」というのは改行文字(\n)で区切られた文字列にあたります。そのため、「/^ABC/」というパターンは、「"012\nABC"」という文字列にもマッチします。これはつまり、

```
012
ABC
```

という、2行にわたる文字列に対しても、2行目の「ABC」が行の先頭から始まっているためにマッチする、ということです。

なぜ行頭・行末と、文字列の先頭・末尾が別々に用意されているのでしょうか？　これには歴史的な理由があります。

もともと、正規表現は、行ごとに分かれた文字列にマッチさせるものであって、複数の行にまたがった文字列にマッチさせることがありませんでした。そのため、「行」と「文字列」を同じものとして考えることができたのです。

しかし、正規表現が広く使われるようになると、複数行の文字列にもマッチさせたい、という要求が出てきました。しかし、その場合に^と$を文字列の先頭・末尾にマッチさせることにすると混乱してしまいます。そのため、文字列の先頭・末尾にマッチさせるためのメタ文字が、別に発明されたのでした。

なお、「\z」に似た表現として「\Z」がありますが、こちらは挙動が異なります。「\Z」も文字列の末尾にマッチするメタ文字ですが、「文字列の末尾の文字が改行文字の場合、改行の前にもマッチする」という特徴があります。

```
p "abc\n".gsub(/\z/, "!")  #=> "abc\n!"
p "abc\n".gsub(/\Z/, "!")  #=> "abc!\n!"
```

通常は「\Z」を使う必要はないと思われます。「\z」を使いましょう。

16.2.3 マッチさせたい文字を範囲で指定する

「ABCの3つの文字のうちのどれか1文字」というような条件を指定したいことがあります。このように、いくつかの文字のうち、その1つを指定したい場合には、「[ ]」で囲みます。

- **[AB]**　　……AまたはB
- **[ABC]**　　……AまたはBまたはC
- **[CBA]**　　……上と同じ（[ ]の中の順番は関係ありません）
- **[012ABC]**　……0、1、2、A、B、Cのどれかの文字

でも、このような書き方で「AからZまでのすべてのアルファベット」といったような文字を指定するのは大変です。そのため、このようなひとかたまりの文字の範囲を指定するための書き方として、「[ ]」の中では「-」という文字を使えます。

- **[A-Z]**　　……AからZまでの、アルファベットの大文字全部
- **[a-z]**　　……aからzまでの、アルファベットの小文字全部
- **[0-9]**　　……0から9までの、数字全部
- **[A-Za-z]**　……AからZまでと、aからzまでのアルファベット全部
- **[A-Za-z_]**　……アルファベット全部と「_」

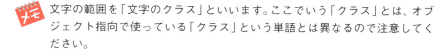
文字の範囲を「文字のクラス」といいます。ここでいう「クラス」とは、オブジェクト指向で使っている「クラス」という単語とは異なるので注意してください。

「-」は、「[ ]」の中の最初か最後の文字として使うと、単なる「-」の文字になります。逆にいえば、文字のクラスを意味する「-」ではなく、単なる文字としての「-」を表したいときは、最初か最後に書かなければなりません。

- **[A-Za-z0-9_-]**　　……アルファベットと数字全部と「_」と「-」

また、「[ ]」の中で先頭文字として「^」を使うと、「そこで指定されたもの以外の文字」を表します。

- **[^ABC]**　　……A、B、C以外の文字
- **[^a-zA-Z]**……aからzとAからZ（アルファベット）以外の文字

16.2 正規表現のパターンとマッチング

　実際にマッチングを行った場合の結果です（表16.3）。1つのパターンの中で、複数の「[]」を使うこともできます（表16.4）。

表 16.3 「[]」を使った例

パターン	文字列	マッチする部分
/[ABC]/	"B"	" ▶ B ◀ "
/[ABC]/	"BCD"	" ▶ B ◀ CD"
/[ABC]/	"123"	（マッチしない）
/a[ABC]c/	"aBc"	" ▶ aBc ◀ "
/a[ABC]c/	"1aBcDe"	"1 ▶ aBc ◀ De"
/a[ABC]c/	"abc"	（マッチしない）
/[^ABC]/	"1"	" ▶ 1 ◀ "
/[^ABC]/	"A"	（マッチしない）
/a[^A-B]c/	"aBcabc"	"aBc ▶ abc ◀ "

表 16.4 「[]」を複数使った例

パターン	文字列	マッチする部分
/[ABC][AB]/	"AB"	" ▶ AB ◀ "
/[ABC][AB]/	"AA"	" ▶ AA ◀ "
/[ABC][AB]/	"CA"	" ▶ CA ◀ "
/[ABC][AB]/	"CCCCA"	"CCC ▶ CA ◀ "
/[ABC][AB]/	"xCBx"	"x ▶ CB ◀ x"
/[ABC][AB]/	"CC"	（マッチしない）
/[ABC][AB]/	"CxAx"	（マッチしない）
/[ABC][AB]/	"C"	（マッチしない）
/[0-9][A-Z]/	"0A"	" ▶ 0A ◀ "
/[0-9][A-Z]/	"000AAA"	"00 ▶ 0A ◀ AA"
/[^A-Z][A-Z]/	"1A2B3C"	" ▶ 1A ◀ 2B3C"
/[^0-9][^A-Z]/	"1A2B3C"	"1 ▶ A2 ◀ B3C"

> **メモ** Unicode文字プロパティという文字の属性を使った文字クラス指定もあります。たとえば、ひらがな全部、カタカナ全部、漢字全部にマッチするパターンは、それぞれ \p{Hiragana}、\p{Katakana}、\p{Han} になります。

16.2.4　任意の文字とのマッチング

　さらに、「どんな文字でもいいから1文字にマッチする」というパターンを作りたいことがあります。そのような場合には、「.」（ピリオド、ドット）というメタ文字を使います。

第16章　正規表現（Regexp）クラス

- **.** …… 任意の1文字とマッチ

実際にマッチさせると、表16.5のようになります。

表 16.5 「.」を使った例

パターン	文字列	マッチする部分
/A.C/	"ABC"	" ▶ ABC ◀ "
/A.C/	"AxC"	" ▶ AxC ◀ "
/A.C/	"012A3C456"	"012 ▶ A3C ◀ 456"
/A.C/	"AC"	（マッチしない）
/A.C/	"ABBC"	（マッチしない）
/A.C/	"abc"	（マッチしない）
/aaa.../	"00aaabcde"	"00 ▶ aaabcd ◀ e"
/aaa.../	"aaabb"	（マッチしない）

ところで、「任意の文字にマッチできる文字なんて、いったい何に使うんだろう？」と思われる方もいるかもしれません。確かに何にでもマッチするなら、わざわざ指定してもうれしいことがなさそうです。

このメタ文字は、次のような場合に使われます。

- **文字数を指定したいときに利用する**
  /^...$/ というパターンは、3文字の行にマッチします。
- **あとで説明する「*」というメタ文字と組み合わせて利用する**
  これは、「16.2.6　繰り返し」（p.350）で説明します。

16.2.5　バックスラッシュを使ったパターン

文字列の場合と同様に、改行や空白といった文字を表す特殊なパターンを「\」＋「アルファベット1文字」で表現することができます。

○ \s

空白文字を表します。空白（0x20）、タブ、改行文字、改ページ文字とマッチします（表16.6）。

表 16.6 「\s」を使った例

パターン	文字列	マッチする部分
/ABC\sDEF/	"ABC DEF"	" ▶ ABC DEF ◀ "
/ABC\sDEF/	"ABC\tDEF"	" ▶ ABC\tDEF ◀ "
/ABC\sDEF/	"ABCDEF"	（マッチしない）

348

16.2 正規表現のパターンとマッチング

○ \d
0から9までの数字とマッチします（表16.7）。

表 16.7 「\d」を使った例

パターン	文字列	マッチする部分
/\d\d\d-\d\d\d\d/	"012-3456"	" ▶012-3456◀ "
/\d\d\d-\d\d\d\d/	"01234-012345"	"01▶234-0123◀45"
/\d\d\d-\d\d\d\d/	"ABC-DEFG"	（マッチしない）
/\d\d\d-\d\d\d\d/	"012-21"	（マッチしない）

○ \w
英数字にマッチします（表16.8）。

表 16.8 「\w」を使った例

パターン	文字列	マッチする部分
/\w\w\w/	"ABC"	" ▶ABC◀ "
/\w\w\w/	"abc"	" ▶abc◀ "
/\w\w\w/	"012"	" ▶012◀ "
/\w\w\w/	"AB C"	（マッチしない）
/\w\w\w/	"AB\nC"	（マッチしない）

○ \A
文字列の先頭にマッチします（表16.9）。

表 16.9 「\A」を使った例

パターン	文字列	マッチする部分
/\AABC/	"ABC"	" ▶ABC◀ "
/\AABC/	"ABCDEF"	" ▶ABC◀DEF"
/\AABC/	"012ABC"	（マッチしない）
/\AABC/	"012\nABC"	（マッチしない）

○ \z
文字列の末尾にマッチします（表16.10）。

第16章　正規表現（Regexp）クラス

表 16.10「\z」を使った例

パターン	文字列	マッチする部分
/ABC\z/	"ABC"	"▶ABC◀"
/ABC\z/	"012ABC"	"012▶ABC◀"
/ABC\z/	"ABCDEF"	（マッチしない）
/ABC\z/	"012\nABC"	"012\n▶ABC◀"
/ABC\z/	"ABC\nDEF"	（マッチしない）

○ メタ文字を文字として扱う

また、「\」のあとに「^」や「$」「[」などの英数字以外のメタ文字を書くことで、その文字はメタ文字としての機能ではなく、その文字そのものとしてマッチできるようになります（表16.11）。

表 16.11「\」を使った例

パターン	文字列	マッチする部分
/ABC\[/	"ABC["	"▶ABC[◀"
/\^ABC/	"ABC"	（マッチしない）
/\^ABC/	"012^ABC"	"012▶^ABC◀"

16.2.6　繰り返し

同じ文字や単語の繰り返しにマッチさせたいことがあります。たとえば、「"Subject:"という文字列のあとに、いくつか空白があって、その後ろに文字列が並んでいる行にマッチさせる」というような場合です（これは、電子メールの件名（サブジェクト）にマッチさせるためのパターンです）。

繰り返しのパターンを表すために、次のメタ文字が用意されています。

- `*`　　……0回以上の繰り返し
- `+`　　……1回以上の繰り返し
- `?`　　……0回または1回の繰り返し
- `{n}`　……n回の繰り返し
- `{n,m}`……n〜m回の繰り返し

まず、「0回以上の繰り返し」を表す「`*`」について見てみましょう（表16.12）。これは、その前の文字が0個以上、つまり、「1個以上ある場合」にも、「1個もない場合」にもマッチするパターンです。

350

16.2 正規表現のパターンとマッチング

表 16.12 「*」を使った例

パターン	文字列	マッチする部分
/A*/	"A"	" ▶ A ◀ "
/A*/	"AAAAAA"	" ▶ AAAAAA ◀ "
/A*/	""	" ▶ ◀ "
/A*/	"BBB"	" ▶ ◀ BBB"
/A*C/	"AAAC"	" ▶ AAAC ◀ "
/A*C/	"BC"	"B ▶ C ◀ "
/A*C/	"AAAB"	（マッチしない）
/AAA*C/	"AAC"	" ▶ AAC ◀ "
/AAA*C/	"AC"	（マッチしない）
/A.*C/	"AB012C"	" ▶ AB012C ◀ "
/A.*C/	"AB CD"	" ▶ AB C ◀ D"
/A.*C/	"ACDE"	" ▶ AC ◀ DE"

「*」を使うと、電子メールの件名のパターンは、表16.13のように書けます。

表 16.13 「*」を使った例（その2）

パターン	文字列	マッチする部分
/^Subject:\s*.*$/	"Subject: foo"	" ▶ Subject: foo ◀ "
/^Subject:\s*.*$/	"Subject: Re: foo"	" ▶ Subject: Re: foo ◀ "
/^Subject:\s*.*$/	"Subject:Re^2 foo"	" ▶ Subject:Re^2 foo ◀ "
/^Subject:\s*.*$/	"in Subject:Re foo"	（マッチしない）

これに対し、「+」は、「その前の文字が1個以上ある場合」にのみマッチします（表16.14）。

表 16.14 「+」を使った例

パターン	文字列	マッチする部分
/A+/	"A"	" ▶ A ◀ "
/A+/	"AAAAAA"	" ▶ AAAAAA ◀ "
/A+/	""	（マッチしない）
/A+/	"BBB"	（マッチしない）
/A+C/	"AAAC"	" ▶ AAAC ◀ "
/A+C/	"BC"	（マッチしない）
/A+C/	"AAAB"	（マッチしない）
/AAA+C/	"AAC"	（マッチしない）
/AAA+C/	"AC"	（マッチしない）
/A.+C/	"AB012C"	" ▶ AB012C ◀ "
/A.+C/	"AB CD"	" ▶ AB C ◀ D"
/A.+C/	"ACDE"	（マッチしない）

第16章　正規表現（Regexp）クラス

「?」は、「その前の文字が0個か、1個ある場合」にのみマッチします（表16.15）。

表 16.15 「?」を使った例

パターン	文字列	マッチする部分
/AAA?C/	"AAAC"	" ▶ AAAC ◀ "
/AAA?C/	"AAC"	" ▶ AAC ◀ "
/AAA?C/	"AC"	（マッチしない）
/A.?C/	"ACDE"	" ▶ AC ◀ DE "
/A.?C/	"ABCDE"	" ▶ ABC ◀ DE "
/A.?C/	"AB012C"	（マッチしない）
/A.?C/	"AB CD"	（マッチしない）

さらに細かい回数を指定するには、正規表現の中で{}を使います。ちょうど3回繰り返すなら{3}、3回以上なら{3,}、3回以下なら{,3}、3回から5回までなら{3,5}と書きます。

表 16.16 「{ }」を使った例

パターン	文字列	マッチする部分
/^A{3}$/	"A"	（マッチしない）
/^A{3}/	"AAAAA"	" ▶ AAA ◀ AA"
/^A{3,}$/	"AAAAA"	" ▶ AAAAA ◀ "
/^A{,3}$/	"A"	" ▶ A ◀ "
/^A{,3}/	"AAAAA"	" ▶ AAA ◀ AA"
/^A{3,5}$/	"AAA"	" ▶ AAA ◀ "
/^A{3,5}$/	"AAAAA"	" ▶ AAAAA ◀ "
/^A{3,5}/	"AAAAAA"	" ▶ AAAAA ◀ A"

16.2.7　最短マッチ

0回以上の繰り返しを表す「*」と1回以上の繰り返しを表す「+」は、可能な限り長い部分にマッチします。逆に、マッチする可能性のある部分のうち一番短い部分にマッチさせる場合は、次のメタ文字を使います。

- ***?**……0回以上の繰り返しのうち最短の部分
- **+?**……1回以上の繰り返しのうち最短の部分

「?」のつかない「*」や「+」との違いを比べてください（表16.17）。

352

16.2 正規表現のパターンとマッチング

表 **16.17** 「*」と「+」と「*?」と「+?」を使った例

パターン	文字列	マッチする部分
A.*B	"ABCDABCDABCD"	▶ ABCDABCDAB ◀ CD
A.*C	"ABCDABCDABCD"	▶ ABCDABCDABC ◀ D
A.*?B	"ABCDABCDABCD"	▶ AB ◀ CDABCDABCD
A.*?C	"ABCDABCDABCD"	▶ ABC ◀ DABCDABCD
A.+B	"ABCDABCDABCD"	▶ ABCDABCDAB ◀ CD
A.+C	"ABCDABCDABCD"	▶ ABCDABCDABC ◀ D
A.+?B	"ABCDABCDABCD"	▶ ABCDAB ◀ CDABCD
A.+?C	"ABCDABCDABCD"	▶ ABC ◀ DABCDABCD

16.2.8 「()」と繰り返し

先ほどの例は1文字単位での繰り返しでしたが、「()」を使うと、複数の文字列の繰り返しを表現できるようになります（表16.18）。

表 **16.18** 「()」を使った例

パターン	文字列	マッチする部分
/^(ABC)*$/	"ABC"	" ▶ ABC ◀ "
/^(ABC)*$/	""	" ▶◀ "
/^(ABC)*$/	"ABCABC"	" ▶ ABCABC ◀ "
/^(ABC)*$/	"ABCABCAB"	（マッチしない）
/^(ABC)+$/	"ABC"	" ▶ ABC ◀ "
/^(ABC)+$/	""	（マッチしない）
/^(ABC)+$/	"ABCABC"	" ▶ ABCABC ◀ "
/^(ABC)+$/	"ABCABCAB"	（マッチしない）
/^(ABC)?$/	"ABC"	" ▶ ABC ◀ "
/^(ABC)?$/	""	" ▶◀ "
/^(ABC)?$/	"ABCABC"	（マッチしない）
/^(ABC)?$/	"ABCABCAB"	（マッチしない）

16.2.9 選択

「|」を使って、いくつかの候補の中からどれか1つに当てはまるものにマッチする、というパターンを書くこともできます（表16.19）。

353

第16章　正規表現（Regexp）クラス

表 16.19 「｜」を使った例

パターン	文字列	マッチする部分
/^(ABC｜DEF)$/	"ABC"	"▶ABC◀"
/^(ABC｜DEF)$/	"DEF"	"▶DEF◀"
/^(ABC｜DEF)$/	"AB"	（マッチしない）
/^(ABC｜DEF)$/	"ABCDEF"	（マッチしない）
/^(AB｜CD)+$/	"ABCD"	"▶ABCD◀"
/^(AB｜CD)+$/	""	（マッチしない）
/^(AB｜CD)+$/	"ABCABC"	（マッチしない）
/^(AB｜CD)+$/	"ABCABCAB"	（マッチしない）

16.3 メタ文字をエスケープする

　ファイルなどの入力からパターンを受け取って正規表現オブジェクトを作る場合には、Regexp.newメソッドを使います。しかし、入力に含まれる文字をその文字そのものにマッチさせたい（例えば「*」を「*」そのものにマッチさせたい）ときは個別にメタ文字をエスケープしなければいけません。このような場合は、Regexp.escapeメソッドまたはRegexp.quoteメソッドを使います。これらのメソッドは正規表現のメタ文字をエスケープした文字列を返すので、これをRegexp.newメソッドの引数として正規表現オブジェクトを作成します。

```
pattern = "a[0]=1+2*3"
regexp1 = Regexp.new(pattern)
regexp2 = Regexp.new(Regexp.escape(pattern))
p regexp1   #=> /a[0]=1+2*3/
p regexp2   #=> /a\[0\]=1\+2\*3/
p (regexp1 =~ "a[0]=1+2*3")   #=> nil
p (regexp2 =~ "a[0]=1+2*3")   #=> 0
```

16.4 正規表現のオプション

正規表現にはオプションがあります。オプションは、正規表現オブジェクトの挙動を少し変化させるために使います。

正規表現のオプションを設定するには、「/…/」という書式の後ろの「/」に続けて、「/…/im」といったように指定します。この「i」や「m」というのがオプションです。

オプションの種類には、次のようなものがあります。

○ i

アルファベットの大文字と小文字の違いを無視します。文字列が大文字であっても小文字であっても、どちらでもマッチするようになります。

○ x

正規表現内の空白と、「#」の後ろの文字を無視します。このオプションを指定すれば、「#」を使って正規表現中にコメントが書けるようになります。

○ m

「.」が改行文字にもマッチするようになります。

```
str = "ABC\nDEF\nGHI"
p /DEF.GHI/ =~ str    #=> nil
p /DEF.GHI/m =~ str   #=> 4
```

正規表現のオプションを表16.20にまとめました。

表 **16.20** 正規表現のオプション

オプション文字	オプション定数	意味
i	Regexp::IGNORECASE	大文字小文字を区別しない
x	Regexp::EXTENDED	パターン内の空白を無視
m	Regexp::MULTILINE	複数行マッチ
o	（なし）	式展開は一度のみ行う

Regexp.newメソッドでは、オプション定数を第2引数に指定できます。第2引数を指定しないときはnilを与えるか、第1引数だけにします。

たとえば、「/Rubyスクリプト/i」という正規表現は次のように書けます。

```
Regexp.new("Rubyスクリプト", Regexp::IGNORECASE)
```

また、第2引数に複数のオプションを指定したい場合は「|」を使います。「/Rubyスクリプト/im」という正規表現なら、次のようになります。

```
Regexp.new("Rubyスクリプト",
           Regexp::IGNORECASE | Regexp::MULTILINE)
```

16.5 キャプチャ

さて、ここまでは正規表現でのマッチングについて説明してきました。けれども、正規表現を使ってできることは、単にマッチするかしないかを調べるだけではありません。それと同じくらい、あるいはそれ以上に重要なのが、正規表現による**キャプチャ**(**後方参照**)機能です。

キャプチャというのは、正規表現でマッチした部分の一部を取り出すものです。正規表現の中の「()」で囲まれた部分にマッチした文字列を、$1や$2などといった、

$数字

の形の変数で取り出すことができます。

```
/(.)(.)(.)/ =~ "abc"
first = $1
second = $2
third = $3
p first    #=> "a"
p second   #=> "b"
p third    #=> "c"
```

16.5 キャプチャ

　マッチングを行ったときには、マッチするかどうか、マッチするなら何番目の文字にマッチしたか、ということしかわかりません。キャプチャを使えば、「どの部分にマッチしたか」という情報が得られます。そのため、文字列を簡単に解析したいときにとても役立ちます。

　しかし、「16.2.8　「( )」と繰り返し」で紹介したように、「( )」は複数のパターンを1つにまとめる場合にも用いられます。過去に書いたプログラムの中の正規表現を修正するときに「( )」の数を変更すると、本当に参照したい部分のインデックスまで変更されてしまい、何かと不便な場合があります。そのようにキャプチャする必要のないパターンをまとめる場合は、「(?:)」を使います。

```
/(.)(\d\d)+(.)/ =~ "123456"
p $1  #=> "1"
p $2  #=> "45"
p $3  #=> "6"
/(.)(?:\d\d)+(.)/ =~ "123456"
p $1  #=> "1"
p $2  #=> "6"
```

　また、「$数字」以外にも、マッチした結果を保持する変数として「$\`」「$&」「$'」などがあります。この3つは、それぞれ「マッチした部分より前の文字列」「マッチした部分そのものの文字列」「マッチした部分より後ろの文字列」という情報を持っています。

　この3つについては、例を見てもらうのがてっとり早いでしょう。

```
/C./ =~ "ABCDEF"
p $`  #=> "AB"
p $&  #=> "CD"
p $'  #=> "EF"
```

　このように、文字列全体を、マッチしている部分とそうでない部分に分けて、3つの変数に保存しています。

357

マッチしたデータは$~やRegexp.last_matchで得られます。これはMatchDataクラスのオブジェクトになっていて、$1の代わりに$~[1]、$`の代わりに$~.pre_matchを使うこともできます。

正規表現を使うメソッド

　文字列のメソッドの中には、正規表現を使うメソッドがいくつもあります。この中から、特によく使われるsubメソッドとgsubメソッド、そしてscanメソッドについて説明します。

16.6.1　subメソッドとgsubメソッド

　subとgsubは、文字列中のある部分を、別の文字列に置き換えるためのメソッドです。

　subメソッドもgsubメソッドも、引数を2つ取ります。最初の引数には、マッチさせたいパターンを正規表現として指定します。2番目の引数には、マッチした部分と置き換える文字列を書きます。subメソッドは最初にマッチした部分だけを置き換えますが、gsubメソッドはマッチする部分すべてを置き換えます。

```
str = "abc   def  g    hi"
p str.sub(/\s+/, " ")   #=> "abc def  g    hi"
p str.gsub(/\s+/, " ")  #=> "abc def g hi"
```

　「/\s+/」という正規表現は、1つ以上の空白文字にマッチするパターンです。そのため、このsubメソッドとgsubメソッドは、それぞれ「空白文字にマッチする部分を、空白1つに変換する」という処理を行います。subでは最初の「abc」と「def」の間の空白のみを置き換える一方、gsubメソッドではそれ以降の部分の空白文字も、すべて置き換えています。

　また、subメソッドとgsubメソッドは、ブロックを取ることもできます。この場合、文字列のうち、マッチした部分がブロックに渡ります。ブロックの中では、その文字列を使って処理を行い、文字列を返します。そのブロックから返された文字列が、元のマッチした部分と置き換えられます。

16.6 正規表現を使うメソッド

```ruby
str = "abracatabra"
nstr = str.sub(/.a/) do |matched|
  "<" + matched.upcase + ">"
end
p nstr  #=> "ab<RA>catabra"

nstr = str.gsub(/.a/) do |matched|
  "<" + matched.upcase + ">"
end
p nstr  #=> "ab<RA><CA><TA>b<RA>"
```

この例では、「a」とその前の文字を大文字に変換して、さらに「<>」で囲っています。

subとgsubには「!」つきのメソッド、sub!とgsub!があります。これらは、メソッドのレシーバにあたるオブジェクトを、置き換え後の文字列に変更します。

16.6.2 scanメソッド

scanメソッドは、gsubメソッドとは違ってパターンにマッチした部分を取り出すだけで、置き換えることはしません。マッチした部分を取り出して、何らかの処理を行うときに使います（List 16.1）。

List 16.1 scan1.rb

```ruby
"abracatabra".scan(/.a/) do |matched|
  p matched
end
```

実行例

```
> ruby scan1.rb
"ra"
"ca"
"ta"
"ra"
```

359

第16章　正規表現（Regexp）クラス

また、正規表現の中で「( )」が使われていると、そこにマッチした部分を配列にして返します（List 16.2）。

List **16.2** scan2.rb

```
"abracatabra".scan(/(.)(a)/) do |matched|
  p matched
end
```

実行例

```
> ruby scan2.rb
["r", "a"]
["c", "a"]
["t", "a"]
["r", "a"]
```

なお、ここでブロックの変数を「( )」の数だけ並べると、配列ではなくそれぞれの要素を取り出すことができます（List 16.3）。

List **16.3** scan3.rb

```
"abracatabra".scan(/(.)(a)/) do |a, b|
  p a+"-"+b
end
```

実行例

```
> ruby scan3.rb
"r-a"
"c-a"
"t-a"
"r-a"
```

ブロックがない場合はマッチした文字列の配列を返します。

```
p "abracatabra".scan(/.a/)  #=> ["ra", "ca", "ta", "ra"]
```

360

16.7 正規表現の例

正規表現を使った例として、URLのマッチングを考えてみましょう。

まず、「URLを含む行を抽出する」ということを考えてみます。URL全体を表現する正規表現を作るのは大変ですが、単に「HTTPのURLっぽい文字列を探す」ということなら、

```
/https?:\/\//
```

というパターンでマッチングをかける方法もあります。この方法は、手軽なうえに、かなりの程度確実にマッチしてくれる、という利点があります。

もう少し凝って、「URLのような文字列のその一部分だけを取り出す」という正規表現も書けます。たとえば、HTTPのURLの中から、サーバのアドレスを取り出すパターンは、

```
/https?:\/\/([^\/]*)\//
```

となります。「[^\/]*」の部分は「/」を含まない文字の連続を表します。

少々「/」が多いので、「%r」を使うと次のようにすっきりできます。

```
%r|https?://([^/]*)/|
```

これで本当にマッチできるかどうか、試してみましょう（List 16.4）。

List 16.4 url_match.rb

```
str = "https://www.ruby-lang.org/ja/"
%r|https?://([^/]*)/| =~ str
puts "server address: #{$1}"
```

実行例

```
> ruby url_match.rb
server address: www.ruby-lang.org
```

正しくアドレスを取り出すことができました。

さて、こうなると、サーバのアドレス以外の部分も取り出せる正規表現を書きたくなってきます。次の正規表現を見てみてください。

```
%r|^(([^:/?#]+):)?(//([^/?#]*))?([^?#]*)(\?([^#]*))?(#(.*))?|
```

これは、RFC2396「Uniform Resource Identifiers（URI）：Generic Syntax」という、URIの一般的な文法を定義した文書で使われている正規表現です。

この正規表現はRubyでもそのまま使えます。これでマッチングを行えば、「https」などのスキーム名が$2に、サーバのアドレスなどが$4に、パス名が$5に、クエリー部分が$7に、フラグメントが$9に、それぞれ格納されます。

たとえば、「https://www.example.co.jp/foo/?name=bar#baz」というURIだと、「https」がスキーム名、「www.example.co.jp」がサーバのアドレス、「/foo/」がパス名、「name=bar」がクエリー名、「baz」がフラグメントになります。

とはいえ、ここまでくるとどうにも複雑ですね。正規表現で、どんな場合でも正確にマッチする、一般的なパターンを書こうとすると、あとで修正が難しくなってしまうくらいに読みにくい表現になってしまいます。そのため、とりあえずの用途を満たす程度に正確なパターンを使う、ということを考えたほうがよいかもしれません。

たとえば、郵便番号にマッチするパターンを書くとします。単純に

```
/\d\d\d-\d\d\d\d/
```

のように書くと、3桁しかなかったり、「-」の入っていない郵便番号にマッチしなくなります。

　そこまで厳密に入力しなくてもよいことにしたい場合には、/\d+-?\d*/ とだけ書いておく、というのも1つの手です。

　正規表現は、その複雑さと手軽さのバランスを考えながら使いましょう。

正規表現についてもっと詳しく知りたい、という方には、Jeffrey E. F. Friedl『詳説 正規表現 第3版』（オライリー・ジャパン）という本がお勧めです。これは1冊丸ごと正規表現について書かれており、その解説には定評があります。

第16章　正規表現（Regexp）クラス

練習問題

（1）　電子メールのアドレスは「**ローカルパート@ドメイン名**」という形になっています。このような文字列から、ローカルパートを$1として、またドメイン名を$2として取得する正規表現を作ってください。

（2）　「" 正規表現は難しい！　なんて難しいんだ！"」という文字列を、gsubメソッドを使って「" 正規表現は簡単だ！　なんて簡単なんだ！"」という文字列に直してください。

（3）　アルファベットとハイフンからなる文字列を与えられると、ハイフンで区切られた部分をCapitalizeするようなメソッドword_capitalizeを定義してください。

```
p word_capitalize("in-reply-to")   #=> "In-Reply-To"
p word_capitalize("X-MAILER")       #=> "X-Mailer"
```

※解答は、サポートページ（https://tanoshiiruby.github.io/6/answer/）で公開しています。

364

第17章

IOクラス

　ここまでに登場したプログラムにも、ファイルに保存されたデータの処理がありました。プログラムの外部とデータをやりとりするための機能として入力（Input）と出力（Output）を提供するのが、IOクラスです。ここでは、次の内容を扱います。

- **入出力の種類**
  IOクラスがサポートする入出力操作の対象を紹介します。
- **基本的な入出力操作**
  行単位またはサイズ単位の読み出しや書き込みなどIOクラスの基本的な操作を紹介します。
- **ファイルポインタ、バイナリモードとテキストモード、バッファリング**
  多少雑多な話題ですが、少し凝ったことをする場合に必要となる入出力の仕様について説明します。バイナリモードとテキストモードはWindows環境で特有の仕様ですが、問題としてあがることが多いように思います。
- **コマンドとのやりとり**
  外部のコマンドを起動してデータをやりとりする方法を紹介します。
- **関連するライブラリ**
  IOクラスに関連してopen-uriライブラリとstringioライブラリを紹介します。

第17章 IOクラス

17.1 入出力の種類

まずは、入出力の対象にどんなものがあるかを見てみましょう。

17.1.1 標準入出力

プログラムを起動すると、3つのIOオブジェクトがあらかじめ割り当てられています。

- **標準入力**
  標準入力はデータを受け取るためのIOオブジェクトです。組み込み定数STDINに割り当てられているほか、グローバル変数$stdinからも参照されています。レシーバを指定しないgetsなどのメソッドは、$stdinからデータを受け取ります。標準入力は最初はコンソールに関連づけられていて、キーボードの入力を受け取ります。

- **標準出力**
  標準出力はデータを出力するためのIOオブジェクトです。組み込み定数STDOUTに割り当てられているほか、グローバル変数$stdoutからも参照されています。レシーバを指定しないputs、print、printfなどのメソッドは、$stdoutへ出力します。標準出力は最初はコンソールに関連づけられています。

- **標準エラー出力**
  標準エラー出力は警告やエラーを出力するためのIOオブジェクトです。組み込み定数STDERRに割り当てられているほか、グローバル変数$stderrからも参照されています。警告メッセージを表示するためのwarnメソッドが$stderrへ出力します。標準エラー出力も最初はコンソールに関連づけられています。

標準出力と標準エラー出力はどちらもコンソールに出力を行いますが、プログラムの本来の目的である出力は標準出力へ、エラーや警告または単なるメッセージは標準エラー出力へ、というふうに使い分けます。サンプルプログラムをList 17.1に示します。

17.1 入出力の種類

List 17.1 out.rb

```ruby
3.times do |i|
  $stdout.puts "#{Random.rand}"      # 標準出力へ
  $stderr.puts "#{i+1}回出力しました"  # 標準エラー出力へ
end
```

このプログラムは、ランダムな値を3回生成して標準出力に書き込むたびに、何回出力をしたかというメッセージを標準エラー出力に書き込みます。

実行例

```
> ruby out.rb
0.7673984708216316
1回出力しました
0.7376823351751016
2回出力しました
0.16663488759063894
3回出力しました
```

出力をファイルにリダイレクトすると、標準出力への書き込みはファイルに書き込まれ、標準エラー出力への書き込みのみが画面に表示されます。

実行例

```
> ruby out.rb > log.txt
1回出力しました
2回出力しました
3回出力しました
```

出力先を使い分けることで、プログラムの結果として必要なデータはファイルに保存しつつ、処理の進み具合をコンソールに表示することができるようになります。

 プログラムを実行して出力されるテキストをファイルに保存するには、プログラムを実行する際に、コマンドのあとに「**> ファイル名**」と書きます。これは「リダイレクト」というコンソールの機能です。

第17章 IOクラス

標準出力と標準エラー出力を使い分けると、必要なデータとエラーなどのメッセージを別々に取り出すことができるようになります。

 rubyコマンドからのエラーメッセージも、標準エラー出力に出力されます。

通常、標準入力・標準出力・標準エラー出力は、コンソールに関連づけられています。しかし、コマンドの出力をリダイレクトでファイルに落としたり、あるいはパイプ（|）を使ってほかのプログラムに渡したりるす場合はそうではありません。プログラムによっては、入出力の状態に合わせて処理を変えたくなることがあります。IOオブジェクトがコンソールに関連づけられているかどうかは、tty?メソッドで判別できます。

List 17.2は、標準入力がコンソールかどうかを調べるプログラムです。

List 17.2 tty.rb

```ruby
if $stdin.tty?
  puts "Stdin is a TTY."
else
  puts "Stdin is not a TTY."
end
```

このプログラムで違いを調べてみましょう。まずは普通に起動してみます。

実行例

```
> ruby tty.rb
Stdin is a TTY.
```

コマンドの出力をパイプで渡したり、入力をファイルに関連づけると結果が変わります。

実行例

```
> echo | ruby tty.rb
Stdin is not a TTY.
> ruby tty.rb < data.txt
Stdin is not a TTY.
```

TTYという名称は、昔使われていたテレタイプ端末（teletype）に由来しています。

17.1.2 ファイル入出力

ファイルの入出力には、IOクラスのサブクラスであるFileクラスを使います。Fileクラスは、ファイルの作成や削除などのファイルシステムに関係する操作を提供しますが、基本的な入出力の操作にはIOクラスから受け継いだメソッドを使います。

○ *io* = **File.open**(*file*[, *mode*[, *perm*]][, *opt*])
  io = **open**(*file*[, *mode*[, *perm*]][, *opt*])

ファイルを開いて新しいFileオブジェクトを得るには、File.openメソッドかopenメソッドを使います。

モード（*mode*）にはどのような目的でファイル*file*を開くかを指定します（表17.1）。モードの指定を省略した場合は、読み込み専用（"r"）となります。Windowsでは各モードにbを加えて"rb"、"rb+"のように指定することでバイナリモード（後述）となります。Windows以外のプラットフォームでは単に無視されるため、バイナリファイルを扱う際には常に指定するのがよいでしょう。また、各モードにtを加えて"rt"のように指定することで、読み込みの際の改行文字を「\n」に統一できます。

表 17.1 モード

モード	意味
"r"	読み込み専用でファイルを開く
"r+"	読み込み／書き込み用としてファイルを開く
"w"	書き込み専用でファイルを開く。ファイルがなければ新たに作成する。また、すでに存在する場合にはファイルサイズを0にする
"w+"	読み込み／書き込み用、そのほかは"w"と同じ
"a"	追加書き込み専用でファイルを開く。ファイルがなければ新たに作成する
"a+"	読み込み／追加書き込み用としてファイルを開く。ファイルがなければ新たに作成する

許可モード（*perm*）は新たにファイルを作成する場合のアクセス許可モードの指定です。許可モードについてはp.400を参照してください。

オプション（*opt*）はその他のオプションの指定です。表17.2に示すキーを持つHashオブジェクトを指定します。

第17章　IOクラス

表 17.2 オプション

オプション	意味
:mode	引数 *mode* と同じ
:external_encoding	外部エンコーディングを指定する。エンコーディングについては「第19章　エンコーディング（Encoding）クラス」を参照
:internal_encoding	内部エンコーディングを指定する
:encoding	内部および外部エンコーディングを指定する
:textmode	trueのとき、モードにtを指定するのと同じ
:binmode	trueのとき、モードにbを指定するのと同じ
:autoclose	falseのとき、FileオブジェクトがGCで回収される際にファイルディスクリプタを閉じない

○ *file*.close

開いたファイルを閉じるにはcloseメソッドを使います。

1つのプログラムが同時に開くことのできるファイルの数には制限があるので、使い終わったファイルはなるべく閉じるようにすべきです。複数のファイルを次々と開くようなプログラムでcloseメソッドの実行をサボると、突然openメソッドが例外を発生させるかもしれません。

File.openメソッドにブロックを渡すと、使い終わったファイルを自動的に閉じることができます。この場合、Fileオブジェクトはブロック変数としてブロックに渡されます。ブロックを実行し終えるとFileオブジェクトは自動的に閉じられます。この書き方には、入出力操作の範囲がわかりやすくなるというメリットもあります。

```
File.open("foo.txt") do |file|
  while line = file.gets
    ⋮
  end
end
```

○ *file*.closed?

closed?メソッドを使うと、Fileオブジェクトが閉じられているかどうかを調べることができます。

370

17.1 入出力の種類

```
file = File.open("foo.txt")
file.close
p file.closed?  #=> true
```

○ File.read(*file*[, *length*[, *offset*[, *opt*]]])

Fileオブジェクトを作らずに*file*からデータを読み込みます。引数の*length*
には読み込むサイズを、*offset*には先頭何バイト目から読み込むかを指定しま
す。*opt*にはFile.openと同じその他のオプションを指定します。これらの引
数を省略した場合は、ファイルの先頭から終わりまで一度に読み込みます。

```
text = File.read("foo.txt")
```

○ File.binread(*file*[, *length*[, *offset*]])

*file*をバイナリモード（p.380）で開いて読み込みます。バイナリデータを読
み込むときはこのメソッドを使いましょう。

```
data = File.binread("foo.dat")
```

○ File.write(*file*, *data*[, *offset*[, *opt*]])

Fileオブジェクトを作らずに*file*に*data*を書き込みます。引数*offset*を省略
した場合はファイルの内容をすべて*data*に置き換えますが、指定した場合は
先頭から*offset*バイト目以降に書き込み、その後のデータは元のまま残ります。
*opt*にはFile.openと同じその他のオプションを指定します。

```
text = "Hello, Ruby!\n"
File.write("hello.txt", text)
p File.read("hello.txt")    #=> "Hello, Ruby!\n"
File.write("hello.txt", "!", 5)
p File.read("hello.txt")    #=> "Hello! Ruby!\n"
```

第17章　IOクラス

○ **File.binwrite(***file***,** *data***[,** *offset***])**

*file*をバイナリモード（p.380）で開いて書き込みます。

```
data = "何かのバイナリデータ"
File.binwrite("binary.dat", data)
```

17.2 基本的な入出力操作

　入出力の対象になるデータは文字列です。文字列というのは、つまり
Stringオブジェクトのことです。入力操作を行うと、データの先頭から終わ
りまでが順に読み込まれ、出力を行うと、書き込んだ順に次々と追加されて
いきます。

　ここから説明するものの多くはIOオブジェクトのメソッドです。そのため
「IOオブジェクトを……」と説明していますが、IOクラスのサブクラスであ
るFileクラスでも同じように使えます。

17.2.1 入力操作

○ *io***.gets(***rs***)**
　*io***.each(***rs***)**
　*io***.each_line(***rs***)**
　*io***.readlines(***rs***)**

　IOオブジェクト*io*からデータを1行読み込みます。行の区切りは引数*rs*で
指定した文字列になります。引数*rs*が省略された場合は、組み込み変数$/（デ
フォルトでは"\n"）が行の区切りになります。

　これらのメソッドは行の末尾の改行を含む文字列を返します。文字列の末
尾の改行文字を削除するには、chomp!メソッドが便利です。

　getsメソッドは、入力の終わりに達してからさらに読み込むとnilを返し
ます。また、入力の終わりまで読み込んだかどうかはeof?メソッドで判定で
きます。

372

```
while line = io.gets
  line.chomp!
    ⋮           # lineに対する操作
end
p io.eof?     #=> true
```

このwhile文の条件式では、変数への代入と判定を同時に行っています。getsメソッドの戻り値がlineに代入され、その値がwhile文の条件として評価されます。getsメソッドを使う際のイディオムともいえる書き方なので、覚えておきましょう。

これと同じことをeach_lineメソッドを使って行うこともできます。

```
io.each_line do |line|
  line.chomp!
    ⋮           # lineに対する操作
end
```

また、readlinesメソッドを使って一気に終わりまで読んで、各行を要素とする配列を取得することもできます。

```
ary = io.readlines
ary.each do |line|
  line.chomp!
    ⋮           # lineに対する操作
end
```

 getsメソッドとputsメソッドは、それぞれ「get string」、「put string」という意味です（「げっつ」「ぷっつ」と読む流派と、「げっとえす」「ぷっとえす」と読む流派がありますが通じれば何でもかまいません）。

○ *io*.`lineno`
  io.`lineno=(`*number*`)`

getsメソッドやeach_lineメソッドを使って、行単位で読み込みを行うと、それまでに何行読み込んだかが自動的に記録されます。その行数はlinenoメ

第17章　IOクラス

ソッドで取得することができます。また、この値は`lineno=`メソッドで変更することができます。ただし、`lineno=`メソッドで値を変更してもファイルポインタ（後述）は変更されません。

　次の例は、標準入力を1行ずつ読み込み、先頭に行番号を追加して出力します。

```
$stdin.each_line do |line|
  printf("%3d %s", $stdin.lineno, line)
end
```

○ *io*.**each_char**

*io*から1文字ずつデータを読み込んでブロックを実行します。読み込んだ文字（Stringオブジェクト）をブロック変数として渡します。

```
io.each_char do |ch|
  ⋮              # chに対する操作
end
```

○ *io*.**each_byte**

*io*から1バイトずつデータを読み込んでブロックを起動します。ブロック変数には、読み込んだバイトに対応するASCIIコードを整数値で渡します。

○ *io*.**getc**

*io*からデータを1文字だけ読み込みます。ファイルのエンコーディングによっては1文字は複数のバイトから構成される場合もありますが、1文字分を読み込んでStringオブジェクトを返します。入力の終わりに達してからさらに読み込むと、nilを返します。

```
while ch = io.getc
  ⋮              # chに対する操作
end
```

374

○ *io*.**ungetc**(*ch*)

引数*ch*で指定した文字を*io*の入力バッファに戻します。

```
# hello.txtの中は「Hello, Ruby.\n」
File.open("hello.txt") do |io|
  p io.getc   #=> "H"
  io.ungetc("h")
  p io.gets   #=> "hello, Ruby.\n"
end
```

1文字分のStringオブジェクトを指定します。戻せる文字数に制限はありません。

○ *io*.**getbyte**

*io*からデータを1バイトだけ読み込んで、バイトに対応するASCIIコードを整数オブジェクトで返します。入力の終わりに達してからさらに読み込むと、nilを返します。

○ *io*.**ungetbyte**(*byte*)

引数*byte*で指定した1バイトを*io*の入力バッファに戻します。整数値を指定した場合はその値を256で割った余りをASCIIコードとして1バイトだけ戻し、文字列を指定した場合は先頭の1バイトだけを戻します。

○ *io*.**read**(*size*)

バイト数で長さ*size*を指定して読み込みます。長さを指定しなければ、ファイルの終わりまで一気に読み込んで全体を返します。

```
# hello.txtの中は「Hello, Ruby.\n」
File.open("hello.txt") do |io|
  p io.read(5)  #=> "Hello"
  p io.read     #=> ", Ruby.\n"
end
```

第17章 IOクラス

●•• 17.2.2 出力操作

○ *io*.**puts**(*str0*, *str1*, …)

文字列の出力後に改行します。複数の引数を渡すと、引数ごとに改行します。また、Stringクラス以外のオブジェクトを渡したときは to_s メソッドを呼び出して、文字列に変換してから出力します。

List 17.3 stdout_put.rb

```
$stdout.puts "String", :Symbol, 1/100r
```

実行例

```
> ruby stdout_put.rb
String
Symbol
1/100
```

○ *io*.**putc**(*ch*)

引数*ch*で指定した文字コードに対応する文字を出力します。文字列を与えた場合は、先頭の文字を出力します。

List 17.4 stdout_putc.rb

```
$stdout.putc(82)    # 82は「R」のASCIIコード
$stdout.putc("Ruby")
$stdout.putc("\n")
```

実行例

```
> ruby stdout_putc.rb
RR
```

○ *io*.**print**(*str0*, *str1*, …)

引数に指定した文字列を出力します。複数の引数を受け取ることができます。引数がStringオブジェクト以外のときは文字列に変換します。

376

17.3 ファイルポインタ

○ *io*.**printf**(*fmt, arg0, arg1, ⋯*)

書式指定つき出力です。フォーマット*fmt*の詳細はprintfメソッドと同じです。第14章のコラム「printfメソッドとsprintfメソッド」（p.302）を参照してください。

○ *io*.**write**(*str*)

引数*str*で指定した文字列を出力します。引数がStringオブジェクト以外のときは文字列に変換します。書き込んだバイト数を返します。

```
size = $stdout.write("Hello\n")   #=> Hello
p size                            #=> 6
```

○ *io* << *str*

引数*str*で指定した文字列を出力します。<<はレシーバ自身を戻り値とするので、

```
io << "foo " << "bar " << "baz"
```

のようにつなげて書くことができます。

17.3 ファイルポインタ

テキストデータは、改行文字までを区切りとする「行」を単位にして処理するのが普通です。行の長さは改行文字まで読んでみなければわからないので、100番目のデータを読むためには、必ず100行分のデータを読み込まなければいけません。また、データを書き換えた結果、行の長さが変わってしまうと、ファイルのそれ以降の部分をすべて書き換える必要があります。

そこで、効率よくデータを読み書きするために、ファイルを固定サイズのブロックの集まりと考えて、データの位置を決めうちでアクセスする方法を取ることもあります（任意の位置のデータにアクセスできる半面、決めたサイズよりも大きなデータを扱えなくなるという欠点もあります）。

377

第17章　IOクラス

　IOオブジェクトがファイルのどこを指しているかを示す情報を、**ファイルポインタ**または**カレントファイルオフセット**といいます。ファイルポインタは読み書きを行うたびに自動的に進みますが、自分で操作すると、ファイルの中の好きな位置のデータを読み書きできるようになります。

○ *io*.**pos**
　io.**pos=**(*position*)

　現在のファイルポインタの位置はposメソッドで取得することができます。また、ファイルポインタの位置変更はpos=メソッドで可能です。

```
# hello.txtの中は「Hello, Ruby.\n」
File.open("hello.txt") do |io|
  p io.read(5)  #=> "Hello"
  p io.pos      #=> 5
  io.pos = 0
  p io.gets     #=> "Hello, Ruby.\n"
end
```

○ *io*.**seek**(*offset*,　*whence*)

　ファイルポインタを移動するメソッドです。引数*offset*には位置を整数で指定し、引数*whence*には*offset*をどのように評価するかを指定します（表17.3）。

表 17.3 *whence*に指定する値

whence	意味
IO::SEEK_SET	*offset*で指定された位置にファイルポインタを移動する
IO::SEEK_CUR	*offset*を現在の相対位置と見なしてファイルポインタを移動する
IO::SEEK_END	*offset*をファイルの末尾からの相対位置として指定する

○ *io*.**rewind**

　ファイルポインタをファイルの先頭に戻します。linenoメソッドが返す行番号も0になります。

378

```
# hello.txtの中は「Hello, Ruby.\n」
File.open("hello.txt") do |io|
  p io.gets   #=> "Hello, Ruby.\n"
  io.rewind
  p io.gets   #=> "Hello, Ruby.\n"
end
```

○ *io*.**truncate**(*size*)

ファイルの長さを、引数 *size* で指定したサイズに切り詰めます。

```
io.truncate(0)        # ファイルサイズを0にする
io.truncate(io.pos)   # 現在のファイルポインタ以降のデータを削除する
```

17.4 バイナリモードとテキストモード

　第14章のコラム「改行文字の種類」(p.312) で説明したように、プラットフォームによって改行の文字コードには違いがあります。

　改行文字の違いがあってもプログラムの互換性が保たれるように、文字列に含まれる "\n" は各OSごとの改行文字に変換されて出力されます。また、読み込みの際には実際に書き込まれている改行文字を "\n" に変換するという処理が入ります。

　図17.1は、Windows上で変換が行われる様子を表したものです。

　Windows以外でも File.open メソッドのモードに "rt" や "wt" を指定するか、オプションで「textmode: true」を指定すると、読み込みの際には「CR」「LF」「CR + LF」のいずれの改行コードであっても「LF」のみに変換されます。書き込みの際は「LF」はプラットフォームの標準のテキスト形式に合わせて変換します。Windowsでは「CR + LF」に、LinuxやmacOSでは「LF」のまま出力されます。

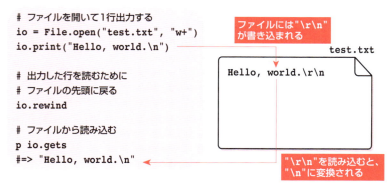

図 17.1 Windows環境での文字 "\n" の変換

　長さをきちんと決めて入出力を行いたい、あるいはほかのプラットフォームにデータをコピーしてそのまま使いたい、といった場合においては、改行文字の変換が問題になることがあります。

　そのような場合のために、改行文字の変換をしないようにすることもできます。改行文字の変換は行単位で入出力を行うことを前提としているので、変換が有効な状態を**テキストモード**といいます。これに対して、変換を行わない状態を**バイナリモード**といいます。

○ *io*.`binmode`

　新しいIOオブジェクトはテキストモードに設定されていますが、binmodeメソッドを使うことでバイナリモードに変更できます。

```
File.open("foo.txt", "w") do |io|
  io.binmode
  io.write "Hello, world.\n"
end
```

　こうすれば改行文字は変更されずに、ファイルの中にあるものと同じものが得られるようになります。

 いったんバイナリモードに変更したIOオブジェクトをテキストモードに戻すことはできません。

17.5 コマンドとのやりとり

　Rubyはほとんど何でもこなすことのできるパワフルな言語ですが、それでもほかのコマンドを利用してデータを処理したくなることがあります。たとえば、GNU zipで圧縮されたデータを読むときはzcatコマンドに展開してもらったデータを受け取ることができると便利です。

　Rubyのプログラムの中でほかのコマンドとデータをやりとりするには、IO.popenメソッドを使います。

○ **IO.popen**(*command*, *mode*)

　IO.popenメソッドで作成したIOオブジェクトの入出力は、起動したコマンド*command*の標準入出力に関連づけられます。つまり、ここで起動されたコマンドはIOオブジェクトに書き込まれたデータを入力として受け取り、コマンドが標準出力に出力したデータをIOオブジェクトから受け取ることができます。引数*mode*については File.openメソッド（p.369）と同様です。省略した場合は "r" と見なされます。

　第3章で紹介したsimple_grep.rb（p.69）を改造して、拡張子が.gzの場合はzcatコマンドで展開したデータを処理するようにしてみましょう。

List 17.5 simple_grep_gz.rb

```
pattern = Regexp.new(ARGV[0])
filename = ARGV[1]
if /\.gz$/ =~ filename
  file = IO.popen("zcat #{filename}")
else
  file = File.open(filename)
end
file.each_line do |line|
  if pattern =~ line
    print line
  end
end
```

List 17.5 を実行するにはzcatコマンドが必要です。

17.6 open-uriライブラリ

コンソールやファイルのほかにも、プロセス間通信に用いられるパイプやネットワーク間通信を行うためのソケットもIOオブジェクトとして使用できます。パイプやソケットを直接利用する方法は本書では取りあげませんが、ここではHTTPやFTPによってネットワーク上のデータを手軽に取得する方法を紹介します。

open-uriライブラリをrequireで読み込むと、HTTPやFTPのURLを普通のファイルのように開くことができるようになります（List 17.6）。open-uriライブラリの機能を利用する場合は、File.openメソッドではなく、ただのopenメソッドを利用してください。

List 17.6 read_uri.rb

```ruby
require "open-uri"

filename = "ruby-2.6.1.zip"              # ソースコードのファイル名
version = filename.scan(/\d+\.\d+/).first # 「2.6」の部分を取り出す

# RubyのソースコードのURL
url = "https://cache.ruby-lang.org/pub/ruby/#{version}/#{filename}"

# URLを指定して読み込み用のIOオブジェクトを得る
open(url) do |remote|
  # 書き込み用のファイルをバイナリモードで開く
  File.open(filename, "wb") do |local|
    while data = remote.read(10000)   # 10Kバイトずつデータを読んで
      local.write(data)                # ファイルに書き込む
    end
  end
end
```

17.7 stringioライブラリ

　プログラムのテストを書いていると、ファイルやコンソールに何を出力したのかを確認したいことがありますが、実際にコンソールに出力したりファイルに追加書き込みを行ったりしていると、プログラムから出力したものだけを取り出すことができません。そこで、IOオブジェクトの振りをするオブジェクトに出力して確認するという方法が用いられます。

　そのIOオブジェクトの振りをするオブジェクトが、StringIOです。StringIOオブジェクトを使うには、stringioライブラリをrequireで読み込みます（List 17.7）。

List 17.7 stringio_puts.rb

```ruby
require "stringio"

io = StringIO.new
io.puts("A")
io.puts("B")
io.puts("C")
io.rewind
p io.read  #=> "A\nB\nC\n"
```

　StringIOオブジェクトへの出力は、実際にはどこにも出力されずにオブジェクトの中に蓄えられ、あとからreadメソッドなどで読み出せます。

　StringIOオブジェクトを使うもう1つのケースは、すでに文字列として持っているデータをIOオブジェクトのように見せかけたいときです。巨大なデータはいったんファイルに保存し、そうでないデータはそのまま別の処理に渡すという場合には、StringIOオブジェクトを使うと、IOオブジェクトか文字列かによって処理を分けなくてもよくなるので便利です。実際、前述のopen-uriライブラリでURIを開いたときに返されるオブジェクトは、IOオブジェクトかStringIOオブジェクトのどちらかとなっています。たいていの場合は、その違いを気にする必要はありません。

　文字列からStringIOオブジェクトを作るには、StringIO.newメソッドの引数にデータとなる文字列を渡します（List 17.8）。

第17章 IOクラス

List 17.8 stringio_gets.rb

```ruby
require "stringio"

io = StringIO.new("A\nB\nC\n")
p io.gets   #=> "A\n"
p io.gets   #=> "B\n"
p io.gets   #=> "C\n"
```

　StringIOオブジェクトは、この章で説明したほとんどの入出力操作を行う
振りをしてくれます。

384

練習問題

(1) テキストファイルからデータを読み込んで次の処理を行うスクリプト
を作成してください。なお、ここでは空白や改行以外の文字の並びのこ
とを単語と呼ぶことにします。

(a) テキストの行数を数える

(b) テキストの単語数を数える

(c) テキストの文字数を数える

(2) テキストファイルからデータを読み込んで次の条件に従って上書きす
るスクリプトを作成してください。

(a) ファイル中の行を逆順に並べ替える

(b) ファイル中の最初の1行だけを残して残りを削除する

(c) ファイル中の最後の1行だけを残して残りを削除する

(3) Unixで使われるtailコマンドと似たことができるメソッドtailを定義
してください。
tailメソッドは2つの引数を取ります。

tail(行数, ファイル名)

ファイルの最後の行から数えて指定された行数分だけ、そのファイルの
中身を出力する動作とします。つまり、ファイルsome_file.txtに100行
のテキストが入っていたとして、このときに「tail(10, "some_file.
txt")」というメソッドを実行すると、90行は飛ばして最後の10行のみ
を標準出力から表示するという動作です。

※解答は、サポートページ（https://tanoshiiruby.github.io/6/answer/）で公開しています。

385

第18章

FileクラスとDirクラス

「第17章 IOクラス」では、ファイルのデータを読み書きする方法を説明しました。

この章では、ファイルの名前や属性に関する操作について紹介します。また、ファイルを整理するためのディレクトリ（フォルダ）についても取りあげます。

ファイルとディレクトリの操作には次のようなものがあります。

- **ファイルの操作**
  名前の変更、コピー、削除など基本的な操作
- **ディレクトリの操作**
  ディレクトリの参照、作成、削除などの操作
- **属性の操作**
  「読み取り専用」など、ファイル・ディレクトリの属性の操作

コンピュータを利用するうえで日常的に必要な操作ですが、たくさんのファイルを扱っていて面倒に感じたり、操作を間違えてしまったり、という経験があるのではないでしょうか？　大量のデータに対する単調な作業はプログラムにすることで、素早く、間違えずに作業を行えます。ファイル名の単純な変更程度なら、数行のプログラムで済ませることができるでしょう。おまけにプログラムを一度書いておけば、何度でも実行することができます。単純作業は積極的に自動化しましょう。

なお、WindowsやmacOSではディレクトリのことをフォルダと呼びます。これらのプラットフォームを利用している方は適当に読みかえてください。

> プログラムでファイルを操作するのは便利な半面、たくさんのファイルをいっぺんに壊すこともあるので、操作の前にバックアップを取るように心がけましょう。

第18章　FileクラスとDirクラス

18.1 Fileクラス

Fileクラスにはファイル名などファイルシステムを操作するためのメソッドが実装されています。

18.1.1 ファイル名を変更する

○ **File.rename(*before*, *after*)**

ファイル名を変更するには、File.renameメソッドを使います。

```
File.rename("before.txt", "after.txt")
```

すでに存在するディレクトリの下に、ファイルを移動することもできます。ディレクトリがなければエラーとなります。

```
File.rename("data.txt", "backup/data.txt")
```

File.renameメソッドでファイルシステムまたはドライブをまたぐ移動はできません。

この章で紹介するメソッドは、ファイルが存在しなかったり、適切な権限がなかったりなどの理由で操作に失敗すると例外をあげます。

実行例

```
> irb --simple-prompt
> File.open("/no/such/file")
Traceback (most recent call last):
        6: from /usr/local/bin/irb:23:in `<main>'
        5: from /usr/local/bin/irb:23:in `load'
        4: from /usr/local/lib/ruby/gems/2.6.1/gems/irb-0.9.6/
exe/irb:11:in `<top (required)>'
        3: from (irb):1
        2: from (irb):1:in `open'
```

```
      1: from (irb):1:in `initialize'
Errno::ENOENT (No such file or directory @ rb_sysopen - /no/
such/file)
```

18.1.2 ファイルをコピーする

　組み込みメソッド1つでファイルのコピーを実行することはできません。
その代わり、次のようにFile.openメソッドとwriteメソッドを組み合わせ
ることで、ファイルコピーのメソッドを作ることができます。

```
def copy(from, to)
  File.open(from) do |input|
    File.open(to, "w") do |output|
      output.write(input.read)
    end
  end
end
```

　しかし、ファイルのコピーは頻繁に行う操作なので、いつも自分で定義す
るのはさすがに面倒です。fileutilsライブラリを読み込むことにより、
FileUtils.cp（ファイルのコピー）、FileUtils.mv（ファイルの移動）など、
ファイルを操作するメソッドを利用できるようになります。

```
require "fileutils"
FileUtils.cp("data.txt", "backup/data.txt")
FileUtils.mv("data.txt", "backup/data1.txt")
```

　FileUtils.mvメソッドを使うと、File.renameメソッドではできなかっ
た、ファイルシステムやドライブをまたがったファイルの移動ができます。
fileutilsライブラリに関しては、p.407で紹介します。

第18章　FileクラスとDirクラス

18.1.3　ファイルを削除する

○ **File.delete(*file*)**
　File.unlink(*file*)

ファイル*file*を削除するには、File.deleteメソッド（またはFile.unlinkメソッド）を使います。

```
File.delete("data.txt")
```

18.2　ディレクトリの操作

ディレクトリを扱うには、Dirクラスを使います。具体的な操作を説明する前に、ディレクトリについて基本的な事柄を少し復習しておきましょう。

ディレクトリは、複数のファイルをまとめるための入れものです。ディレクトリの中には、ファイル以外にもディレクトリを入れることができて、さらにそのディレクトリの中にもディレクトリを……という具合に何段にも階層を重ねることができます。複数のディレクトリを重ねたり並べたりして、たくさんのファイルを整理します。

Windowsのエクスプローラ（図18.1）の左側にあるのが、視覚的に表現されたディレクトリの階層構造（ツリー構造）です。ディレクトリの中のファイル名を指定するには、ディレクトリ名を「/」でつないで表記します。ディレクトリ名を経由（path）してファイルの位置を指定することから、ファイルの場所を表す名前のことを「パス」または「パス名」といいます。また、ツリーの起点となるディレクトリは特別に「ルートディレクトリ」といい、「/」のみで表されます。

18.2 ディレクトリの操作

図 18.1 Windowsのエクスプローラの画面

―――― c o l u m n ――――

Windowsでのパス名について

　Windowsのコマンドプロンプト上ではディレクトリの区切り文字として「¥」が使われます。しかし、「¥」を使うと文字列の表記がわかりにくくなったりするうえに、同じプログラムをUnixで実行できなくなるので、「/」を使うほうが無難です。ただし、WIN32OLEのようなWindows固有の機能を使う場合には「/」ではうまく動かないこともあるので注意が必要です。

　Windowsではディレクトリのさらに上が「ドライブ」という単位で分かれています。ハードディスクはC:、D:、……というように、アルファベット1文字（ドライブレター）で対応するドライブを表します。この場合、各ドライブごとにルートディレクトリが存在すると考えてください。たとえば、「C:/」と「D:/」は常に別々のディレクトリを表すのは明らかですが、単に「/」とだけ書いた場合、プログラムをどこで実行したかによってドライブが異なるため、別々のディレクトリを表すことがあります。

391

第18章　FileクラスとDirクラス

○ **Dir.pwd**
Dir.chdir(*dir*)

プログラムは、現在どのディレクトリ上で作業しているかという情報を持っています。この情報を**カレントディレクトリ**といいます。カレントディレクトリを取得するにはDir.pwdメソッドを使い、カレントディレクトリを変更するにはDir.chdirメソッドを使います。Dir.chdirメソッドの引数*dir*には、カレントディレクトリからの相対位置を表す**相対パス**、またはルートディレクトリからの位置を表す**絶対パス**のいずれかを指定します。

```
p Dir.pwd               #=> "/usr/local/lib"
Dir.chdir("ruby/2.6.1")  # 相対パスによる移動
p Dir.pwd               #=> "/usr/local/lib/ruby/2.6.1"
Dir.chdir("/etc")        # 絶対パスによる移動
p Dir.pwd               #=> "/etc"
```

カレントディレクトリ上にあるファイルは、ファイル名だけを指定して開くことができますが、カレントディレクトリを変更するとディレクトリ名も含めて指定しなければいけません。

```
p Dir.pwd              #=> "/usr/local/lib/ruby/2.6.1"
io = File.open("find.rb")
                # "/usr/local/lib/ruby/2.6.1/find.rb" を開く
io.close
Dir.chdir("../..")    # 2つ上のディレクトリへ移動する
p Dir.pwd              # "/usr/local/lib"
io = File.open("ruby/2.6.1/find.rb")
                # "/usr/local/lib/ruby/2.6.1/find.rb" を開く
io.close
```

●●• 18.2.1　ディレクトリの内容を読む

では、ファイルのときと同じように、すでに存在しているディレクトリを読むことから始めましょう。ディレクトリの内容の読み込みも基本的にはファイルと同じで、

392

①ディレクトリを開く

②内容を読み込む

③閉じる

という手順を踏みます。

○ Dir.open(*path*)
Dir.close

Fileクラスと同様に、Dirクラスにもopenメソッドとcloseメソッドがあります。

試しに、/usr/binディレクトリを読んでみましょう。

```ruby
dir = Dir.open("/usr/bin")
while name = dir.read
  p name
end
dir.close
```

while文の部分は、次のようにDir#eachメソッドで置き換えることもできます。

```ruby
dir = Dir.open("/usr/bin")
dir.each do |name|
  p name
end
dir.close
```

Dir.openもFile.openと同様にブロックを与えることによって、closeメソッドの呼び出しを省略できます。このときブロック変数には、生成されたDirオブジェクトが渡されます。

```ruby
Dir.open("/usr/local/lib/ruby/2.6.1") do |dir|
  dir.each do |name|
    p name
  end
end
```

第18章　FileクラスとDirクラス

このプログラムの出力は、次のようになります。

```
"."
".."
"x86_64-linux"
"csv"
"optparse"
"forwardable.rb"
    ⋮
```

○ *dir*.read

Fileクラスと同様に、Dirクラスにもreadメソッドがあります。

Dir#readメソッドを実行すると、最初に開いたディレクトリに含まれるものの名前を1つずつ順に返します。ここで読み出せるものは基本的に次の4種類のいずれかです。

- カレントディレクトリを表す「.」
- 親ディレクトリを表す「..」
- その他のディレクトリ名
- ファイル名

「/usr/bin」と「/usr/bin/.」は同じディレクトリを表すということに注意してください。

List 18.1のプログラムは、指定したディレクトリ以下のすべてのパスを処理します。コマンドライン引数ARGV[0]に渡されたパスがディレクトリの場合は、中に含まれるファイル名に対して同じ処理を再帰的に呼び出し、それ以外（ファイル）の場合はprocess_fileメソッドを呼び出して処理します。ここでは、コンソールへの出力のみを行っています。結果的にtraverseメソッドは、指定したディレクトリ以下のすべてのファイル名を出力します。

コメントに※をつけた行で、カレントディレクトリと親ディレクトリを読み飛ばしています。これがないと、何度も同じディレクトリを処理し続ける無限ループに陥ってしまいます。

394

18.2 ディレクトリの操作

List 18.1 traverse.rb

```ruby
def traverse(path)
  if File.directory?(path)   # ディレクトリの場合
    dir = Dir.open(path)
    while name = dir.read
      next if name == "."    # ※
      next if name == ".."   # ※
      traverse(path + "/" + name)
    end
    dir.close
  else
    process_file(path)       # ファイルに対する処理
  end
end

def process_file(path)
  puts path                  # ひとまず出力するだけ
end

traverse(ARGV[0])
```

○ Dir.glob

Dir.globメソッドを使うと、シェルのように*や?などのパターンを使っ
てファイル名を取得できます。Dir.globメソッドはパターンにマッチした
パス名（ファイル名およびディレクトリ名）を配列にして返します。また、ブ
ロックを渡すことで、マッチしたパス名ごとに、そのパス名をブロック変数
としてブロックを実行します。

いろいろなマッチの仕方があるので例を挙げます。

- カレントディレクトリにあるすべてのファイル名を取得する（"."で
  始まるUnix隠しファイル名は取得できません）
  Dir.glob("*")
- カレントディレクトリにあるすべての隠しファイル名を取得する
  Dir.glob(".*")

395

第18章　FileクラスとDirクラス

- カレントディレクトリにある拡張子が「.html」または「.htm」となっているファイル名を取得する。複数のパターンを一度に指定するときは配列を使う

  `Dir.glob(["*.html", "*.htm"])`

- パターンに空白を含まないのであれば、%w(...)を使って文字列の配列を生成するとパターンを読みやすくできる

  `Dir.glob(%w(*.html *.htm))`

- サブディレクトリにある拡張子が「.html」または「.htm」となっているファイル名を取得する

  `Dir.glob(["*/*.html", "*/*.htm"])`

- **"foo"** に拡張子が1文字ついたファイル名を取得する

  `Dir.glob("foo.?")`

- **"foo.c"**、**"foo.h"**、**"foo.o"** に一致するファイル名を取得する

  `Dir.glob("foo.[cho]")`

- カレントディレクトリ以下のすべてのファイル名を取得する。ディレクトリを再帰的に検索する

  `Dir.glob("**/*")`

- ディレクトリfoo以下にある「.html」を拡張子に持つすべてのファイル名を取得する。ディレクトリを再帰的に検索する

  `Dir.glob("foo/**/*.html")`

List 18.1のtraverseメソッドは、Dir.globメソッドを使って次のように書き換えることができます。

List 18.2 traverse_by_glob.rb

```ruby
def traverse(path)
  Dir.glob(["#{path}/**/*", "#{path}/**/.*"]) do |name|
    unless File.directory?(name)
      process_file(name)
    end
  end
end

def process_file(path)
  puts path                    # ひとまず出力するだけ
```

396

```
    end

traverse(ARGV[0])
```

●•• 18.2.2　ディレクトリの作成と削除

○ **Dir.mkdir**(*path*)

新しいディレクトリを作成するにはDir.mkdirメソッドを使います。

```
Dir.mkdir("temp")
```

○ **Dir.rmdir**(*path*)

ディレクトリを削除するにはDir.rmdirメソッドを使います。このとき、削除するディレクトリの中は空でなければなりません。

```
Dir.rmdir("temp")
```

18.3　ファイルとディレクトリの属性

　ファイルとディレクトリには、所有者や最後に更新した時間などの属性がついています。これらの属性値を取得したり、参照したりする方法を紹介します。

○ **File.stat**(*path*)

　File.statメソッドを使って、ファイルやディレクトリの属性を取得できます。File.statメソッドはFile::Statクラスのインスタンスを返します。File::Statクラスのインスタンスメソッドは表18.1の通りです。

第18章 FileクラスとDirクラス

表 18.1 File::Statクラスのインスタンスメソッド

メソッド	戻り値の意味
dev	ファイルシステムの装置番号
ino	i-node番号
mode	ファイルの属性
nlink	リンクの数
uid	ファイルの所有者のユーザID
gid	ファイルの所有グループのグループID
rdev	ファイルシステムのデバイスの種類
size	ファイルサイズ
blksize	ファイルシステムのブロックサイズ
blocks	ファイルに割り当てられたブロック数
atime	ファイルを最後に参照した時刻
mtime	ファイルを最後に修正した時刻
ctime	ファイルの状態を最後に変更した時刻

　これらのうち、atimeメソッド、mtimeメソッド、ctimeメソッドがTimeオブジェクトを返すのを除けば、ほかはすべて整数値を返します。
　uidメソッドとgidメソッドから対応するユーザ名とグループ名を求めるには、Etcモジュールを使います。Etcモジュールを使うには、「require "etc"」が必要です。
　Unixのパスワード情報には、ユーザID、ユーザ名、グループID、ホームディレクトリなどが登録されています。Etc.getpwuidメソッドはユーザIDに対応するパスワード情報のエントリを返します。同様に、グループ情報にはグループIDやグループ名などが登録されていて、Etc.getgrgidメソッドでグループIDに対応するグループ情報のエントリを得ることができます。

　EtcモジュールはUnixやLinuxのユーザやグループの情報を参照するための機能です。Windows版Rubyでもモジュールは提供されていますが多くの機能に制限があります。

　ファイル/usr/local/bin/rubyのユーザ名とグループ名を表示するプログラムは、次のようになります。

```
require "etc"

st = File.stat("/usr/local/bin/ruby")
```

```
pw = Etc.getpwuid(st.uid)
p pw.name   #=> "root"
gr = Etc.getgrgid(st.gid)
p gr.name   #=> "wheel"
```

○ **File.ctime**(*path*)
File.mtime(*path*)
File.atime(*path*)

これら3つのクラスメソッドは、インスタンスメソッド File::Stat #ctime、File::Stat#mtime、File::Stat#atimeと同じ情報を返します。これらのうち2つ以上を使う必要がある場合は、インスタンスメソッドを使ったほうが実行効率がよくなります。

○ **File.utime**(*atime*, *mtime*, *path*)

ファイル*path*の属性のうち、最終参照時刻*atime*と最終修正時刻*mtime*を変更します。時刻は整数値またはTimeオブジェクトを使って指定できます。また、同時に複数のパス名を指定することもできます。ファイルfooの最終参照時刻と最終修正時刻を変更するプログラムは、次のようになります。Time.nowメソッドを使って、現在の時刻を表すTimeオブジェクトを作り、そこから100秒を引いた値を設定しています。

```
filename = "foo"
File.write(filename, "...")   # ファイルを作る

st = File.stat(filename)
p st.ctime   #=> 2019-01-30 22:02:53 +0900
p st.mtime   #=> 2019-01-30 22:02:53 +0900
p st.atime   #=> 2019-01-30 22:02:53 +0900

File.utime(Time.now-100, Time.now-100, filename)
st = File.stat(filename)
p st.ctime   #=> 2019-01-30 22:02:53 +0900
p st.mtime   #=> 2019-01-30 22:01:13 +0900
p st.atime   #=> 2019-01-30 22:01:13 +0900
```

○ File.chmod(*mode*, *path*)

ファイル *path* の許可モード（パーミッション）を変更します。*mode* には新しいモードを整数値で指定します。同時に複数のパス名を指定することもできます。

 Windowsでは所有者の書き込み許可ビットだけが操作可能です。実行属性は、拡張子（.batや.exeなど）によって決定されます。

許可モードは、実行、書き込み、読み込みができるかどうかを表す3ビットずつの情報です（図18.2）。各許可モードは、ファイルの所有者、所有グループ、その他のそれぞれについて個別に設定できるので、全体は9ビットで表現されます。

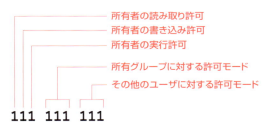

図 18.2 許可モードが表す情報

たとえば、「所有者は読み書きの両方をできるが、それ以外は読み込みのみ」というモードを設定する場合のビットは、110100100となります。8進数表記は1桁でちょうど3ビットを表すので、許可モードの記述に一般的に利用されています。先ほどの110100100を8進数に直すと、0644となります。8進数表記についてはコラム「ビットとバイト」（p.254）を参照してください。

ファイルtest.txtの許可モードを0755（所有者はすべて許可。それ以外は読み込みと実行のみ）に設定するには、次のようにします。

```
File.chmod(0755, "test.txt")
```

特定のビットを追加する場合、たとえば実行権を現在の許可モードに追加するような場合には、File.statメソッドで得た情報に指定のビットを追加してから、再度設定します。ビットの追加にはビット和を使います。

```
rb_file = "test.rb"
st = File.stat(rb_file)
File.chmod(st.mode | 0111, rb_file)   # 実行権を追加
```

○ **File.chown**(*owner, group, path*)

ファイル*path*の所有者を変更します。*owner*には新しい所有者のユーザID、*group*には新しいグループのIDを指定します。同時に複数のパス名を指定することも可能です。実行にはシステム管理者の権限が必要です。

 Windowsではメソッドは提供されていますが、実際には何も行いません。

18.3.1 ファイルやディレクトリの検査

Fileクラスにはファイルやディレクトリの属性を検査するためのメソッドがあります。表でまとめて紹介します（表18.2）。

表 18.2 ファイルやディレクトリを検査するメソッド

メソッド	戻り値
File.exist?(*path*)	*path*が存在すればtrue
File.file?(*path*)	*path*がファイルならばtrue
File.directory?(*path*)	*path*がディレクトリならばtrue
File.owned?(*path*)	*path*の所有者が実行したユーザと等しければtrue
File.grpowned?(*path*)	*path*の所有グループが実行したユーザのグループと等しければtrue
File.readable?(*path*)	*path*が読み込み可能ならばtrue
File.writable?(*path*)	*path*が書き込み可能ならばtrue
File.executable?(*path*)	*path*が実行可能ならばtrue
File.size(*path*)	*path*のサイズを返す
File.size?(*path*)	*path*のサイズが0より大きければtrue、サイズが0またはファイルが存在しなければnil
File.zero?(*path*)	*path*のサイズが0ならtrue

第18章 FileクラスとDirクラス

18.4 ファイル名の操作

ファイルを操作するときには、ファイル名の操作が何かと必要になります。パス名からディレクトリ名とファイル名を取り出したり、逆にディレクトリ名とファイル名からパス名を作ったり、といった操作を行うためのメソッドが用意されています。

○ **File.basename**(*path*[, *suffix*])

パス名*path*のうち、一番後ろの"/"以降の部分を返します。拡張子*suffix*が指定された場合は、戻り値から拡張子の部分が取り除かれます。パス名からファイル名を取り出すときに使います。

```
p File.basename("/usr/local/bin/ruby")    #=> "ruby"
p File.basename("src/ruby/file.c", ".c")  #=> "file"
p File.basename("file.c", ".c")           #=> "file"
```

○ **File.dirname**(*path*)

パス名*path*のうち、一番後ろの"/"までの部分を返します。"/"が含まれない場合は"."を返します。パス名からディレクトリ名を取り出すときに使います。

```
p File.dirname("/usr/local/bin/ruby")    #=> "/usr/local/bin"
p File.dirname("ruby")                   #=> "."
p File.dirname("/")                      #=> "/"
```

○ **File.extname**(*path*)

パス名*path*のうち、前述のbasenameメソッドが返す部分から拡張子を取り出して返します。拡張子が含まれない場合は空の文字列を返します。

```
p File.extname("helloruby.rb")          #=> ".rb"
p File.extname("ruby-2.6.1.tar.gz")      #=> ".gz"
p File.extname("img/foo.png")            #=> ".png"
p File.extname("/usr/local/bin/ruby")    #=> ""
p File.extname("~/.zshrc")               #=> ""
```

○ File.split(*path*)

パス名*path*をディレクトリ名の部分とファイル名の部分に分解し、2つの要素からなる配列を返します。多重代入を使って受け取ると便利です。

```
p File.split("/usr/local/bin/ruby")
                     #=> ["/usr/local/bin", "ruby"]
p File.split("ruby")  #=> [".", "ruby"]
p File.split("/")     #=> ["/", ""]

dir, base = File.split("/usr/local/bin/ruby")
p dir                 #=> "/usr/local/bin"
p base                #=> "ruby"
```

○ File.join(*name1*[, *name2*, …])

引数で与えられた文字列をFile::SEPARATORで連結します。File::SEPARATORには通常"/"が設定されています。

```
p File.join("/usr/bin", "ruby")  #=> "/usr/bin/ruby"
p File.join(".", "ruby")         #=> "./ruby"
```

○ File.expand_path(*path*[, *default_dir*])

相対パス名*path*を、ディレクトリ名*default_dir*に基づいて絶対パス名に変換します。*default_dir*が指定されなかった場合は、カレントディレクトリを基準にして変換します。

第18章　FileクラスとDirクラス

```
p Dir.pwd                              #=> "/usr/local"
p File.expand_path("bin")              #=> "/usr/local/bin"
p File.expand_path("../bin")           #=> "/usr/bin"
p File.expand_path("bin", "/usr")      #=> "/usr/bin"
p File.expand_path("../etc", "/usr")   #=> "/etc"
```

Unixの場合は、「**~ユーザ名**」でユーザのホームディレクトリを取得することができます。また、「~/」はプログラムを実行したユーザのホームディレクトリを表します。

```
p File.expand_path("~gotoyuzo/bin")     #=> "/home/gotoyuzo/bin"
p File.expand_path("~takahashim/bin")   #=> "/home/takahashim/bin"
p File.expand_path("~/bin")             #=> "/home/gotoyuzo/bin"
```

18.5 スクリプトのファイル名

プログラムの中で、そのプログラムが書かれているファイル名を参照する方法を紹介します。

○ __FILE__

現在のソースファイル名が格納された擬似変数です。絶対パスとは限らないため、絶対パスが必要な場合はFile.expand_path(__FILE__) とする必要があります。

○ __dir__

現在のソースファイル (__FILE__) のあるディレクトリ名を絶対パスで返します。こちらは擬似変数ではなくメソッドとして実装されています。

18.6 ファイル操作関連のライブラリ

18.6 ファイル操作関連のライブラリ

Rubyのパッケージに標準添付されている、ファイル操作関連のライブラリを紹介します。組み込みのFileクラスやDirクラスは、OSの提供する機能をRubyから扱えるようにするための最低限の機能しか提供していません。効率よくプログラムを書くには、この節で紹介するライブラリが必要になるでしょう。

18.6.1 findライブラリ

findライブラリに含まれる Findモジュールは、指定したディレクトリ以下に存在するディレクトリやファイルを再帰的に処理するためのものです。

○ **Find.find(*dir*) {|*path*| …}**
  Find.prune

Find.findメソッドは、ディレクトリ *dir* 以下のすべてのファイルのパスを1つずつパス *path* に渡します。

Find.pruneメソッドは、Find.findメソッドで現在検索中のディレクトリ以下のパスを読み飛ばします（単にnextを使うと、読み飛ばすのはそのディレクトリだけで、サブディレクトリの検索は継続されます）。

List 18.3はコマンドライン引数に指定したディレクトリ以下を表示するスクリプトです。listdirメソッドは、引数topで指定したパス以下のすべてのディレクトリ名を表示します。検索したくないディレクトリをIGNORESに登録しておくと、Find.pruneメソッドでそれ以下の検索を省略します。

List 18.3 listdir.rb

```
require "find"

IGNORES = [ /^\./, /^\.svn$/, /^\.git$/ ]

def listdir(top)
  Find.find(top) do |path|
    if File.directory?(path)   # pathがディレクトリならば
      dir, base = File.split(path)
```

405

第18章　FileクラスとDirクラス

```
      IGNORES.each do |re|
        if re =~ base              # 無視したいディレクトリの場合
          Find.prune               # それ以下の検索を省略する
        end
      end
      puts path                    # 出力する
    end
  end
end

listdir(ARGV[0])
```

18.6.2　tempfileライブラリ

tempfileライブラリはテンポラリファイルを管理するためのライブラリです。

たくさんのデータを扱うプログラムでは、処理の途中で作成される一時的なデータをファイルに書き込むことがあります。このファイルはプログラムが終了すると必要なくなるので、削除しなければいけませんが、ファイルを削除するには作成したときのファイル名をいちいち覚えておかなければなりません。また、複数のファイルを扱う場合や、同時に複数のプログラムが実行されることを考えると、いつも同じファイル名を使ってはならないという面倒な問題もあります。

tempfileライブラリに含まれるTempfileクラスは、これらの問題を解決してくれます。

○ Tempfile.new(*basename*[, *tempdir*])

テンポラリファイルを作成します。実際に作成されるファイル名は、*basename*にプロセスIDと、通し番号を付加したものです。したがって、同じ*basename*を使っても、newメソッドを呼ぶごとに異なったファイルが割り当てられます。ディレクトリ名*tempdir*を指定しなければ、ENV["TMPDIR"]、ENV["TMP"]、ENV["TEMP"]、"/tmp"の順に検索して最初に見つかったディレクトリが使用されます。

○ **tempfile.close**(*real*)

テンポラリファイルを閉じます。*real*がtrueのとき、テンポラリファイルはすぐに削除されます。明示的に削除しなくても、Tempfileオブジェクトが GC（p.439）されると同時に削除されます。*real*のデフォルト値はfalseです。

○ **tempfile.open**

closeメソッドで閉じたテンポラリファイルを、もう一度開きます。

○ **tempfile.path**

テンポラリファイルのパス名を返します。

18.6.3 fileutilsライブラリ

すでにFileUtils.cp、FileUtils.mvメソッドは紹介しましたが、 fileutilsライブラリをrequireで読み込むと、ファイルの操作を行うときに便利なFileUtilsモジュールのメソッドを利用できるようになります。

○ **FileUtils.cp**(*from, to*)

*from*から*to*へファイルをコピーします。*to*がディレクトリの場合は、*to*以下に*from*と同名のファイルを作成します。*from*を配列にして複数のファイルを一度にコピーすることもできます。この場合、*to*はディレクトリでなければなりません。

○ **FileUtils.cp_r**(*from, to*)

FileUtils.cpメソッドとほぼ同様の動作をしますが、*from*がディレクトリの場合は再帰的にコピーを行います。

○ **FileUtils.mv**(*from, to*)

*from*から*to*へファイル（またはディレクトリ）を移動します。*to*がディレクトリの場合は、*to*以下に*from*と同名のファイルとして移動します。*from*を配列にして複数のファイルを一度に移動することもできます。この場合、*to*はディレクトリでなければなりません。

第18章 FileクラスとDirクラス

◯ **FileUtils.rm(***path***)**
  FileUtils.rm_f(*path***)**

*path*を削除します。*path*はファイルでなければなりません。*path*を配列にして複数のファイルを一度に削除することもできます。FileUtils.rmメソッドは削除の際に例外が発生すると処理を中断しますが、FileUtils.rm_fメソッドは無視して続行します。

◯ **FileUtils.rm_r(***path***)**
  FileUtils.rm_rf(*path***)**

*path*を削除します。*path*がディレクトリの場合は再帰的に削除を行います。*path*を配列にして複数のファイル（またはディレクトリ）を一度に削除することもできます。FileUtils.rm_rメソッドは処理の途中で例外が発生すると処理を中断しますが、FileUtils.rm_rfメソッドは無視して続行します。

◯ **FileUtils.compare(***from***, ***to***)**

*from*と*to*の内容を比較します。一致していればtrueを、一致していなければfalseを返します。

◯ **FileUtils.install(***from***, ***to***[, ***option***])**

*from*から*to*へファイルをコピーします。*to*がすでに存在し、*from*の内容と一致していれば、コピーは行われません。また、オプション*option*としてコピー先のファイルの許可モードを次のように指定することもできます。

```
FileUtils.install(from, to, :mode=>0755)
```

◯ **FileUtils.mkdir_p(***path***)**

Dir.mkdirメソッドを使って"foo/bar/baz"というディレクトリを作成する場合、

```
Dir.mkdir("foo")
Dir.mkdir("foo/bar")
Dir.mkdir("foo/bar/baz")
```

408

のように上位のディレクトリから順番に作成しなければいけませんが、`FileUtils.mkdir_p`メソッドを使えば、

```
FileUtils.mkdir_p("foo/bar/baz")
```

と呼び出すだけで階層の深いディレクトリも一度に作成できます。パス名 *path* を配列にして複数のディレクトリを一度に作成することも可能です。

第18章　FileクラスとDirクラス

練習問題

(1) 変数 `$:` には、Ruby が利用するライブラリが置かれているディレクト
リの名前が、配列の形で格納されています。この変数を使って、Ruby が
利用できるライブラリのファイル名を順に出力するメソッド `print_`
`libraries` を定義してください。

(2) Unix の du コマンドのように、ファイルとディレクトリに保存されてい
るデータの大きさを、再帰的に掘り下げて調べ、表示するメソッド du を
定義してください。
このメソッドは引数を1つだけ取ります。

　du (調べるディレクトリ名)

指定されたディレクトリにあるファイルの大きさ（バイト数）とディレ
クトリの大きさを表示します。ディレクトリの大きさは、そのディレク
トリの下にあるファイルの大きさの合計とします。

※解答は、サポートページ（https://tanoshiiruby.github.io/6/answer/）で公開しています。

410

第19章 エンコーディング（Encoding）クラス

この章では、Encodingクラスと、Rubyにおけるエンコーディングの扱いについて説明します。

- **Rubyのエンコーディングと文字列**
  Rubyでの文字列とエンコーディングの扱いについて説明します。
- **スクリプトエンコーディングとマジックコメント**
  マジックコメントとスクリプトエンコーディングについて改めて説明します。
- **Encodingクラス**
  エンコーディングの基本となるEncodingクラスについて紹介します。
- **正規表現とエンコーディング**
  正規表現とエンコーディングの関係を説明します。
- **IOクラスとエンコーディング**
  IOクラスとエンコーディングの関係を説明します。

19.1 Rubyのエンコーディングと文字列

第14章のコラム「文字コード」（p.308）で、コンピュータで文字を扱う際の基本である文字コードについて説明しました。このコラムで説明した通り、文字コードは複数あり、1つのプログラムでも、入出力で異なる文字コードを扱わなければいけなくなることがあります。たとえば、入力はUTF-8で受け取りながら、Shift_JISで出力するというような場合です。UTF-8の「あ」とShift_JISの「あ」は異なるデータですが、適切に変換を行うことによって、このようなプログラムを書くことが可能になります。

プログラムがどのように文字コードを扱うかは、プログラミング言語によ

411

第19章　エンコーディング（Encoding）クラス

ってアプローチが異なります。Rubyでは個々の文字列オブジェクトが、「文字列のデータそのもの」と「そのデータの文字コード」という2つの情報をセットで保持しています。このうちの2つ目、文字コードに関する情報を**エンコーディング**といいます。

　文字列オブジェクトを作るには、おおまかに、スクリプトにリテラルとして記述する方法と、プログラムの外部（ファイル、コンソール、ネットワークなど）からデータを受け取る方法の2通りの方法があります。データをどのように取得するかによって文字列オブジェクトのエンコーディングが決められます。文字列の一部を取り出したり、複数の文字列を連結して新しい文字列オブジェクトを作る場合は、もとのエンコーディングが引き継がれます。

　また、プログラムの外部にデータを出力する際は、出力先ごとに適切なエンコーディングを決める必要があります。

　Rubyは次の情報をもとに、文字列オブジェクトのエンコーディングを決定したり、入出力処理の際に変換を行ったりします。

- **スクリプトエンコーディング**
  リテラルに記述した文字列オブジェクトのエンコーディングを決定する情報です。スクリプトそのものの文字コードと一致します。これについては「19.2　スクリプトエンコーディングとマジックコメント」で説明します。
- **内部エンコーディングと外部エンコーディング**
  内部エンコーディングは外部から受け取ったデータをプログラム内でどのように扱うかという情報です。逆に外部エンコーディングはプログラムを外部に出力する際のエンコーディングに関する情報です。いずれもIOオブジェクトに関連します。これについては「19.5　IOクラスとエンコーディング」で説明します。

19.2 スクリプトエンコーディングとマジックコメント

　マジックコメントについては、第1章で簡単に説明しました。マジックコメントをスクリプトの先頭に書くことで、Rubyスクリプト自体のエンコーディングを指定できます。

19.2 スクリプトエンコーディングとマジックコメント

スクリプト自体のエンコーディングのことを、**スクリプトエンコーディング**と呼びます。スクリプト中の文字列や正規表現のリテラルは、スクリプトエンコーディングに従って解釈されます。スクリプトエンコーディングがShift_JISなら、文字列や正規表現リテラルはShift_JISになります。同様に、スクリプトエンコーディングがUTF-8なら、文字列や正規表現リテラルもUTF-8になります。

スクリプトエンコーディングを指定するために使われるのが**マジックコメント**です。Rubyはスクリプトの解析を始める前に、マジックコメントを読み取ってスクリプトエンコーディングを決定します。

マジックコメントはスクリプトの最初の行に記述しなければなりません（1行目が「#! ～」で始まる場合は2行目に記述します）。UTF-8を指定する場合の例を次に挙げます。

```
# encoding: utf-8
```

Unixではスクリプトの許可モード（p.400）に実行許可ビットを付与すれば、実行形式と同様にスクリプトを実行することができます。その際に、ファイルの先頭に「**#!コマンドのパス**」の形式でスクリプトを処理するコマンドを指定します。本書のスクリプトの実行例では「**> ruby スクリプト名**」のようにrubyコマンドをコマンドラインに指定していますが、ファイルの先頭に「**#!/usr/bin/ruby**」など、適切にrubyコマンドのパスを記述すれば「**> ./スクリプト名**」のようにして実行できます。

また、EmacsやVimなどのエディタに対するエンコーディングの指定と共通化できるように、次の形式で指定することもできます。

```
# -*- coding: utf-8 -*-        # Emacsの場合
# vim:set fileencoding=utf-8:  # Vimの場合
```

マジックコメントがついていない場合のスクリプトエンコーディングはUTF-8になるため、UTF-8のソースコードであればマジックコメントは必要ありません。UTF-8以外の日本語の文字列を使う場合はマジックコメントに適切なエンコーディングを指定しなければいけません。

次の例では、日本語の文字を含んでいますが、マジックコメントで

US-ASCIIが指定されているためエラーになっています。

```
# encoding: US-ASCII
a = "こんにちは"  #=> invalid multibyte char (US-ASCII)
```

　文字列のエンコーディングを調べるにはString#encodingメソッドを、現在のスクリプトエンコーディングを調べるには擬似変数__ENCODING__を参照します。ついでになりますが、UTF-8は他のエンコーディングよりも扱いが充実しており、文字列リテラルで特殊文字「\u」を使うとスクリプトエンコーディングにかかわらずUTF-8の文字列を作ることができます。次に示すのは、Shift_JISのスクリプトにUTF-8の文字列をリテラルとして埋め込む例です。

```
# encoding: Shift_JIS

p __ENCODING__ #=> #<Encoding:Shift_JIS>

s = "\u3042\u3044\u3046\u3048\u304a"  # UTF-8の「あいうえお」
puts s                                #=> "あいうえお"
p s.encoding                          #=> #<Encoding:UTF-8>
```

 Encodingクラス

　先ほど紹介した通り、String#encodingメソッドは、Encodingオブジェクトを返します。

```
p "こんにちは".encoding  #=> #<Encoding:UTF-8>
```

　この例では、「こんにちは」という文字列オブジェクトのエンコーディングがUTF-8になっています。

Windows環境では「Windows-31J」というエンコーディングが表示されるかもしれません。これはWindows用にShift_JISを拡張したエンコーディングで、たとえば「①」といった本来のShift_JISにはない文字が含まれています。Windows-31JにはCP932(「Microsoftコードページ932」の意味)という別名があり、インターネット上で文字コードに関する議論が行われる場合にはこちらの名前が使われることがあります。

スクリプトの中で異なるエンコーディングを扱うときには、必要に応じて変換を行います。文字列オブジェクトのエンコーディングを変換するには`String#encode`メソッドを使います。

```
str = "こんにちは"
p str.encoding      #=> #<Encoding:UTF-8>
str2 = str.encode("Shift_JIS")
p str2.encoding     #=> #<Encoding:Shift_JIS>
```

この例では、UTF-8の文字列オブジェクトから、Shift_JISのエンコーディングを持つ新しい文字列オブジェクトを作成しています。

文字列を操作する際には、エンコーディングの扱いをRubyがチェックしてくれます。たとえば、異なるエンコーディングの文字列を連結しようとするとエラーが発生します。

```
# encoding: utf-8

str1 = "こんにちは"
p str1.encoding      #=> #<Encoding:UTF-8>
str2 = "あいうえお".encode("Shift_JIS")
p str2.encoding      #=> #<Encoding:Shift_JIS>
str3 = str1 + str2   #=> incompatible character encodings: UTF-8
                     # and Shift_JIS(Encoding::CompatibilityError)
```

エラーを防ぐには、文字列を連結する前に、`encode`メソッドなどを使って両者が同じエンコーディングになるよう変換する必要があります。

また、比較の際にも、表現している文字が同じでも文字コードが異なれば、異なる文字列と見なされます。

第19章 エンコーディング（Encoding）クラス

```
# encoding: utf-8
p "あ" == "あ".encode("Shift_JIS")  #=> false
```

なお、この例ではString#encodeでエンコーディングを指定する場合、エンコーディング名の文字列を使っていますが、Encodingオブジェクトで指定することもできます。

19.3.1 Encodingクラスのメソッド

それではEncodingクラスのメソッドを見ていきましょう。

○ Encoding.compatible?(*str1, str2*)

2つの文字列の互換性をチェックします。ここでいう互換性とは2つの文字列を連結できるかどうかです。互換性がある場合は、連結した結果得られる文字列のエンコーディングを返します。互換性がない場合はnilを返します。

```
p Encoding.compatible?("AB".encode("Shift_JIS"),
                "あ".encode("UTF-8"))  #=> #<Encoding:UTF-8>
p Encoding.compatible?("あ".encode("Shift_JIS"),
                "あ".encode("UTF-8"))  #=> nil
```

「AB」という文字列はShift_JISでもUTF-8でも同一なので、Shift_JISに変換してもUTF-8の文字列と連結できますが、「あ」という文字列は連結できないため、nilになります。

○ Encoding.default_external

デフォルトの外部エンコーディングを返します。この値はIOクラスの外部エンコーディングに影響します。詳細は「19.5　IOクラスとエンコーディング」(p.421)を参照してください。

○ Encoding.default_internal

デフォルトの内部エンコーディングを返します。この値はIOクラスの内部エンコーディングに影響します。詳細は「19.5　IOクラスとエンコーディング」(p.421)を参照してください。

○ Encoding.find(*name*)

エンコーディング名*name*に対応する、Encodingオブジェクトを返します。あらかじめ組み込まれているエンコーディング名は空白を含まない大小のアルファベットと数字と記号から構成されています。検索の際は*name*の大文字と小文字は区別されません。

```
p Encoding.find("Shift_JIS")  #=> #<Encoding:Shift_JIS>
p Encoding.find("shift_jis")  #=> #<Encoding:Shift_JIS>
```

なお、特殊なエンコーディング名として、表19.1が予約されています。

表 19.1 特別なエンコーディング名

名前	意味
locale	ロケール情報によって決定されるエンコーディング
external	デフォルト外部エンコーディング
internal	デフォルト内部エンコーディング
filesystem	ファイルシステムエンコーディング

○ Encoding.list
Encoding.name_list

Rubyがサポートしているエンコーディングの一覧を返します。Encoding.listメソッドはEncodingオブジェクトの一覧を、Encoding.name_listはエンコーディングの名前を表す文字列の一覧を、それぞれ配列に格納して返します。

```
p Encoding.list
    #=> [#<Encoding:ASCII-8BIT>, #<Encoding:UTF-8>, ...
p Encoding.name_list
    #=> ["ASCII-8BIT", "UTF-8", "US-ASCII", ...
```

第19章　エンコーディング（Encoding）クラス

○ *enc*.name

Encodingオブジェクト*enc*のエンコーディング名を返します。

```
p Encoding.find("shift_jis").name  #=> "Shift_JIS"
```

○ *enc*.names

「ASCII-8BIT」と「BINARY」など、1つのエンコーディングが複数の名前を持つ場合があります。このメソッドは、Encodingオブジェクトに与えられた名前の一覧を含む配列を返します。このメソッドに含まれるエンコーディング名であれば、Encoding.findメソッドで検索する際に利用できます。

```
enc = Encoding.find("ASCII-8BIT")
p enc.names  #=> ["ASCII-8BIT", "BINARY"]
```

---

column

ASCII-8BITとバイト列

　特別なエンコーディングとして、「ASCII-8BIT」が用意されています。これはバイナリデータ、バイト列を表現するためのエンコーディングです。そのため、このエンコーディングにはBINARYという別名があります。

　文字列オブジェクトはバイト列を格納するためにも使われます。典型的な例はArray#packメソッドでバイトデータを文字列として生成する場合や、Marshal.dumpメソッドでオブジェクトをシリアライズしたデータを文字列として生成する場合です。

　たとえば、Array#packメソッドを使って、IPアドレスを4つの数値で表したものを4バイトのバイト列にする場合は、次のようになります。

```
str = [127,0,0,1].pack("C4")
p str           #=> "\x7F\x00\x00\x01"
p str.encoding  #=> #<Encoding:ASCII-8BIT>
```

418

Array#packメソッドの引数はバイト列化するためのパターンで、C4は8ビ
ットの符号なし整数4つの並びを意味しています。その結果は4バイトのバイ
ト列で、エンコーディングはASCII-8BITになります。

また、open-uriライブラリなどを使い、ネットワーク越しにファイルを取得
する場合、その文字コードがわからない場合があります。その場合にも、エンコ
ーディングはASCII-8BITになります。

```
# encoding: utf-8
require "open-uri"
str = open("http://www.example.jp/").read
p str.encoding  #=> #<Encoding:ASCII-8BIT>
```

ASCII-8BITの文字列であっても、本来の文字コードがわかる場合は、
force_encodingメソッドを使います。このメソッドは、文字列の値（バイトデ
ータ）は変更せず、エンコーディングの情報だけを変更します。

```
# encoding: utf-8
require "open-uri"
str = open("http://www.example.jp/").read
str.force_encoding("Windows-31J")
p str.encoding  #=> #<Encoding:Windows-31J>
```

こうすると、ASCII-8BITだった文字列を、Windows-31Jというエンコーディ
ングの文字列として扱うことができます。

なお、force_encodingメソッドの引数に、その文字コードの文字列に変換
不可能なエンコーディングを指定しても、その時点ではエラーにはなりませ
ん。その文字列に対してさらに操作を行う時点ではじめてエラーが発生しま
す。また、適切なエンコーディングかどうかを調べるためのメソッドvalid_
encoding?もあります。不適切な場合にはfalseを返します。

```
str = "こんにちは"
str.force_encoding("US-ASCII") #=> エラーにはならない
str.valid_encoding?            #=> false
str + "みなさん"                #=> Encoding::CompatibilityError
```

第19章 エンコーディング（Encoding）クラス

 ## 19.4 正規表現とエンコーディング

　正規表現も文字列と同様に、エンコーディングの情報を持っています。
　正規表現オブジェクトは同じエンコーディングを持つ文字列としかマッチしません。たとえば、UTF-8の正規表現オブジェクトにShift_JISの文字列をマッチさせようとしても、エラーになります。逆も同じです。

```
# encoding: utf-8
regexp = /あ/                          # UTF-8の正規表現
str = "あいうえお".encode("Shift_JIS") # Shift_JISの「あいうえお」
p regexp =~ str    #=> incompatible encoding regexp match
                   #    (UTF-8 regexp with Shift_JIS string)
                   #    (Encoding::CompatibilityError)
```

　通常、正規表現リテラルのエンコーディングはスクリプトエンコーディングと同じになります。
　異なるエンコーディングを指定するときは、Regexpクラスのnewメソッドを使います。このメソッドでは、第1引数に正規表現のパターンとして文字列を与えますが、この文字列のエンコーディングが、そのまま正規表現のエンコーディングに使われます。

```
str = "パターン".encode("Shift_JIS")
re = Regexp.new(str)
p re.encoding   #=> #<Encoding:Shift_JIS>
```

19.5　IOクラスとエンコーディング

19.5　IOクラスとエンコーディング

IOオブジェクトを使って入出力を行う際も、エンコーディングが重要です。ここではIOクラスとエンコーディングについて説明します。

19.5.1　外部エンコーディングと内部エンコーディング

IOオブジェクトはそれぞれ、**外部エンコーディング**と**内部エンコーディング**という2つのエンコーディング情報を持ちます。外部エンコーディングは入出力の対象となるファイルやコンソールで期待するエンコーディングで、内部エンコーディングはRubyスクリプトの中で扱うエンコーディングのことです。IOオブジェクトのエンコーディングに関するメソッドを表19.2に示します。

表 19.2 IOクラスのエンコーディング関連のメソッド

メソッド名	意味
IO#external_encoding	IOの外部エンコーディングを返す
IO#internal_encoding	IOの内部エンコーディングを返す
IO#set_encoding	IOにエンコーディングを設定する

エンコーディングを明示的に設定しない場合、IOオブジェクトの外部エンコーディングと内部エンコーディングはそれぞれEncoding.default_internalおよびEncoding.default_externalの値になります。デフォルトでは外部エンコーディングはシステムごとのロケールをもとに設定されますが、内部エンコーディングは設定されません。Windowsの場合は次のようになります。

```
p Encoding.default_external   #=> #<Encoding:Windows-31J>
p Encoding.default_internal   #=> nil
File.open("foo.txt") do |f|
  p f.external_encoding       #=> #<Encoding:Windows-31J>
  p f.internal_encoding       #=> nil
end
```

第19章 エンコーディング（Encoding）クラス

19.5.2 エンコーディングの設定

IOオブジェクトにエンコーディング情報を設定するには、IO#set_encodingメソッドを使うか、File.openメソッドの引数としてエンコーディングを指定します。

○ *io*.set_encoding(*encoding*)

IO#set_encodingメソッドには「**"外部エンコーディング名：内部エンコーディング名"**」の形式の文字列*encoding*を指定します。外部エンコーディングをShift_JIS、内部エンコーディングをUTF-8に設定する場合は次のようにします。

```
$stdin.set_encoding("Shift_JIS:UTF-8")
p $stdin.external_encoding  #=> #<Encoding:Shift_JIS>
p $stdin.internal_encoding  #=> #<Encoding:UTF-8>
```

○ **File.open**(*file*, **"mode：encoding"**)
File.open(*file*, **"mode"**, **encoding:** *encoding*)
File.read(*file*, **encoding:** *encoding*)
File.write(*file*, *string*, **encoding:** *encoding*)

ファイル*file*を開く際にFile.openメソッドでエンコーディング*encoding*を指定するには、第2引数のモード指定*mode*と一緒に"："で区切って外部エンコーディング、内部エンコーディングの順に指定します（内部エンコーディングは省略できます）。また、:encodingオプションを追加して指定することもできます。:encodingオプションは、File.readメソッドやFile.writeメソッドに指定することもできます。

```
# 外部エンコーディングとしてUTF-8を指定する
File.open("foo.txt", "w:UTF-8")
# または
File.open("foo.txt", "w", encoding: "UTF-8")

# 外部エンコーディングとしてShift_JISを指定し、
# 内部エンコーディングとしてUTF-8を指定する
```

19.5　IOクラスとエンコーディング

```
File.open("foo.txt", "r:Shift_JIS:UTF-8")
# または
File.open("foo.txt", "r", encoding: "Shift_JIS:UTF-8")

# 外部エンコーディングとしてUTF-8を指定してファイル全体を読み込む
File.read("foo.txt", encoding: "UTF-8")

# 外部エンコーディングとしてUTF-8を指定してファイルに書き込む
text = "UTF-8やShift_JISのテキストデータ"
File.write("foo.txt", text, encoding: "UTF-8")
```

　なお、エンコーディングは文字をどのように扱うかという情報なので、バイナリファイルにとっては役立つものではありません。

　「17.3　ファイルポインタ」(p.377) でバイト数を指定してファイルを操作するために、IO#seekを紹介しました。また、IO#read(*size*) によって読み込まれた文字列は、「ASCII-8BIT」というバイナリデータのためのエンコーディングを持ちます。これらのメソッドはどのようなデータであっても読み書きの操作ができるようにエンコーディングの影響を受けないようになっています。

19.5.3　エンコーディングの動き

　それでは、IOオブジェクトに設定されたエンコーディング情報がどのように利用されるかを見ていきます。

○ 出力時のエンコーディングの動き

　2つのエンコーディングのうち、書き込み (出力) に影響するのは外部エンコーディングです。出力の際に、個々の文字列が保持しているエンコーディングと、IOオブジェクトの外部エンコーディングをもとに文字コードの変換が行われます (したがって、出力用のIOオブジェクトについては内部エンコーディングを指定する必要はありません)。

　外部エンコーディングが設定されてない場合や、文字列のエンコーディングと外部エンコーディングが一致している場合は変換されません。変換が必要な場合に、出力しようとする文字列のエンコーディングが不正 (実際は日本語なのに中国語用のエンコーディング情報を持つ文字列など) だったり、

文字列と外部エンコーディングが変換できない組み合わせ（日本語用のエンコーディングと中国語用のエンコーディングなど）だったりする場合には例外が発生します。

エンコーディングに関する処理はIO#writeメソッドで行われます。IOオブジェクトのすべての出力処理は内部でwriteメソッドを呼ぶため、常にエンコーディングの影響を受けることになります。

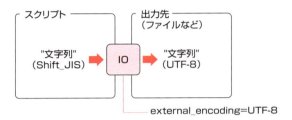

● 外部エンコーディングが設定されていない場合は変換されない
● 文字列の持っているエンコーディングから外部エンコーディングに変換される
● 変換できない場合はエラーとなる

図 19.1 出力時のエンコーディングの動作

○ 入力時のエンコーディングの動き

読み込み（入力）は少し複雑です。まず、外部エンコーディングが設定されていない場合は、外部エンコーディングはEncoding.default_externalの値と見なされます。

外部エンコーディングが設定されていて、内部エンコーディングが設定されていない場合は、読み込まれた文字列にはIOオブジェクトの外部エンコーディングが設定されます。このケースでは変換は行われず、ファイルやコンソールから入力されたデータがそのままの形でStringオブジェクトに格納されます。

最後に、外部エンコーディングと内部エンコーディングの両方が設定されている場合は、外部エンコーディングから内部エンコーディングへと変換されます。出力と同様に入力でも、変換が発生したときに入力されるデータの形式やエンコーディングの組み合わせが正しくない場合には、例外が発生します。

複雑に感じられたかもしれませんが、基本的に利用環境と実際に利用する

19.5 IOクラスとエンコーディング

データのエンコーディングが一致していれば変換を意識しなくてもよいようになっています。一方、動作環境と異なるエンコーディングのデータを利用する場合は、何らかの変換をプログラムで意識する必要があるのが普通です。

IOクラスの入力メソッドのうち、getsメソッドやgetcメソッドなどの行または文字単位の読み込みはエンコーディングの影響を受けます。readメソッドは、引数を省略してファイルを終わりまで読み込む場合はエンコーディングの影響を受けますが、読み込む長さを指定したときはバイナリデータを扱う処理ということでエンコーディングの影響を受けません。また、getbyteメソッドなどのバイト単位の読み込みもエンコーディングの影響を受けません。

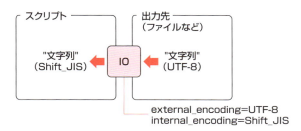

- 内部エンコーディングがない場合は外部エンコーディングが文字列に設定される
- 外部エンコーディングが設定されていない場合はEncoding.default_externalとなる
- 内部エンコーディングが設定されている場合は外部エンコーディングから変換される
- 変換できない場合はエラーとなる

図 19.2 入力時のエンコーディングの動作

第19章 エンコーディング（Encoding）クラス

練習問題

(1) EUC-JPの文字列str_eucと、Shift_JISの文字列str_sjisを連結してUTF-8の文字列を返すメソッドto_utf8(str_euc, str_sjis)を作ってください。

(2) Shift_JISで「こんにちは」と書かれたテキストファイルを作り、そのファイルを読み込んでUTF-8で出力するスクリプトを作ってみてください。

(3) str.encode("Shift_JIS")とstr.encode("Windows-31J")を実行したときに結果が異なるような、UTF-8の文字列strを見つけてください。

※解答は、サポートページ（https://tanoshiiruby.github.io/6/answer/）で公開しています。

第20章

TimeクラスとDateクラス

この章では、時刻を扱うためのTimeクラスと日付を扱うためのDateクラスを紹介します。

- **Time クラスと Date クラス**
  TimeクラスとDateクラスの概要を説明します。
- **時刻や日付を取得する**
  現在の時刻や日付を取得する方法を紹介します。
- **時刻や日付を計算する**
  2つの時刻や日付を比較したり、または差を求める方法を紹介します。
- **文字列に変換する**
  時刻や日付を文字列として整形して出力する方法を紹介します。
- **文字列を解析する**
  時刻や日付を表現する文字列からTimeオブジェクトやDateオブジェクトを作成する方法を紹介します。

20.1 TimeクラスとDateクラス

Timeクラスは時刻を表現するクラスです。時刻には、年月日時分秒のほかに、地域ごとの時差を表現するためのタイムゾーンという情報が含まれます。日本におけるある時刻が協定標準時で何時にあたるか、といった計算を行うことができます。

Dateクラスは年月日だけを扱うためのクラスです。Dateクラスは日を単位とした計算に使えます。また、Dateクラスは、来月の同日や今月の月末といった日付を求めることもできます。

TimeクラスとDateクラスで表現できる時刻や日付に制限はありません（現在の暦がそれまで使われていれば、の話ですが、「西暦100億年」といった時刻や日付も扱うことができます）。しかし実際にはファイルのタイムスタンプやプログラムの実行時間などのシステム内の時刻、あるいはデータベース上の時刻型データなど、Rubyのプログラムとは別に環境の制限を受ける場合があります。

20.2 時刻を取得する

○ `Time.new`
`Time.now`

`Time.new`メソッドまたは`Time.now`メソッドを使って、現在の時刻を表すTimeオブジェクトを得ることができます。

```
p Time.new   #=> 2018-11-19 11:08:22 +0900
sleep 1      # 1秒待つ
p Time.now   #=> 2018-11-19 11:08:23 +0900
```

○ *t*.`year`
t.`month`
t.`day`

年、月、日など取得した時刻の要素を求めることもできます。

```
t = Time.now
p t          #=> 2018-11-19 11:09:05 +0900
p t.year     #=> 2018
p t.month    #=> 11
p t.day      #=> 19
```

時刻の要素に関するメソッドを表20.1に挙げます。

20.2 時刻を取得する

表 20.1 時刻の要素に関するメソッド

メソッド名	意味
year	年
month	月
day	日
hour	時
min	分
sec	秒
usec	秒以下の端数（マイクロ秒単位）
nsec	秒以下の端数（ナノ秒単位）
to_i	1970年1月1日0時からの秒数
wday	週の何日目か（日曜日を0とする）
mday	月の何日目か（dayメソッドと同じ）
yday	年の何日目か（1月1日を1とする）
zone	タイムゾーン（"JST"など）
utc_offset	UTCとの時差（秒単位）

○ **Time.mktime(**
　　year[, *month*[, *day*[, *hour*[, *min*[, *sec*[, *usec*]]]]]])

指定した時刻を表すTimeオブジェクトを得るには、Time.mktimeメソッ
ドを使用します。

```
t = Time.mktime(2018, 11, 19, 11, 09, 40)
p t  #=> 2018-11-19 11:09:05 +0900
```

○ **Time.at(*epoch*)**

Unixシステムの時刻の基準点である1970年1月1日午前0時0分0秒（UTC）
からの経過秒数に対応するTimeオブジェクトを取得します。

```
t0 = Time.at(0)
p t0 #=> 1970-01-01 09:00:00 +0900
t1 = Time.at(1600000000)
p t1 #=> 2020-09-13 21:26:40 +0900
```

429

また、ファイルの作成時刻や更新時刻もTimeオブジェクトとして取得できます。詳しくは「18.3 ファイルとディレクトリの属性」(p.397)を参照してください。

20.3 時刻を計算する

Timeオブジェクト同士は、比較したり、差を求めたりすることができます。

```
t1 = Time.now
sleep(10)      # 10秒待つ
t2 = Time.now
p t1 < t2      #=> true
p t2 - t1      #=> 10.004440506
```

また、Timeオブジェクトに対して、秒数を足したり引いたりできます。

```
t = Time.now
p t                        #=> 2018-11-19 11:09:05 +0900
t2 = t + 60 * 60 * 24      # 24時間分の秒数を足す
p t2                       #=> 2018-11-20 11:09:05 +0900
```

20.4 時刻のフォーマット

◯ *t*.**strftime**(*format*)
t.**to_s**

時刻をフォーマットに従った文字列にしたいときは、Time#strftimeメソッドを使います。フォーマット(*format*)に使用できる文字列を表20.2に示します。

20.4 時刻のフォーマット

表 20.2 Time#strftime メソッドのフォーマット文字列

フォーマット	意味と範囲
%A	曜日の名称（Sunday、Monday、……）
%a	曜日の省略名（Sun、Mon、……）
%B	月の名称（January、February、……）
%b	月の省略名（Jan、Feb、……）
%c	日付と時刻
%d	日（01〜31）
%H	24時間制の時（00〜23）
%I	12時間制の時（01〜12）
%j	年中の通算日（001〜366）
%M	分（00〜59）
%m	月を表す数字（01〜12）
%p	午前または午後（AM、PM）
%S	秒（00〜60）　※60はうるう秒の場合
%U	週を表す数。最初の日曜日が第1週の始まり（00〜53）
%W	週を表す数。最初の月曜日が第1週の始まり（00〜53）
%w	曜日を表す数。日曜日が0（0〜6）
%X	時刻
%x	日付
%Y	西暦を表す数
%y	西暦の下2桁（00〜99）
%Z	タイムゾーン（JSTなど）
%z	タイムゾーン（+0900など）
%%	%をそのまま出力

　たとえば、Time#to_s メソッドで得られる文字列は "%Y-%m-%d　%H:%M:%S %z" と同等です。

```
t = Time.now
p t.to_s
    #=> "2018-11-19 11:14:01 +0900"
p t.strftime("%Y-%m-%d %H:%M:%S %z")
    #=> "2018-11-19 11:14:01 +0900"
```

メモ Time#strftime メソッドのフォーマットの中には、プラットフォームの提供する機能に依存して、実行環境により結果が異なるものがあります。たとえばWindowsでは、"%Z" に対して「"東京　（標準時）"」のような文字列を生成します。

431

第20章 TimeクラスとDateクラス

○ *t*.rfc2822

電子メールのヘッダ情報に含まれる、Date:フィールドで使用される形式は、Time#rfc2822メソッドで生成できます。rfc2822というメソッド名は、インターネットに関する一連の仕様書であるRFC（Request For Comments）のうち、電子メールの形式を規定する仕様が記載されたRFC 2822に由来します。このメソッドを利用するには、あらかじめ「require "time"」によりtimeライブラリを読み込む必要があります。

```
require "time"

t = Time.now
p t.rfc2822  #=> "Mon, 19 Nov 2018 11:15:30 +0900"
```

○ *t*.iso8601

ISO 8601という時刻の表現に関する国際標準に則った形式でフォーマットするには、Time#iso8601メソッドを使います。このメソッドを利用する場合もtimeライブラリを読み込んでください。

```
require "time"

t = Time.now
p t.iso8601   #=> "2018-11-19T11:15:30+09:00"
```

20.5 ローカルタイム

世界の各地域には時差が設けられています。みなさんの使っているコンピュータにも**タイムゾーン**が設定されていて、ふだんはタイムゾーンに合わせた時刻（ローカルタイム）を使っています。

○ *t*.`utc`
　t.`localtime`

Timeオブジェクトが保持しているタイムゾーンを協定世界時（UTC）に変更するには、Time#utcメソッドを使います。また、UTCからローカルタイムに変更するにはTime#localtimeメソッドを使います。

```
t = Time.now
p t    #=> 2018-11-19 11:16:16 +0900
t.utc
p t    #=> 2018-11-19 02:16:16 UTC
t.localtime
p t    #=> 2018-11-19 11:16:16 +0900
```

例からわかるように、これらのメソッドはTimeオブジェクトを破壊的に変更します。破壊的でないバージョンとして、getutcメソッドとgetlocalメソッドもあります。

20.6 文字列から時刻を取り出す

文字列で表現された時刻からTimeオブジェクトを得ることもできます。

○ `Time.parse(`*str*`)`

文字列で表現された時刻を扱うには、「`require "time"`」で使用できるTime.parseメソッドを使います。Time.parseメソッドは引数で与えられた文字列*str*を解析し、Timeオブジェクトを返します。

第20章　TimeクラスとDateクラス

　Time.parseメソッドは、Time#to_sメソッドが返す形式のほか、"*yyyy*/*mm*/*dd*"や日本の元号の頭文字（昭和は"S"、平成は"H"など）、さまざまなフォーマットに対応しています。

```ruby
require "time"

p Time.parse("Mon Nov 19 02:45:15 UTC 2018")
    #=> 2018-11-19 02:45:15 UTC
p Time.parse("Mon, 19 Nov 2018 02:45:15 +0900")
    #=> 2018-11-19 02:45:15 +0900
p Time.parse("2018/11/19")
    #=> 2018-11-19 00:00:00 +0900
p Time.parse("2018/11/19 02:45:15")
    #=> 2018-11-19 02:45:15 +0900
p Time.parse("H30.11.19")
    #=> 2018-11-19 00:00:00 +0900
```

○ Time.strptime(*str*, *format*)

　年の表記には、「平成30年11月9日」のようにTime.parseメソッドでは対処できないものや、同じ日付でもアメリカ式は「11/9/2018」、イギリス式は「9/11/2018」と書くように見かけで判断できないものがあります。このような場合には、strptimeメソッドにフォーマットを指定して年を取り出します。

　フォーマットの文字列はstrftimeメソッドで紹介したフォーマットと同じです。ブロックを指定すると解析の結果として得られた年が渡されるので、元号や2桁の表示から西暦への調整を行います。

```ruby
require "time"

p Time.strptime("平成30年11月9日", "平成%Y年%m月%d日") do |y|
    y + 1988
  end
    #=> 2018-11-9 00:00:00 +0900
p Time.strptime("11/9/2018", "%m/%d/%Y")
    #=> 2018-11-9 00:00:00 +0900
p Time.strptime("9/11/2018", "%d/%m/%Y")
    #=> 2018-11-9 00:00:00 +0900
```

日付を取得する

　Dateクラスは時刻を持たない日付を操作するためのクラスです。Date.todayメソッドを使って、現在の日付を表すDateオブジェクトを得られます。Dateクラスを利用する場合はdateライブラリを読み込む必要があります。

```
require "date"

d = Date.today
puts d   #=> 2018-11-19
```

　Timeクラスと同様に、日付を構成する要素を求めることができます。

```
require "date"

d = Date.today
p d.year    # 年 => 2018
p d.month   # 月 => 11
p d.day     # 日 => 19
p d.wday    # 週の何日目か（日曜日を0とする）   => 1
p d.mday    # 月の何日目か（dayメソッドと同じ） => 15
p d.yday    # 年の何日目か（1月1日を1とする）   => 323
```

　日付を指定してDateオブジェクトを生成することもできます。

```
require "date"

d = Date.new(2018, 11, 19)
puts d   #=> 2018-11-19
```

　Dateクラスの特徴として、月末の日付を-1（月末の前日は-2）で指定できるというものがあります。もちろんうるう年にも対応しています。

```
require "date"

d = Date.new(2018, 11, 19)
puts d   #=> 2018-11-19

d = Date.new(2016, 2, -1)
puts d   #=> 2016-02-29
```

 ## 日付を計算する

　Dateオブジェクト同士の計算は日を単位とします。そのため、Dateオブジェクト同士を引き算するとその間の日数が得られます。引き算の結果は整数ではなくRationalオブジェクトとなります。また、Dateオブジェクトと整数を足したり引いたりすると、その前後の日付を得ることができます。

```
require "date"

d1 = Date.new(2018, 1, 1)
d2 = Date.new(2018, 1, 4)
puts d2 - d1   #=> 3/1

d = Date.today
puts d           #=> 2018-11-19
puts d + 1       #=> 2018-11-20
puts d + 100     #=> 2019-02-27
puts d - 1       #=> 2018-11-18
puts d - 100     #=> 2018-08-11
```

　>>演算子を使うことで、後ろの月の同日を表すDateオブジェクトを得ることもできます。同様に、<<演算子を使うことで、前の月の同日を表すDateオブジェクトを得られます。その月に同日が存在しない場合（2月31日など）は、実際の月末に揃えられます。

```
require "date"

d = Date.new(2019, 1, 31)
puts d            #=> 2019-01-31
puts d >> 1       #=> 2019-02-28
puts d >> 2       #=> 2019-03-31
puts d << 1       #=> 2018-12-31
puts d << 2       #=> 2018-11-30
```

20.9 日付のフォーマット

Timeクラスと同様に、strftimeメソッドを使って日付を文字列にするためのフォーマットを指定できます。ただし、時刻に相当する部分はすべて0になります。iso8601メソッドとto_sメソッドも使えます。また、DateクラスではJIS X 0301という日本工業規格に則って元号を含む形式を出力する、Time#jisx0301メソッドが使えます。

```
require "date"

d = Date.today
p d.strftime("%Y/%m/%d %H:%M:%S")
    #=> "2018/11/19 00:00:00"
p d.strftime("%a %b %d %H:%M:%S %Z %Y")
    #=> "Mon Nov 19 00:00:00 +00:00 2018"
p d.iso8601    #=> "2018-11-19"
p d.to_s       #=> "2018-11-19"
p d.jisx0301   #=> "H30.11.19"
```

20.10 文字列から日付を取り出す

文字列からDateオブジェクトを得るにはDate.parseメソッドまたはDate.strptimeメソッドを使います。

```
require "date"

puts Date.parse("Mon Nov 19 03:50:12 JST 2018")   #=> 2018-11-19
puts Date.parse("H30.11.19")                      #=> 2018-11-19
puts Date.parse("S48.9.28")                       #=> 1973-09-28
puts Date.strptime("19/11/2018", "%d/%m/%Y")      #=> 2018-11-19
```

20.11 TimeとDateの変換

TimeオブジェクトとDateオブジェクトは、to_timeメソッドとto_dateメソッドを使って相互に変換できます。Dateオブジェクトには時間部分がないので、時刻に変換した場合はシステムのタイムゾーンで0時0分0秒となります。

```
require "date"

t1 = Time.now
p t1              #=> 2018-11-19 15:51:29 +0900
d = t1.to_date
puts d            #=> 2018-11-19
t2 = d.to_time
p t2              #=> 2018-11-19 00:00:00 +0900
```

20.11 TimeとDateの変換

column

GCについて

　第3部ではいろいろな種類のオブジェクトを紹介していますが、プログラム中でオブジェクトを作成すると、（一部の例外を除いて）メモリ領域を消費します。配列や文字列などは、サイズが大きくなるとそれだけ大きな領域を必要とします。プログラムが目的の動作を果たすために必要なオブジェクトについては仕方がありませんが、コンピュータのメモリ領域は無限に使えるわけではないので、不要になったオブジェクトの領域は解放しなければなりません。

　次の例は本書で何度も登場する書き方ですが、変数lineはブロックが実行されるたびに新しいオブジェクトを指します。ブロックの外側で有効な変数に代入するなどしなければ、前回のブロックの実行の際に取り出した文字列オブジェクトを再び参照することはできません。

```
io.each_line do |line|
  print line
end
```

　また、メソッドの中で一時的に作成されたオブジェクトも、メソッドを抜けたあとでは、再び参照することはできません。

```
def hello(name)
  msg = "Hello, #{name}"   # 新しい文字列オブジェクトが作られる
  puts msg
end
```

　どこからも参照されなくなったオブジェクトは、適切に削除してメモリ領域を解放する必要があります。しかし、領域を解放する処理は、解放もれや、間違って必要なものを解放してしまうという、やっかいなバグを作り込む原因になったりします。Rubyでは（Java、Python、Lispなど多くの言語に備わった機能ですが）、インタプリタが適当なタイミングを見計らってどこからも参照されなくなったオブジェクトを解放しています。この機能を、Garbage Collection（「ゴミ集め」という意味です）の頭文字を取ってGCといいます。

　GCのおかげで、煩わしい領域の管理をする必要がありません。GCはRubyがモットーとする「たのしいプログラミング」を支える重要な機能の1つです。

439

第20章　Timeクラスと Dateクラス

練習問題

(1) 「"2018年12月25日午後8時17分50秒"」といったように、「年・月・日・時・分・秒」を使った時刻の文字列をTimeオブジェクトに変換して返すメソッド jparsedate を定義してください。

(2) Unixの「ls -t」コマンドのように、ディレクトリを指定するとそのディレクトリの下にあるファイルを時刻の順に並べるメソッド ls_t を定義してください。
このメソッドは引数を1つだけ取ります。

ls_t(調べるディレクトリ名)

指定されたディレクトリの下にあるファイルの名前を、その時刻の古い順に並べて表示します。

(3) Dateクラスを使って今月の1日と月末の日付と曜日を求め、次のような形式でカレンダーを表示させてください。

```
    January 2019
Su Mo Tu We Th Fr Sa
       1  2  3  4  5
 6  7  8  9 10 11 12
13 14 15 16 17 18 19
20 21 22 23 24 25 26
27 28 29 30 31
```

※解答は、サポートページ（https://tanoshiiruby.github.io/6/answer/）で公開しています。

440

第21章 Procクラス

この章では、Procクラスについて説明します。

- **Procクラスとは**
  Procクラスとは何か、Procオブジェクトの作り方についていくつかのパターンを紹介します。
- **Procオブジェクトの特徴**
  Procオブジェクトはプログラムの一部を持ち運ぶという性質から、単なるデータとは異なります。Procオブジェクトの性質について見ていきます。
- **Procクラスのインスタンスメソッド**
  Procクラスのインスタンスメソッドを紹介します。

21.1 Procクラスとは

Procは、ブロックとして記述された手続きを持ち運ぶためのクラスです。Procとブロックは密接な関係にあるので、「第11章　ブロック」でもProcクラスについて説明しました。そちらもあわせて参照してください。

それでは、Procオブジェクトの作り方と実行の方法を見ていきましょう。

○ **Proc.new {...}**
  proc {...}

Procオブジェクトを作るもっとも典型的な方法は、Proc.newメソッドまたはprocメソッドにブロックを指定することです。

第21章 Procクラス

```ruby
hello1 = Proc.new do |name|
  puts "Hello, #{name}."
end

hello2 = proc do |name|
  puts "Hello, #{name}."
end

hello1.call("World")  #=> Hello, World.
hello2.call("Ruby")   #=> Hello, Ruby.
```

　Proc.newメソッドまたはprocメソッドにブロックを与えると、そのブロックを保持するProcオブジェクトが作られます。

　ブロックはProc#callメソッドによって実行できます。Proc#callメソッドを呼び出したときの引数がブロック変数となり、ブロックで最後に評価された式の値がProc#callの戻り値になります。Proc#callメソッドの別名としてProc#[]もあります。

```ruby
# 西暦の年を与えられたときにうるう年かどうかを判定する処理
leap = Proc.new do |year|
  year % 4 == 0 && year % 100 != 0 || year % 400 == 0
end

p leap.call(2000)  #=> true
p leap[2013]       #=> false
p leap[2016]       #=> true
```

　ブロック変数を「|*配列|」の形式にすると、メソッドの引数と同様に不定の数の引数をまとめて配列で受け取ることができます。

```ruby
double = Proc.new do |*args|
  args.map {|i| i * 2}    # 要素をすべて2倍して返す
end

p double.call(1, 2, 3)  #=> [2, 4, 6]
p double[2, 3, 4]       #=> [4, 6, 8]
```

442

そのほか、デフォルト引数やキーワード引数など、メソッド定義で使用できる引数の形式のほとんどをブロック変数として定義して、Proc#callメソッドの引数として与えることが可能です。メソッド定義の引数の指定については、「第7章　メソッド」を参照してください。

21.1.1 ラムダ式

Proc.newやprocとは別の書き方として、lambdaメソッドがあります。Proc.newやprocメソッドと同じように、Procオブジェクトを生成しますが、lambdaメソッドで作成したProcオブジェクトのほうがメソッド呼び出しに近い動きをするようになっています。

以降では、lambdaメソッドで作成したProcオブジェクトを「ラムダ式」と呼ぶことにします。

1つ目の違いは、引数の数のチェックが厳密になることです。Proc.newで作ったProcオブジェクトに対してcallメソッドを呼ぶ場合、callメソッドの引数の数とブロック変数の数が違っていてもかまいません。ラムダ式では引数の数が違っているとエラーになります。

```
prc1 = Proc.new do |a, b, c|
  p [a, b, c]
end
prc1.call(1, 2)   #=> [1, 2, nil]

prc2 = lambda do |a, b, c|
  p [a, b, c]
end
prc2.call(1, 2)   #=> エラー（ArgumentError）
```

2つ目の違いは、ブロックから値を返すときにreturnを使えることです。List 21.1を見てください。power_ofは、引数nを使って「xのn乗を計算するProcオブジェクト」を返すメソッドです。戻り値は数値ではなく、計算を行うProcオブジェクトであることに注意してください。power_of(3)の呼び出しにより、callメソッドで与えた値を3乗するProcオブジェクトが得られます。値を返す際にreturnを使っていますが、このreturnはProcオブジェクトのcallメソッドの戻り値になります。

第21章 Procクラス

List 21.1 power_of.rb

```
def power_of(n)
  lambda do |x|
    return x ** n
  end
end

cube = power_of(3)
p cube.call(5)   #=> 125
```

続いて、List 21.1を Proc.newで置き換えてみます。Proc.newの場合は、ブロックの中でreturnを使うと、そのブロックとは関係なく、そのブロックを作成したメソッド呼び出しから戻ろうとします。この場合でいうと、ブロック内のreturnはpower_ofメソッドから戻ろうとしますが、ブロックを実行するときには、すでにpower_ofを実行する文脈ではなくなっているため、エラーになってしまいます。

```
def power_of(n)
  Proc.new do |x|
    return x ** n
  end
end

cube = power_of(3)
p cube.call(5)   #=> エラー（LocalJumpError）
```

通常のブロックのreturnの動作は、繰り返しの実行中にメソッドからいっぺんに戻るような場面で使われるように作られています。List 21.2のprefixメソッドは、引数aryの配列のうち、objに一致するものがあればその手前までの要素を、一致するものがない場合は空の配列を返します。6行目のreturnはブロックの実行から戻るのではなく、ブロックを飛び越えてprefixメソッド全体の戻り値となります。

444

List 21.2 prefix.rb

```
 1: def prefix(ary, obj)
 2:   result = []              # 結果の配列を初期化する
 3:   ary.each do |item|       # 要素を1つずつ見ながら
 4:     result << item         # 要素を結果の配列に追加する
 5:     if item == obj         # 要素が条件に一致するものがあれば
 6:       return result        # 結果の配列を返す
 7:     end
 8:   end
 9:   return result            # すべての要素を検査し終わった場合
10: end
11:
12: p prefix([1, 2, 3, 4, 5], 3) #=> [1, 2, 3]
```

イテレータを制御する目的でbreakを使う場合も挙動も違います。この命令はブロックを受け取ったメソッドの呼び出し元に戻り値を返します。次のようにすると、「break []」はArray#mapメソッドをただちに終了させて、mapメソッド全体の戻り値として空の配列を返します。

```
[:a, :b, :c].map do |item|
  break []
end
```

Proc.newメソッドまたはprocメソッドでProcオブジェクトを作成した場合は、breakがこれらのメソッドを終了させようとするため、Proc#callメソッドを呼ぶ時点では適切な戻り先が存在せずエラーとなります。ラムダ式の場合は、returnと同様にProc#callメソッドに値を戻します。

一方、nextについては、ブロックの実行を中断するだけなので、Procオブジェクトの作り方に関係なく、callメソッドの戻り値を返す目的で使用できます。

ラムダ式を作る構文にはもう1つ、「-> (ブロック変数) { 処理 }」という形式が用意されています。ブロック変数にあたる部分が、「{ ～ }」の前に出ていてより関数らしい見かけになっています。「->」を使う場合は、「do ～ end」よりも「{ ～ }」のほうがよく使われます。

第21章 Procクラス

```ruby
square = ->(n) {return n ** 2}
p square[5]  #=> 25
```

21.1.2 ブロックをProcオブジェクトとして受け取る

メソッド定義にブロック引数を使うことで、呼び出しの際に指定されたブロックをProcオブジェクトとして受け取ることができます。List 21.3は「第11章　ブロック」でも紹介したサンプルです。total2メソッドの呼び出しの際に指定したブロックは、total2メソッドの側では変数blockからProcオブジェクトとして受け取ることができます。

List 21.3 total2.rb

```ruby
def total2(from, to, &block)
  result = 0                    # 合計の値
  from.upto(to) do |num|        # fromからtoまで処理する
    if block                    #   ブロックがあれば
      result +=                 #     ブロックで処理した値を足す
           block.call(num)
    else                        #   ブロックがなければ
      result += num             #     そのまま足す
    end
  end
  return result                 # メソッドの結果を返す
end

p total2(1, 10)                     # 1から10の和 => 55
p total2(1, 10) {|num| num ** 2}  # 1から10の2乗の値の和 => 385
```

21.1.3 to_procメソッド

オブジェクトの中にはto_procメソッドを持っているものがあります。メソッドにブロックを指定する際に「**&オブジェクト**」の形式で引数を渡すと、Procオブジェクトを生成するために**オブジェクト**.to_procが自動的に呼ばれます。

446

特徴的でかつ利用する機会が多いのがSymbol#to_procメソッドです。Symbol#to_procメソッドを、たとえば:to_iというシンボルに対して使うと、次のようなProcオブジェクトを生成します。

```
Proc.new {|arg| arg.to_i}
```

これを何に使うかというと、たとえば配列のすべての要素を数値に変換するという場合に、

実行例

```
>> %w(42 39 56).map {|i| i.to_i}
=> [42, 39, 56]
```

と書くところを、次のように書くことができます。

実行例

```
>> %w(42 39 56).map(&:to_i)
=> [42, 39, 56]
```

クラスを名前順にソートする場合は、次のように書くことができます。

実行例

```
>> [Integer, String, Array, Hash, File, IO].sort_by(&:name)
=> [Array, File, Hash, IO, Integer, String]
```

少し慣れが必要かもしれませんが、すっきりしていて意図もわかりやすい書き方です。

21.2 Procの特徴

Procオブジェクトは名前のない関数やメソッドのように使うことができますが、単に手続きをオブジェクト化するだけではありません。List 21.4を見てください。

第21章　Procクラス

List 21.4 counter_proc.rb

```ruby
 1: def counter
 2:   c = 0            # カウンターを初期化する
 3:   Proc.new do      # callメソッドを呼ぶたびにカウンターに
 4:     c += 1         # 1を足して返すProcオブジェクトを返す
 5:   end
 6: end
 7:
 8: # カウンターc1を作成してカウントアップする
 9: c1 = counter
10: p c1.call          #=> 1
11: p c1.call          #=> 2
12: p c1.call          #=> 3
13:
14: # カウンターc2を作成してカウントアップする
15: c2 = counter       # カウンターc2を作成
16: p c2.call          #=> 1
17: p c2.call          #=> 2
18:
19: # 再びc1をカウントアップする
20: p c1.call          #=> 4
```

　1行目から6行目はcounterメソッドの定義です。このメソッドは最初に
カウンターとなるローカル変数cを0で初期化します。メソッドの戻り値は、
Proc#callメソッドを呼ぶたびにカウンターの値に1を足して返すProcオ
ブジェクトを返します。9行目でcounterメソッドを呼んでProcオブジェク
トを変数c1に設定します。c1に対してcallメソッドを呼ぶと、Procオブジ
ェクトが参照しているローカル変数cがカウントアップされていく様子がわ
かります。15行目で新しいカウンターを作成して同様の処理を行うと、カウ
ンターが最初から始まります。最後の20行目で最初に作成したc1に対して
callメソッドを呼ぶと、前回の続きからカウントアップされます。

　このサンプルの様子から、変数c1と変数c2に設定されたProcオブジェク
トは、counterメソッドの呼び出しごとに初期化された異なるローカル変数
を個別に保持して操作していることがわかります。Procオブジェクトは、手
続きと、ローカル変数のスコープなどのブロックが定義された時点での状態

448

も一緒に保持しているのです。

　Procオブジェクトのように、手続きと同時に変数などの環境を保持する手続きオブジェクトを、プログラミング言語の一般的な用語で**クロージャ**といいます。クロージャを用いると、手続きとデータをオブジェクトとして扱うことができます。クラスに手続きを記述してインスタンスにデータを記録しておくのと本質的には同じことができますが、プログラムを記述するという観点では、当然ながらクラスを用いるほうが多くの機能を使うことができます。

　Procオブジェクトは、先ほどのカウンターの例のような、ほんの数行で済むような処理をオブジェクト化するために使用するとよいでしょう。また、Rubyではブロックが多用されるので、ある程度の規模のプログラムを開発するようになるとProcオブジェクトを扱うことは避けられません。特に、ブロックつきメソッド呼び出しとの受け渡しや、クロージャを使ってデータを保持するといった機能について理解することが必要です。

21.3 Procクラスの インスタンスメソッド

○ *prc*.**call**(*args*, ...)
　prc[*args*, ...]
　prc.**yield**(*args*, ...)
　prc.(*args*, ...)
　prc **===** *arg*

いずれも Proc オブジェクト *prc* を実行します。

```
prc = Proc.new {|a, b| a + b}
p prc.call(1, 2)    #=> 3
p prc[3, 4]         #=> 7
p prc.yield(5, 6)   #=> 11
p prc.(7, 8)        #=> 15
p prc === [9, 10]   #=> 19
```

第21章 Procクラス

　文法の制限から、「===」で与えられる引数は必ず1つだけになります。この
メソッドはProcオブジェクトがcase文の条件として使用されることを念頭
に置いています。そのようなProcオブジェクトを作る場合は、値を1つ受け
取って、trueまたはfalseを返すというのが適切です。

　次に示すのは、1から100の整数について、3の倍数のときは「Fizz」を、5
の倍数のときは「Buzz」を、15の倍数のときは「Fizz　Buzz」を、それ以外の
ときはその数値を出力するプログラムです。

```ruby
fizz = proc {|n| n % 3 == 0}
buzz = proc {|n| n % 5 == 0}
fizzbuzz = proc {|n| fizz[n] && buzz[n]}
(1..100).each do |i|
  case i
  when fizzbuzz then puts "Fizz Buzz"
  when fizz then puts "Fizz"
  when buzz then puts "Buzz"
  else puts i
  end
end
```

○ *prc*.arity

　callメソッドの引数となる、ブロック変数の数を返します。「|*args|」の
形式でブロック変数を指定すると、-1になります。

```ruby
prc0 = Proc.new {nil}
prc1 = Proc.new {|a| a}
prc2 = Proc.new {|a, b| a + b}
prc3 = Proc.new {|a, b, c| a + b + c}
prcn = Proc.new {|*args| args}

p prc0.arity  #=> 0
p prc1.arity  #=> 1
p prc2.arity  #=> 2
p prc3.arity  #=> 3
p prcn.arity  #=> -1
```

450

21.3 Procクラスのインスタンスメソッド

○ *prc*.**parameters**

*prc*のブロック変数のより詳細な情報を返します。戻り値の形式は、各変数について**[種類，変数名]**の形式の配列をリストした配列になります。種類はシンボルで表21.1の意味を持ちます。

表 21.1 Proc#parameters メソッドが返す変数の種類

シンボル	意味
:opt	省略可能な変数
:req	必須な変数
:rest	*args* 形式で受け取る残りの変数
:key	キーワード引数の形式の変数
:keyrest	**args* 形式で受け取る残りの変数
:block	ブロック

```
prc0 = proc {nil}
prc1 = proc {|a| a}
prc2 = lambda {|a, b| [a, b]}
prc3 = lambda {|a, b=1, *c| [a, b, c]}
prc4 = lambda {|a, &block| [a, block]}
prc5 = lambda {|a: 1, **b| [a, b]}

p prc0.parameters  #=> []
p prc1.parameters  #=> [[:opt, :a]]
p prc2.parameters  #=> [[:req, :a], [:req, :b]]
p prc3.parameters  #=> [[:req, :a], [:opt, :b], [:rest, :c]]
p prc4.parameters  #=> [[:req, :a], [:block, :block]]
p prc5.parameters  #=> [[:key, :a], [:keyrest, :b]]
```

第21章 Procクラス

○ *prc*.lambda?

*prc*がラムダ式であればtrue、そうでなければfalseを返します。

```
prc1 = Proc.new {|a, b| a + b}
p prc1.lambda?  #=> false

prc2 = lambda {|a, b| a + b}
p prc2.lambda?  #=> true
```

○ *prc*.source_location

*prc*が定義されたソースコード上の位置を返します。戻り値は、**[ソースファイル名， 行番号]** の形式の配列となります。*prc*が拡張ライブラリなどで作成されていて、Rubyスクリプト上に存在しない場合はnilを返します。

List 21.5 proc_source_location.rb

```
1: prc0 = Proc.new {nil}
2: prc1 = Proc.new {|a| a}
3:
4: p prc0.source_location
5: p prc1.source_location
```

実行例

```
> ruby proc_source_location.rb
["proc_source_location.rb", 1]
["proc_source_location.rb", 2]
```

452

練習問題

（1） Array#collect（p.283）のような動作をするmy_collectメソッドを作成してください。引数としてeachメソッドを持つオブジェクトを受け取って、各要素をブロックで処理します。次の「（??）」に当てはまるコードを考えてください。

```
def my_collect(obj, &block)
  (??)
end

ary = my_collect([1, 2, 3, 4, 5]) do |i|
  i * 2
end
p ary  #=> [2, 4, 6, 8, 10]
```

（2） 次のSymbol#to_procメソッドを使ったサンプルの結果を確認してください。

```
to_class = :class.to_proc
p to_class.call("test")     #=> ??
p to_class.call(123)        #=> ??
p to_class.call(2 ** 100)   #=> ??
```

（3） カウンターの例の応用として、実行するたびにcallメソッドでそれまでに与えられた引数の合計を返すProcオブジェクトを返すメソッドを考えます。次の「（??）」に当てはまるコードを考えてください。

```
def accumlator
  total = 0
  Proc.new do
    (??)
```

第21章　Procクラス

```
    end
  end

acc = accumlator
p acc.call(1)    #=> 1
p acc.call(2)    #=> 3
p acc.call(3)    #=> 6
p acc.call(4)    #=> 10
```

※解答は、サポートページ（https://tanoshiiruby.github.io/6/answer/）で公開しています。

「あれはまちがいだった。あれはまちがいだった。
世界を変えるための呪文を本屋で探そうとしたのはまちがいだった。
どこかの誰かが作った呪文を求めたのはまちがいだった。
僕は僕だけの、自分専用の呪文を作らなくては駄目だ。」
——穂村弘『短歌という爆弾』

第4部

ツールを
作ってみよう

Rubyで何ができるのか
どのようなプログラミングに向いているのか
その答えを2つほどお見せしましょう。
たのしいプログラミングの参考にしてください。

第22章

テキスト処理を行う

第3章で作ったsimple_grep.rb（p.69）を元にして、テキスト処理の一般的な作法を学んでいきます。

ここでは次の作業を行うスクリプトを作ってみます。

- HTMLファイルの取得と単純な加工
- 単語検索と件数表示
- 検索結果の強調と結果表示の加工

22.1 テキストを用意する

まず、処理の対象となるテキストを用意します。

22.1.1 ファイルをダウンロードする

今回は、Webで公開されており、自由に利用できる文書ということで、アーサー・コナン・ドイルの短編小説『赤毛連盟』を使用します。この作品は1891年に『ストランド・マガジン』誌に掲載された作品です。すでに著作権保護期間が終了しており、大久保ゆうさんが翻訳された日本語訳を青空文庫のWebサイトから入手できます（この日本語訳は「クリエイティブ・コモンズ 表示2.1 日本 ライセンス」の下で自由に利用できます）。

『赤毛連盟』のXHTML版のURLは次の通りです。

- https://www.aozora.gr.jp/cards/000009/files/8_31220.html

上記URLにWebブラウザを使ってアクセスし、ダウンロードしてもよいのですが、せっかくなのでRubyを使ってダウンロードしてみます。

457

第22章　テキスト処理を行う

List 22.1 get_akage.rb

```
require "open-uri"

url = "https://www.aozora.gr.jp/cards/000009/files/8_31220.html"
filename = "akage.html"

File.open(filename, "wb:UTF-8") do |f|
  text = open(url, "r:Shift_JIS:UTF-8").read
  f.write text
end
```

　テキストを扱う場合、改行コードに注意する必要があります。OSにより標準的な改行コードは異なりますが、今回ダウンロードするHTMLファイルはCR＋LFになっているので、どの環境でもそのまま保存するよう、File.openメソッドの第2引数を "wb" にして、バイナリモードで書き込むようにしています。

　さらに、日本語を扱う場合はエンコーディングにも注意する必要があります。特に外部からの入力はすべて同じエンコーディングにしておくのが無難です。macOSやUnixではコマンドラインで渡される文字列がUTF-8になることが多いため、ファイルも同じに揃えておきましょう。このHTMLファイルはShift_JISなので、openメソッドの引数やencodeメソッドでUTF-8に変換してからwriteメソッドで出力します。

22.1.2　本文のテキストを取り出す

　List 22.1で得られるのはWebブラウザでページを表示するためのHTMLファイルになります。このHTMLファイルにはヘッダやフッタなど、不要な部分がついているので、本文だけを取り出してみましょう。

　まず、本文がどこからどこまでか、ということを決める必要があります。これはHTMLそのものを見てみないとわかりません。先ほどダウンロードしたakage.htmlのソースをよく見てみます。

458

22.1 テキストを用意する

```
<?xml version="1.0" encoding="Shift_JIS"?>
                    ⋮
<div id="contents" style="display:block;"></div><div
class="main_text"><br />
  友人シャーロック・ホームズを、昨年の秋、とある日に訪ねたことがあった。する
と、ホームズは初老の紳士と話し込んでいた。でっぷりとし、赤ら顔の紳士で、頭髪
が燃えるように赤かったのを覚えている。私は仕事の邪魔をしたと思い、詫びを入
れてお暇しようとした。だがホームズは不意に私を部屋に引きずり込み、私の背後
にある扉を閉めたのである。<br />
                    ⋮
</div>
<div class="after_text">
<hr />
<br />
翻訳の底本：Arthur Conan Doyle (1891) &quot;The Red-Headed
League&quot;<br />
                    ⋮
```

　ていねいに見ていくと、この中の、「`<div class="main_text">`」が含ま
れる行から本文が始まることがわかります。

　同様に、「`<div class="after_text">`」という行からは、本文とは関係の
ない、フッタ部分になることがわかります。

　そこで、この2行に含まれている文字列を目印にして、本文部分を抜き出し
てみます（List 22.2）。

List 22.2 cut_akage.rb

```
 1: htmlfile = "akage.html"
 2: textfile = "akage.txt"
 3:
 4: html = File.read(htmlfile, encoding: "UTF-8")
 5:
 6: File.open(textfile, "w:UTF-8") do |f|
 7:   in_header = true
 8:   html.each_line do |line|
 9:     if in_header && /<div class="main_text">/ !~ line
10:       next
```

459

第22章　テキスト処理を行う

```
11:    else
12:      in_header = false
13:    end
14:    break if /<div class="after_text">/ =~ line
15:    f.write line
16:  end
17: end
```

　このスクリプトは、「<div class="main_text">」という文字列が入っている行が本文の始まりで、「<div class="after_text">」という文字列が入っている行が本文の終わりになっているという前提で、その間の行だけをakage.txtというファイルに保存します。

　最初に、File.readメソッドでHTMLファイルをすべて読み込みます。エンコーディングを明示するためにencodingオプションを使っています。

　続いて、HTMLファイルの文字列に対し、each_lineメソッドを使って1行ずつ変数lineに読み込み、これをファイルに保存していくわけですが、その前にin_headerという変数をtrueにしています。これは、処理している行がヘッダ内かどうかを判別するための変数です。9行目からのif文では、この変数の値を使い、ヘッダ内であり、かつ読み込んだ行に「<div class="main_text">」が含まれていない場合は、読み飛ばしています。そうでない場合は、もうヘッダからは出たということなので、in_headerをfalseにしています。これにより、次回以降の繰り返しでは、読み飛ばさなくなります。

　14行目では、if修飾子を使っています。「**break if …**」という形は、繰り返しから脱出する際によく使われる書き方です。これは、if節の条件があまり長くない場合にコンパクトに記述できる、というメリットがあります。ここでは、本文の終わりを表す行かどうかを調べて、マッチした場合に行の読み込みの繰り返しから脱出します。

　続いて15行目です。ここまで来た、ということは、lineの中身が本文中の1行である、ということになります。そこで、writeメソッドを使ってlineをファイルに出力します。

22.1.3　タグを削除する

　ところで、本文部分としてファイルに出力したテキストには、HTMLのタグが残ったままになっています。HTMLのタグがあってもテキスト処理は可

460

能ですが、この章ではタグなどは特に不要なので、タグを削除してプレーンテキスト形式のファイルにしてみましょう。

HTMLタグを削除するには、HTML解析用のライブラリを使うことも考えられますが、ここでは単純に正規表現で置換するだけにしています。

List 22.3 cut_akage2.rb

```
 1: require "cgi/util"
 2: htmlfile = "akage.html"
 3: textfile = "akage.txt"
 4:
 5: html = File.read(htmlfile, encoding: "UTF-8")
 6:
 7: File.open(textfile, "w:UTF-8") do |f|
 8:   in_header = true
 9:   html.each_line do |line|
10:     if in_header && /<div class="main_text">/ !~ line
11:       next
12:     else
13:       in_header = false
14:     end
15:     break if /<div class="after_text">/ =~ line
16:     line.gsub!(/<[^>]+>/, "")
17:     esc_line = CGI.unescapeHTML(line)
18:     f.write esc_line
19:   end
20: end
```

List 22.3は、先ほどのList 22.2をもとに、タグを消去するようにしたものです。といっても、実質異なっているのは16行目と17行目のみです。

16行目では、`/<[^>]+>/`という正規表現を使ってタグを表現しています。HTMLのタグは、「<」で始まり、「>」で終わるものなので、これでHTMLタグの部分にマッチできます。17行目では、`CGI.unescapeHTML`メソッドを使い、「&」「<」といったHTMLの文字実体参照を、「&」「<」などの普通の文字に戻す処理をしています。このメソッドは、1行目に追加した「require "cgi/util"」で読み込まれるクラスのメソッドです。

こうすると、次のようなテキストが得られます。

461

> 友人シャーロック・ホームズを、昨年の秋、とある日に訪ねたことがあった。すると、ホームズは初老の紳士と話し込んでいた。でっぷりとし、赤ら顔の紳士で、頭髪が燃えるように赤かったのを覚えている。私は仕事の邪魔をしたと思い、詫びを入れてお暇しようとした。だがホームズは不意に私を部屋に引きずり込み、私の背後にある扉を閉めたのである。
> 「いや、実にいい頃合いだ、ワトソンくん。」ホームズの声は、親しみに満ちていた。

22.2 simple_grep.rbの拡張: 件数の表示

さて、simple_grep.rbを見てみましょう。ただし、第3章に掲載したものからは少し手を入れてみました（List 22.4）。

List 22.4 simple_grep.rb

```ruby
pattern = Regexp.new(ARGV[0].encode("UTF-8"))
filename = ARGV[1]

File.open(filename, "r:UTF-8") do |file|
  file.each_line do |line|
    if pattern =~ line
      print line
    end
  end
end
```

File.openメソッドでブロックを使っています。このため、File#closeメソッドは不要になりました。さらにどんな環境でも問題ないように、コマンドラインから受け取った文字列ARGV[0]をUTF-8に変換するコードも入れました。

これを使って、本文中に「ホームズ」という単語が何回出てくるかを調べてみましょう。

22.2.1 マッチした行を数える

simple_grep.rbはマッチした行をそのまま表示するので、macOSやLinux
であればwcコマンドを使って、テキストの行数を調べることができます。

実行例

```
> ruby simple_grep.rb "ホームズ" akage.txt | wc
    64     412   30623
```

Windowsでは次のようにfindコマンドを使います。

実行例

```
> ruby simple_grep.rb "ホームズ" akage.txt | find /c /v ""
64
```

というわけで、本文中に「ホームズ」は64回含まれています……とはいえな
いですね。1行に複数回含まれていることもあるので、行数を数えただけでは
正しい件数がわかりません。

そこで、String#scanメソッドを使って、マッチした回数を数えるように
simple_grep.rbを改造してみましょう（List 22.5）。

List 22.5 simple_scan.rb

```
pattern = Regexp.new(ARGV[0].encode("UTF-8"))
filename = ARGV[1]

count = 0
File.open(filename, "r:UTF-8") do |file|
  file.each_line do |line|
    if pattern =~ line
      line.scan(pattern) do |s|
        count += 1
      end
      print line
    end
  end
end
puts "count: #{count}"
```

463

第22章　テキスト処理を行う

> 実行例

```
> ruby simple_scan.rb "ホームズ" akage.txt
友人シャーロック・ホームズを、昨年の秋、とある日に訪ねたことがあった。…
             ⋮
count: 84
```

実行結果は、84件になりました。

もっとも、1行ずつ何かしらの処理をするのではなく、単に件数だけわかればよい、ということであれば、もっと簡単になります（List 22.6）。

List 22.6 simple_count.rb

```
pattern = Regexp.new(ARGV[0].encode("UTF-8"))
filename = ARGV[1]

count = 0
File.read(filename, encoding: "UTF-8").scan(pattern) do |s|
  count += 1
end
puts "count: #{count}"
```

String#scanメソッドは文字列に対するメソッドなので、File.openメソッドは使わずFile.readメソッドで一気に文字列にしています。

22.3 simple_grep.rbの拡張：マッチした箇所の表示

さて、元のsimple_scan.rb（List 22.5）に戻って拡張を続けます。

22.3.1　マッチした位置を見やすくする

マッチしている行が表示されるのはよいのですが、どこがマッチされているのかが見づらいですね。強調するようにしてみましょう（List 22.7）。

22.3 simple_grep.rbの拡張：マッチした箇所の表示

List 22.7 simple_match.rb

```
 1: pattern = Regexp.new(ARGV[0].encode("UTF-8"))
 2: filename = ARGV[1]
 3:
 4: count = 0
 5: File.open(filename, "r:UTF-8") do |file|
 6:   file.each_line do |line|
 7:     if pattern =~ line
 8:       line.scan(pattern) do |s|
 9:         count += 1
10:       end
11:       print line.gsub(pattern) {|str| "<<#{str}>>"}
12:     end
13:   end
14: end
15: puts "count: #{count}"
```

11行目で、変数lineの値を直接出力していたところを、いったんgsubメソッドで変換してから出力するようにしています。gsubメソッドにブロックを与えると、ブロック変数としてマッチした部分を返してくれるので、「<<>>」を前後につけた文字列に置換しています。

実行結果は次のようになります。

実行例

> **ruby simple_match.rb "ホームズ" akage.txt**
　友人シャーロック・<<ホームズ>>を、昨年の秋、とある日に訪ねたことがあった。
すると、<<ホームズ>>は初老の紳士と話し込んでいた。…

count: 84

強調して表示されるようになりました。

22.3.2　前後10文字ずつ表示する

List 22.7の結果では行中のあちこちに散らばっているので、もう少しまとめて、前後10文字と一緒に表示するようにしてみましょう（List 22.8）。

465

第22章　テキスト処理を行う

List 22.8 simple_match2.rb

```
pattern = Regexp.new("(.{10})("+ARGV[0].encode("UTF-8")+")(.{10})")
filename = ARGV[1]

count = 0
File.open(filename, "r:UTF-8") do |file|
  file.each_line do |line|
    line.scan(pattern) do |s|
      puts "#{s[0]}<<#{s[1]}>>#{s[2]}"
      count += 1
    end
  end
end
puts "count: #{count}"
```

　正規表現の「{n}」は直前のパターンのn回の繰り返しを表します。したがって、サンプル中の「.{10}」は任意の10文字にマッチします。
　それでは実行してみましょう。

実行例

> **ruby simple_match2.rb "ホームズ" akage.txt**
　友人シャーロック・<<ホームズ>>を、昨年の秋、とある
とがあった。すると、<<ホームズ>>は初老の紳士と話し込
暇しようとした。だが<<ホームズ>>は不意に私を部屋に引

count: 61

　「count: 61」と、件数が減ってしまっています。これは、行頭に「ホームズ」が来る場合など、前後10文字のない「ホームズ」がカウントされなくなってしまったからです。やり方を変えてみます（List 22.9）。

List 22.9 simple_match3.rb

```
1: pattern = Regexp.new(ARGV[0].encode("UTF-8"))
2: filename = ARGV[1]
3:
4: count = 0
```

466

```
 5: File.open(filename, "r:UTF-8") do |file|
 6:   file.each_line do |line|
 7:     line.scan(pattern) do |s|
 8:       pre = "\u3000" * 10 + $`
 9:       post = $'
10:       puts "#{pre[-10, 10]}<<#{s}>>#{post[0, 10]}"
11:       count += 1
12:     end
13:   end
14: end
15: puts "count: #{count}"
```

1行目の正規表現は元に戻して、8行目から10行目で出力する部分を変更しています。正規表現でマッチした部分の前後を取り出すための変数、$` と $' を使って、いったんpreとpostという変数に代入したあとで、10行目の出力する部分でそれぞれから10文字分を切り出しています。なお、「\u3000」は全角空白文字をUnicodeのコードポイントで指定したものです。

実行してみると今度は全件出力されることが確認できます。

> **実行例**

> **ruby simple_match3.rb "ホームズ" akage.txt**
　友人シャーロック・<<ホームズ>>を、昨年の秋、とある
とがあった。すると、<<ホームズ>>は初老の紳士と話し込
暇しようとした。だが<<ホームズ>>は不意に私を部屋に引
　　　　　　　　　　　　⋮
count: 84

22.3.3　前後の文字数を変更可能にする

ところで、前後の文字数が今は10文字に決めうちになっています。これは可変にできたほうがよいですね。変更してみましょう（List 22.10）。

第22章　テキスト処理を行う

List 22.10 simple_match4.rb

```
 1: pattern = Regexp.new(ARGV[0].encode("UTF-8"))
 2: filename = ARGV[1]
 3: len = ARGV[2].to_i
 4:
 5: count = 0
 6: File.open(filename, "r:UTF-8") do |file|
 7:   file.each_line do |line|
 8:     line.scan(pattern) do |s|
 9:       pre = "\u3000" * len + $`
10:       post = $'
11:       puts "#{pre[-len, len]}<<#{s}>>#{post[0, len]}"
12:       count += 1
13:     end
14:   end
15: end
16: puts "count: #{count}"
```

長さのところを変数lenに置き換えて、これをARGV[2]により3番目の引数として指定できるようにしています。

それでは、5文字にして実行してみましょう。

実行例

```
> ruby simple_match4.rb "ホームズ" akage.txt 5
ーロック・<<ホームズ>>を、昨年の
。すると、<<ホームズ>>は初老の紳
した。だが<<ホームズ>>は不意に私
    ⋮
count: 84
```

前後5文字分が並んで表示されるようになりました。

この章で見てきた通り、ツールを作るときには、簡単なところから始めて、少しずつやりたいことに近づけていくことが効果的です。いきなり完成させるのが難しいことであれば、一気に解決しようとせずに、問題点を1つずつ潰していくつもりで作っていくようにしましょう。

第23章 郵便番号データを検索する

　手元にあるデータをまずは処理しやすいように加工する場合など、データに応じたプログラムを簡単に作れると便利です。この章では、Rubyの応用例として郵便番号データを検索するプログラムを作成します。

 郵便番号データの取得

　日本の郵便番号データは、郵便局（日本郵便株式会社）のサイトから入手できます。

- 郵便番号検索：https://www.post.japanpost.jp/zipcode/
- 郵便番号データダウンロード——読み仮名データの促音・拗音を小書きで表記するもの（zip形式）：
  https://www.post.japanpost.jp/zipcode/dl/kogaki-zip.html
- 郵便番号データの説明：
  https://www.post.japanpost.jp/zipcode/dl/readme.html

　データダウンロードページの「全国一括」となっているリンクから、ZIP形式のデータをダウンロードできます。これをZIPツールで展開すると、全国の郵便番号データを一覧したKEN_ALL.CSVファイルを取り出せます。このファイルの中身はCSVという形式で、文字コードはShift_JISになっています。

 CSVは「Comma-Separated Values」の略で、「"aaa","bb","ccccc"」というように、値をカンマ「,」で区切って列挙する形式です。

第23章　郵便番号データを検索する

　CSV形式では1行が1つのデータのかたまりになっていて、これを「レコード」といいます。つまり、1行が1レコードを表します。レコードにはカンマで区切られた複数の値が含まれており、値が入っている場所のことを「カラム」といいます。先ほどのKEN_ALL.CSVは15個のカラムで構成されたレコードが含まれています。カラムは先頭から1番目、2番目というふうに数えて、同じ順番のカラムには同じ種類のデータを入れるのが普通です。

　郵便番号データの各カラムの意味は、郵便番号データの説明ページに掲載されています。最初の9つのカラムの意味は次の通りです。

> ①全国地方公共団体コード（JIS X0401、X0402）：半角数字
> ②（旧）郵便番号（5桁）：半角数字
> ③郵便番号（7桁）：半角数字
> ④都道府県名：半角カタカナ
> ⑤市区町村名：半角カタカナ
> ⑥町域名：半角カタカナ
> ⑦都道府県名：漢字
> ⑧市区町村名：漢字
> ⑨町域名：漢字

　また、13番目のカラムは「一つの郵便番号で二以上の町域を表す場合の表示」とあり、ここが1の場合には同じ郵便番号が複数のレコードに現れることを示しています。

　実際のファイルの1行を読んでみると、次のようにデータは「,」で区切られており、先頭のカラムと末尾のカラム以外は""で囲まれていることがわかります。

```
01101,"060    ","0600000","ﾎｯｶｲﾄﾞｳ","ｻｯﾎﾟﾛｼﾁｭｳｵｳｸ","ｲｶﾆｹｲｻｲｶﾞﾅｲﾊﾞｱｲ
","北海道","札幌市中央区","以下に掲載がない場合",0,0,0,0,0,0
```

470

23.2 csvライブラリ

23.2 csvライブラリ

　CSVファイルを扱うライブラリとして、csvライブラリがあります。この
ライブラリはRubyに添付されているので、「require "csv"」で読み込むだ
けで利用できます。

　すでにあるCSVファイルを読む場合は、CSV.openメソッドでファイルを
開いて、先頭から順にレコードを取り出します。ブロックを指定すると、CSV
オブジェクトをブロック変数としてブロックを実行し、ブロックを終了する
ときにファイルを閉じます。CSV#eachメソッドはレコードを1つずつ取り出
して、カンマ区切りのデータを配列にしてブロックを実行します。

　さっそくcsvライブラリを使ってKEN_ALL.CSVを処理する簡単なプログラ
ムを作ってみましょう。

　CSV.openメソッドには、File.openメソッドと同じように引数に処理す
るファイル名と動作モードやエンコーディングを指定します。

List 23.1 read_csv.rb

```ruby
require "csv"           # csvライブラリを使う

code = ARGV[0]          # 引数を取り出す
start_time = Time.now   # 処理の開始時刻を取得する

# Shift_JISをUTF-8に変換する指定をしてCSVファイルを開く
CSV.open("KEN_ALL.CSV", "r:Shift_JIS:UTF-8") do |csv|
  csv.each do |record|
    # 郵便番号が引数の指定と一致したらそのレコードを表示する
    puts record.join(" ") if record[2] == code
  end
end
p Time.now - start_time   # 処理が終了した時刻との差を表示する
```

471

第23章　郵便番号データを検索する

```
> ruby read_csv.rb 1000002
13101 100    1000002 トウキョウト チヨダク コウキョガイエン 東京都　千代田区　皇居外苑
0 0 0 0 0 0
2.141564733
```

　筆者のラップトップPCで実行したところ、2.1秒ほどかかりました。List 23.1のように、ファイルの先頭から最後まで1行ごとに読み込んで一致するものを探すという方法だと、処理に時間がかかってしまいます。これはこれで実用的ですが、次からはもう少し速く処理する方法を考えていきます。

23.3 sqlite3ライブラリ

　データの処理を速くするためにデータベースを利用します。ここではオープンソースのリレーショナルデータベースライブラリであるSQLiteにより、データベース操作用言語のSQLを使ってデータを検索できるようにします。SQLiteの現在のバージョン3で、そのため「SQLite3」などと呼ばれることもあります。

- ● SQLiteホームページ：https://www.sqlite.org/

　RubyでSQLite3を操作するには、sqlite3ライブラリを使います。このライブラリをインストールするにはRubyGemsを使います。RubyGemsとはインターネットを通じて配布されるRubyのライブラリを管理する機能の名前で、配布されるファイルの形式の名前をgemといいます。gem形式で配布されているライブラリのことを「gemパッケージ」または単に「gem」といいます。RubyGemsについては「B.1　RubyGems」（p.503）も参考にしてください。gemのインストールや削除にはgemコマンドを使います。

実行例

```
> gem install sqlite3
```

23.3 sqlite3ライブラリ

> Windowsで実行したときにエラーが出た場合は「A.1　Windowsでのインストール」の「sqlite3のインストール」（p.496）を参考にしてください。macOSやUnixでは、ディストリビューションの開発用パッケージをインストールしたうえで、gemコマンドを実行してください。

　データベースに入っているデータは、「テーブル」という単位で管理されています。1つのテーブルは、1つのCSVファイルと同じように、いくつかのカラムを持った複数のレコードという形をしています。データベースの中には、このようなテーブルがいくつも作られ、それぞれのテーブルにさまざまなデータが格納できるようになっています。そのデータに対し、SQLを使って、データの追加・更新・削除を行います。

　SQLite3でデータを処理するサンプルコードを見てみましょう。データを登録するためには、まずデータを格納するテーブルを用意しておく必要があります。ここではaddress.dbというファイル名のデータベースファイルに対して、名前と住所のみを格納するaddressesテーブルを作ってみましょう。テーブルを作成するには次のようにします。

```
1: SQLite3::Database.open("address.db") do |db|
2:   db.execute(<<-SQL)
3:     CREATE TABLE addresses
4:       (name TEXT, address TEXT)
5:   SQL
6: end
```

　本書ではSQLite3のごく限られた機能しか使わないため、実際に使用するメソッドも2つだけです。1つはSQLite3::Databaseクラスのクラスメソッドであるopenメソッド、もう1つは同じクラスのインスタンスメソッドであるexecuteメソッドです。

　SQLite3::Database.openメソッドの第1引数はデータベースのファイル名です。2行目のSQLite3::Database#executeメソッドで、address.db内に新しいテーブルaddressesを作るためのCREATE　TABLE文を実行します。CREATE　TABLE文は2行目の<<-SQLから5行目のSQLの間のヒアドキュメントの部分です。SQLは長いテキストになることがあるので、ヒアドキュメントを使うと便利です。これで、nameとaddressという2つのカラムを持つaddressesテーブルが作られます。それぞれのカラムの型は、特に制限なく

473

第23章　郵便番号データを検索する

どんな長さの文字列でも保存できるよう、TEXT型になっています。

　テーブルを作ったあと、そのテーブルにデータを登録するには次のように
します。

```
1: data = ["山田みのる", "東江戸川区東江戸川三丁目"]
2: SQLite3::Database.open("address.db") do |db|
3:   db.execute(<<-SQL, data)
4:     INSERT INTO addresses VALUES (?, ?)
5:   SQL
6: end
```

　1行目は登録されるデータです。必要な数だけの要素を含む配列になって
います。2行目のSQLite3::Database.openメソッドは先ほどと同様で、3行
目のSQLite3::Database#executeメソッドでデータベースにデータを登録
するためのSQLであるINSERT文を実行します。「(?, ?)」とあるのはテー
ブルのカラムで、2つ目の引数であるdataに含まれる要素が先頭から順に「?」
に埋め込まれます。この「?」のようにあとから値をはめ込む場所のことを「プ
レースホルダー」といいます。

　プレースホルダーの数が多くなると、対応する配列の要素との対応がわか
りにくくなります。次のように、データをハッシュで渡して、プレースホルダ
ーからは「:キー名」の形式で値を参照することもできます。

```
data = {
  name: "山田みのる",
  addr: "東江戸川区東江戸川三丁目"
}
SQLite3::Database.open("address.db") do |db|
  db.execute(<<-SQL, data)
    INSERT INTO addresses VALUES (:name, :addr)
  SQL
end
```

　登録したデータを読み出すときには次のようにします。

474

```
SQLite3::Database.open("address.db") do |db|
  db.execute(<<-SQL) {|rows| p rows}
    SELECT name, address FROM addresses
  SQL
end
```

今度はexecuteメソッドでSELECT文を実行します。SELECT文は「SELECT **カラム名** FROM **テーブル名**」の形式になっています。カラム名をカンマ区切りで指定すると、指定したカラムだけを取り出して結果を配列にして返します。executeメソッドはブロックを取り、ブロック変数にはSQLの実行結果と得られるレコードが1つずつ配列として渡されるので、結果に対して順に処理を行うことができます。

 ## データの登録

これから郵便番号を検索するためのプログラムを作成します。作成する処理は、JZipCodeクラスのメソッドとして実装することにします。

まずは郵便番号データのテーブル構成を決めます。ここでは単純に、次のようなテーブルにします。

表 23.1 郵便番号検索テーブル

	郵便番号	都道府県名	市区町村名	町域名	検索用アドレス
カラム名	code	pref	city	address	alladdress
データ型	TEXT	TEXT	TEXT	TEXT	TEXT

簡略化のため、データ型はすべてTEXT型にしてあります。これは任意の長さの文字列を格納できるデータ型です。

最初の4つのカラムはCSVにあったカラムの値をそのまま格納します。最後の「検索用アドレス」というのは、都道府県名と市区町村名と町域名をつなげたものです。住所で検索するときはこちらを使い、「東京都港区」のように都道府県名と市区町村名が1つになった文字列が与えられても検索できるようにします。

テーブルを作るには、SQLのCREATE TABLE文を使います。表23.1のテー

第23章　郵便番号データを検索する

ブルを作るSQLは次の通りです。これにより、5つのTEXT型のカラムを持ったzip_codesテーブルが作られます。なお、IF NOT EXISTSは、同名のテーブルが存在しないときだけテーブルを作成するキーワードです。

```
CREATE TABLE IF NOT EXISTS zip_codes
  (code TEXT, pref TEXT, city TEXT, addr TEXT, alladdr TEXT)
```

List 23.2は、zip_codesテーブルに郵便番号データを登録する処理（JZipCode#createメソッド）を組み込んだJZipCodeクラスです。

List 23.2 jzipcode.rb（登録処理）

```ruby
require "sqlite3"
require "csv"

class JZipCode
  CSV_COLUMN = {code: 2, pref: 6, city: 7, addr: 8}

  def initialize(dbfile)
    @dbfile = dbfile                                    # ①
  end

  def create(zipfile)
    return if File.exist?(@dbfile)                      # ②
    SQLite3::Database.open(@dbfile) do |db|             # ③
      db.execute(<<-SQL)
        CREATE TABLE IF NOT EXISTS zip_codes
        (code TEXT, pref TEXT, city TEXT, addr TEXT, alladdr TEXT)
      SQL
      db.execute("BEGIN TRANSACTION")                   # ④
      CSV.open(zipfile, "r:Shift_JIS:UTF-8") do |csv|
        csv.each do |rec|
          data = Hash.new                               # ⑤
          CSV_COLUMN.each {|key, index| data[key] = rec[index]}
          data[:alladdr] = data[:pref] + data[:city] + data[:addr]
          db.execute(<<-SQL, data)                      # ⑥
            INSERT INTO zip_codes VALUES
              (:code, :pref, :city, :addr, :alladdr)
```

476

```
        SQL
      end
    end
    db.execute("COMMIT TRANSACTION")                    # ⑦
  end
  return true
 end
end
```

JZipCodeクラスの冒頭のCSV_COLUMNは、必要なデータがCSVファイル
の何番目のカラムかを示す定数になっています。

JZipCode#initializeメソッドでは、データベースファイル名を引数と
して受け取ります。ここではあとの処理でデータベースを参照できるように、
単にインスタンス変数にファイル名を保存するだけです（①）。

JZipCode#createがテーブルを作成し、KEN_ALL.CSVのデータをデータ
ベースに登録するメソッドです。まず、このメソッドはファイルが存在して
いると何もせずにreturnで終了します（②）。ファイルが存在しない場合、
SQLite3::Database#openメソッドを使って新規にデータベースファイルを
開き、SQLのCREATE TABLE文を発行します（③）。そして、List 23.1で見た
のと同様にエンコーディングを指定してCSVファイルを開いてデータを取
り出します。⑤からの3行の処理は、配列として得られたKEN_ALL.CSVの各
レコードからCSV_COLUMNで定義した位置にある情報を取り出して、:code、
:pref、:city、:addr、:alladdrをキーとして持つハッシュを作成していま
す。抽出したデータをINSERT文で登録します（⑥）。

なお、INSERT文を発行する前後のBEGIN TRANSACTION文（④）とCOMMIT
TRANSACTION文（⑦）は、一連の書き込みをひとまとまりの処理として扱う
ための命令です。INSERT文でデータを追加するつどファイルを更新しないた
め、処理が速くなるという効果もあります。

第23章 郵便番号データを検索する

 23.5 データの検索

次に格納された郵便番号データを検索するメソッドを作りましょう。List 23.3は、List 23.2のJZipCodeクラスに追加する、find_by_codeメソッドとfind_by_addressメソッドです。

List 23.3 jzipcode.rb（検索処理）

```ruby
class JZipCode
    ⋮
  def find_by_code(code)
    ret = []
    SQLite3::Database.open(@dbfile) do |db|
      db.execute(<<-SQL, code) {|row| ret << row.join(" ")}
        SELECT code, alladdr
          FROM zip_codes
          WHERE code = ?
      SQL
    end
    return ret.map {|line| line + "\n"}.join
  end

  def find_by_address(addr)
    ret = []
    SQLite3::Database.open(@dbfile) do |db|
      like = "%#{addr}%"
      db.execute(<<-SQL, like) {|row| ret << row.join(" ")}
        SELECT code, alladdr
          FROM zip_codes
          WHERE alladdr LIKE ?
      SQL
    end
    return ret.map {|line| line + "\n"}.join
  end
end
```

23.5 データの検索

　find_by_codeメソッドは、郵便番号を引数として、その郵便番号を持つ住所を返します。find_by_addressメソッドはその反対に、文字列を引数として、その文字列を含む住所の郵便番号を返します。

　検索のときもSQLite3::Database#executeメソッドを使い、SELECT文を実行します。SELECT文で「WHERE　条件」を記述すると、その条件に一致するレコードだけが結果として返ります。単純に一致しているものを取り出すには「**カラム名 = 値**」とし、文字列の部分一致検索を行うには「**カラム名** LIKE "%**文字列**%"」とします。上記のメソッドでは、引数として与えられた値は「WHERE code = ?」や「WHERE alladdr LIKE ?」という条件部分の「?」に置き換えられます。これらのINSERT文ではcodeとalladdrを取り出しているので、空白で連結します。複数のレコードが検索にヒットする場合もあるので、各行に改行を追加したあとで1つの文字列オブジェクトに連結し、メソッドの戻り値としています。

　では、find_by_codeメソッドとfind_by_addressメソッドを使って検索を行うプログラム（List 23.4）を作ってみましょう。

List 23.4 postal.rb

```
 1: require_relative "jzipcode"
 2:
 3: start_time = Time.now
 4: db = File.join(__dir__, "jzipcode.db")
 5: csv = File.join(__dir__, "KEN_ALL.CSV")
 6: jzipcode = JZipCode.new(db)
 7: jzipcode.create(csv)
 8:
 9: keyword = ARGV[0]
10: result = jzipcode.find_by_code(keyword)
11: if result.empty?
12:   result = jzipcode.find_by_address(keyword)
13: end
14: puts result
15: puts
16: puts "#{Time.now - start_time}秒"
```

479

第23章　郵便番号データを検索する

　1行目でjzipcode.rbを読み込みます。postal.rbはjzipcode.rbと同じ
ディレクトリに置いてください。3行目は処理にかかった時間を計測するた
めにプログラムの時刻を取得しています。最後の13行目で検索後の時刻との
差分によって何秒かかったかを表示します。4行目と5行目は、JZipCodeク
ラスが使用するデータベースファイルと郵便番号データのCSVファイルの
パス名です。これらも同じディレクトリにあるものを参照するために、プロ
グラムの置かれているディレクトリ名__dir__とファイル名を連結して生
成しています。6行目と7行目でJzipCodeオブジェクトを生成してデータ
ベースを準備します。

　9行目は検索するキーワードをコマンドライン引数から受け取ります。こ
のキーワードを使って郵便番号か住所を検索します。まず、10行目でfind_
by_codeを使って郵便番号による検索を行い、結果を変数resultに代入し
ます。11行目のresult.empty?の判定で結果が空であれば、12行目でfind_
by_addressを使って住所による検索を行います。13行目で郵便番号か住所
のいずれかによる検索結果を出力します。

　実行するときは次のように、コマンドライン引数として検索したい文字列
を与えます。

実行例

```
> ruby postal.rb 1060031
1060031  東京都港区西麻布

0.025630432秒
> ruby postal.rb 東京都渋谷区神
1500047  東京都渋谷区神山町
1500001  東京都渋谷区神宮前
1500045  東京都渋谷区神泉町
1500041  東京都渋谷区神南

0.068563868秒
```

　データベースへの登録に少し時間がかかりますが、検索処理は速くなった
はずです。List 23.1と同じようにtimeコマンドで処理時間を計算して効果
を確認してみてください。

23.6 Bundler

sqlite3ライブラリをインストールする際にgemコマンドを紹介しました。より実用的なプログラムではたくさんのライブラリを使うことになりますが、1つ1つをgemコマンドでインストールするのは手間がかかります。また、ライブラリが更新されることで、以前は使えていた機能が動かなくなることもありえるため、ライブラリの名前だけでなくバージョンも管理しておきたくなります。Bundlerはプログラムで利用する複数のgemパッケージの組み合わせを管理するツールです。

Bundlerのコマンド名はbundleです。BundlerはRuby 2.6から標準添付されるようになりました。次のコマンドを実行してBundlerが使えることを確認してください。2.5以前のRubyを使っている場合は最初に「gem install bundler」を実行してインストールしてください。

実行例

```
> bundle version
Bundler version 1.17.2 (2018-12-19 commit 3fc4de72b)
```

 ここではBundlerの最低限の使い方を紹介します。公式ドキュメントはhttps://bundler.io/docs.htmlにあります。

○ Gemfileを作成する

BundlerでライブラリをするためにGemfileというファイルを作成します。このファイルにライブラリの名前を登録します。

実行例

```
> bundle init
Writing new Gemfile to C:/たのしいRuby/part4/Gemfile
```

第23章　郵便番号データを検索する

○ Gemfileに必要なライブラリの情報を追加する

bundle initで作成されたGemfileを開くと、次のようになっています。

List **23.5** Gemfile（bundle initの直後）

```
# frozen_string_literal: true

source "https://rubygems.org"

git_source(:github) {|repo_name| "https://github.com/#{repo_name}" }

# gem "rails"
```

このファイルの最後にコメントアウトされている「gem "rails"」は railsというgemパッケージをインストールするための指定です。今回は sqlite3をインストールするため、最後の行を変更して次のようにしてください。

List **23.6** Gemfile（変更後）

```
# frozen_string_literal: true

source "https://rubygems.org"

git_source(:github) {|repo_name| "https://github.com/#{repo_name}" }

gem "sqlite3"
```

○ ライブラリをインストールする

Gemfileにgemパッケージを指定したらインストールします。

実行例

```
> bundle install
Fetching gem metadata from https://rubygems.org/...........
Resolving dependencies...
Using bundler 1.17.2
Fetching sqlite3 1.3.13
```

482

```
Installing sqlite3 1.3.13 with native extensions
Bundle complete! 1 Gemfile dependency, 2 gems now installed.
Use `bundle info [gemname]` to see where a bundled gem is
installed.
```

　Gemfileの指定に従ってsqlite3のgemがインストールされました。このとき、Gemfile.lockというファイルがGemfileと同じディレクトリに作成され、実際にインストールされたgemのバージョン番号が記録されます。今回はGemfileにsqlite3のバージョン番号を指定しなかったので最新版がインストールされました。

　また、Gemfileで指定したgemがさらに別のgemを必要とする場合は、それらも自動的にインストールされ、Gemfile.lockにパッケージ同士の関係性（依存関係といいます）とバージョンの情報が元のgemと同様に記録されます。そのためGemfileとGemfile.lockを保存しておくことで、たとえば将来的にsqlite3が更新されても、記録されているバージョンをインストールして環境を再現することができます。

　将来的にGemfileはgems.rb、Gemfile.lockはgems.lockにそれぞれファイル名が変更される予定になっています。

　gemのバージョンを指定するには、先ほど追加した「gem "sqlite3"」の行にバージョン番号の指定を追加します。先ほどインストールされたバージョンは「1.3.13」なので、試しに次のように1つバージョンを下げてみましょう。

```
gem "sqlite3", "1.3.12"
```

　Gemfileを編集したらbundle installを再び実行します。Gemfileで指定されたバージョンのパッケージがシステムになければ新しくインストールされるとともに、Gemfile.lockが適切に更新されます。Gemfile.lockをテキストエディタで直接変更することは基本的にありません。

第23章　郵便番号データを検索する

実行例

```
> bundle install
Fetching gem metadata from https://rubygems.org/...........
Resolving dependencies...
Using bundler 1.17.2
Fetching sqlite3 1.3.12 (was 1.3.13)
Installing sqlite3 1.3.12 (was 1.3.13) with native extensions
Bundle complete! 1 Gemfile dependency, 2 gems now installed.
Use `bundle info [gemname]` to see where a bundled gem is
installed.
```

Gemfileで指定できるパッケージのバージョン指定のルールは、次の通りです。

表 **23.2** gemパッケージのバージョン指定

バージョン指定	意味
"x.x.x"	バージョンを固定
">= x.x.x"	x.x.x以上のバージョンが必要
">= x.x.x", "< y.y.y"	x.x.x以上かつy.y.y以下のバージョンが必要
"~> x.0"	x.0以上は良いが、メインのバージョンが上がることは不可（たとえば"~> 3.2"で3.2以上は良いが4.0は不可）

○ プログラムを実行する

Gemfile.lockに記録されたバージョンのパッケージを正しく読み込んでプログラムを実行するには、今までのようにrubyコマンドを直接実行するのではなく、「bundle exec ruby」コマンドを使います。

実行例

```
> bundle exec ruby postal.rb 1010021
1010021  東京都千代田区外神田

0.033793148秒
```

○ ライブラリを更新する

Gemfile.lockに記録されたバージョンのライブラリを何度でもインストールできると紹介しましたが、逆に新しいバージョンのライブラリに更新したいこともあります。この場合は「bundle install」ではなく「bundle update」を使います。引数で更新する対象のパッケージを指定できますが、省略して何も指定しなければ、すべてのパッケージを可能な限り最新のものに更新します。

実行例

```
> bundle update
Fetching gem metadata from https://rubygems.org/...........
Resolving dependencies...
Using bundler 1.17.2
Using sqlite3 1.3.13
Bundle updated!
```

23.7 まとめ

SQLite3ライブラリを使って大量のデータを素早く検索する方法を紹介しました。目的に応じてデータベースなどのライブラリを利用するのが便利です。Rubyからライブラリを利用する場合、すでにgemパッケージとして入手できるものがあれば手早く入手して使い始めることができます。また、gemパッケージを管理するBundlerの使い方を紹介しました。

データベースは大量のデータを扱ううえで不可欠なソフトウェアです。オープンソース・ソフトウェアとしてはSQLite3のほかにも、MySQLやPostgreSQLなどが広く使われています。SQLの構文など、細かな点での違いはありますが、テーブル作成やデータの登録や検索などの基本的な使い方はほぼ同じです。ここではSQLについても必要最小限の範囲でしか取りあげませんでしたが、より詳しく学ぶとよいでしょう。

「先は　まだ長そうだよ」
——紺野キタ『わかれ道』

付録

Ruby実行環境の準備
Rubyのインストール
Windowsでのインストール
macOSでのインストール
Unixでのインストール
エディタとIDE
Rubyリファレンス集
RubyGems
コマンドラインオプション
組み込み変数・定数

付録A

Ruby実行環境の準備

A.1 Rubyのインストール

　Windows、macOS、UnixでRubyを利用する方法を紹介します。Windowsでは手軽にRubyを実行する環境を整えるインストーラー「RubyInstaller for Windows」を利用します。macOSやUnixでは、初めからRubyがインストールされている場合すぐにRubyを使い始められますが、古いバージョンになっていることがあるので、ソースからビルドする方法やバイナリパッケージを使う方法、またRubyのパッケージマネージャを使う方法を紹介します。

　インストールの方法については、次のサイトも参考にするとよいでしょう。

- ダウンロード（Ruby公式サイト）：
  https://www.ruby-lang.org/ja/downloads/

　ただし、すでにインストールされているRubyのアプリケーションなどで、システムであらかじめインストールされているバージョンや、古いバージョンのRubyを期待しているものがあった場合、正しく動作しなくなる場合があります。そのような場合には、後述するrbenvなど、好きなバージョンのRubyに切り替えられるツールを利用するとよいでしょう。

A.2 Windowsでのインストール

　この節ではRubyInstallerによるインストールの方法を紹介します。RubyInstallerは次のサイトから入手できます。

489

付録A　Ruby実行環境の準備

- **Ruby Installer for Windows**：https://rubyinstaller.org/

　ページ冒頭にある「Download」のリンクをクリックすると、「Downloads」というページが表示され、配布されているインストーラの一覧が表示されます。本書執筆時点の最新版はRuby 2.6.1なので、これをインストールします。「Ruby+Devkit 2.6.1-1 (x64)」のリンクをクリックすると、インストーラ「rubyinstaller-devkit-2.6.1-1-x64.exe」をダウンロードできます。

　以降はこのRubyInstallerによるインストールの手順を説明します。スクリーンショットは、Ruby 2.6.1をWindows 10 Pro 64ビット版にインストールしたときのものです。

A.2.1　インストールの開始

　ダウンロードした「rubyinstaller-devkit-2.6.1-1-x64.exe」のアイコンをダブルクリックすると、インストーラが起動します。

　最初に使用許諾の確認画面が表示されます。RubyInstallerは修正BSDライセンスになっていますが、Ruby本体やサードパーティのソフトウェアに関するライセンスは別途確認すべきこととなっています。非商用の利用において通常は問題になることはないと思いますが、確認したうえで「I Accept the License」を選択し、[Next >]ボタンをクリックします（図A.1）。

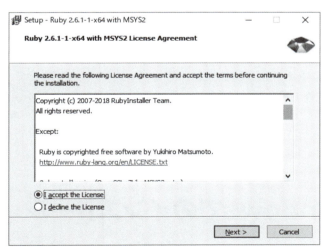

図 A.1　使用者許諾契約書の同意

A.2.2 インストール先とオプションの確認

インストール先とインストールに関するいくつかのオプションを指定できます（図A.2）。次の3つを選択できます。

- Add Ruby executables to your PATH
  環境変数PATHを設定することで通常のコマンドプロンプトなどからruby.exeを実行できるようになります。他のアプリケーションのDLLの読み込みにも関連するので、影響を把握できない場合はチェックしないでください。
- Associate .rb and .rbw files with this Ruby installation
  拡張子が.rbと.rbwのファイルをダブルクリックすることでRubyスクリプトとして実行できるようにします。
- Use UTF-8 as default external encoding
  デフォルトの外部エンコーディングをUTF-8にします。

必要なオプションを有効にして［Install］ボタンをクリックします。

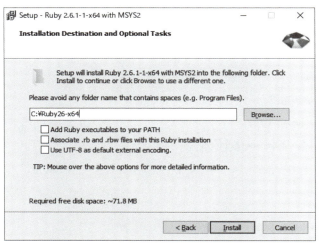

図 A.2 インストール先とオプションの確認

A.2.3　インストールするソフトウェアの選択

　Rubyと一緒にインストールするソフトウェアの選択画面が表示されます（図A.3）。選択できるのは「MSYS2 development toolchain」です。これはC言語で書かれた拡張ライブラリをビルドする際に必要になるので、チェックを外さずに「Next >」ボタンをクリックしてください。プログラムのビルドは複数の開発ツールを適切な順番に実行して行われます。一連の開発ツール一式のことをツールチェイン（toolchain）といいます。

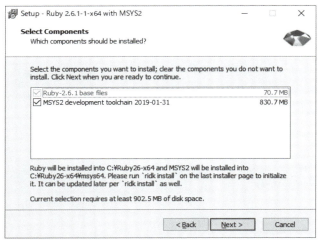

図 A.3　ソフトウェアの選択

A.2.4　インストール状況

　インストールが完了するまでプログレスバーが表示されます（図A.4）。

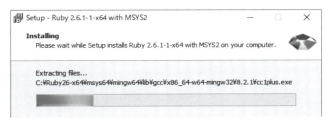

図 A.4　インストール状況

A.2.5 インストールの完了

インストールの完了画面が表示されるので、「Run 'ridk install' to setup MSYS2 and development toolchain.」にチェックをつけたまま［Finish］ボタンをクリックします（図A.5）。

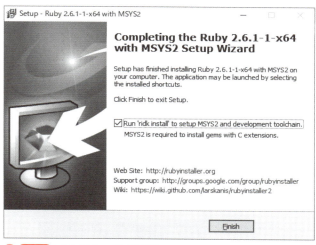

図 A.5 インストールの完了

A.2.6 MSYS2のセットアップ

続いてコマンドプロンプトが表示されます。ここでMSYS2のセットアップを行います（図A.6）。「1」（MSYS2 base installation）を入力して［Enter］キーを押し、セットアップを実行します。

図 A.6 MSYS2のセットアップ

付録A　Ruby実行環境の準備

　MSYS2のセットアップが完了すると、再び処理を指定するメニューが表示されます（図A.7）。何も入力せずに [Enter] キーを押すと終了します。

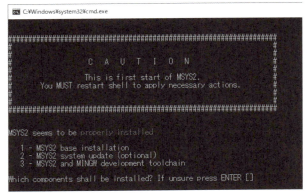

図 A.7 MSYS2のセットアップ完了

A.2.7　コンソールの起動

　Windows 10の場合は、スタートメニューにアルファベット順にアプリケーションの一覧が表示されるので、[Ruby 2.6.1-1-x64 with MSYS2] のフォルダを探してクリックします。フォルダの中の [Start Command Prompt with Ruby] をクリックすると、Rubyの実行に必要な環境変数が設定されたコマンドプロンプト（コンソール）を起動できます（図A.8）。

図 A.8 Rubyコマンドプロンプトを開く

A.2 Windowsでのインストール

　一度このコマンドプロンプトを起動した後であれば、スタートメニューで「ruby」と入力するだけで「最も一致する検索結果」に表示されようになります。この方法でも素早く起動することができます（図A.9）。

図 A.9 Rubyコマンドプロンプトを開く（検索）

　コンソール（図A.10）を開いたら、rubyコマンドに-vオプションをつけて実行してRubyのバージョンを確認します。次のように表示されたらrubyコマンドの実行が成功です。これでRubyプログラミングをはじめられます。「第1章　はじめてのRuby」に進んでください。

図 A.10 Rubyコマンドプロンプト

495

A.2.8　sqlite3のインストール

　ここからは「第23章　郵便番号データを検索する」で使用するsqlite3のgemパッケージをインストールする手順を補足します。第23章のプログラムがうまく動かないときに確認してください。SQLiteはC言語で記述されたプログラムです。これをRubyから利用するために、sqlite3のgemでは「拡張ライブラリ」と呼ばれる方法を用いています。

　本文のサンプルに従って作業を進めると、rubyコマンドを実行したときに以下のようなエラーになる場合があります（2019年1月時点）。

```
> ruby jzipcode.rb
Traceback (most recent call last):
             ⋮
          1: from C:/Ruby26-x64/lib/ruby/gems/2.6.1/gems/
sqlite3-1.3.13-x64-mingw32/lib/sqlite3.rb:6:in `rescue in <top
(required)>'
C:/Ruby26-x64/lib/ruby/gems/2.6.1/gems/sqlite3-1.3.13-x64-
mingw32/lib/sqlite3.rb:6:in `require': cannot load such file
-- sqlite3/sqlite3_native (LoadError)
```

　sqlite3/sqlite3_nativeというライブラリのロードに失敗しています。これは、Wiwdows（x64_mingw32）向けにビルドされたsqlite3のgemパッケージがRuby 2.6に対応していないためです。そこで、sqlite3のgemをインストールする際に拡張ライブラリをソースからビルドする手順を紹介します。

　gemをインストールする前に、まず、ビルドに必要な開発用のパッケージをインストールします。提供されているsqlite3の関連パッケージを検索してみましょう。前節で紹介したコンソールを起動して次のように入力してください。

```
> ridk exec pacman -Ss sqlite3
```

　MSYS2ではpacmanというプログラムを使ってパッケージを管理します。ridkというのはRuby Installer DevKitのフロントエンドです。これを使ってMSYS2のコマンドであるpacmanを実行します。

SQLite関連のパッケージ名が表示されます。この中の「mingw-w64-x86_64-sqlite3」がgemのビルドに必要なパッケージです。バージョンによっては「mingw-w64-x86_64-dlfcn」が必要になる場合があります。次のコマンドを実行すると、インストールを続行するか確認を求められるので「Y」と[Enter]キーを押すとビルドが始まります。

```
> ridk exec pacman -S mingw-w64-x86_64-sqlite3
> ridk exec pacman -S mingw-w64-x86_64-dlfcn
```

続いてsqlite3のgemをインストールします。同じコンソールで次のコマンドを実行してください。

```
> gem install sqlite3 --platform=ruby
```

これでRubyでsqlite3ライブラリを使う準備は完了です。

p.481の手順の通りにBundlerを使用する際にも、同じ問題が発生します。bundle installを実行する前に以下のコマンドを実行してください。

```
> bundle config --local force_ruby_platform true
```

A.3　macOSでのインストール

macOSでは標準のコマンドとしてRubyを利用することができます。2019年1月時点の最新版であるMojaveではRuby 2.3.7p456というバージョンがインストールされているので、そのまま利用できますが、本書で紹介されている新しい機能については、一部利用できないものがあります。Ruby 2.6.1以上のバージョンを改めてインストールすることをお勧めします。

バージョンを確認するために、まずコンソールを起動します。コンソールを起動するには、Finderから［アプリケーション］→［ユーティリティ］→［ターミナル］を選んでください。

付録A　Ruby実行環境の準備

「`ruby -v`」を実行すると、Rubyのバージョンがわかります。

> 実行例

```
> ruby -v
ruby 2.3.7p456 (2018-03-28 revision 63024) [universal.x86_64-
darwin18]
```

このようにバージョン2.6以上と表示されない場合は、古いバージョンのRubyがインストールされています。

自分で新たにRubyをインストールする場合、パッケージ管理システムを利用してインストールするか、ソースからコンパイルしてインストールするかを選べます。どちらもUnixでインストールする場合と同じような手順になるので、次節を参照してください。

A.4　Unixでのインストール

Unixの場合はすでにRubyがインストールされているかもしれません。試しにコンソールで次のように入力してください。

```
> ruby -v
```

次のようにバージョン2.6以上と表示されれば、改めてインストールする必要はありません。

```
ruby 2.6.1p33 (2019-01-30 revision 66950) [x86_64-linux]
```

Ruby 2.5以前の古いバージョン番号が表示された場合は、より新しいものをインストールすることをお勧めします。

A.4.1 rbenvを利用する

rbenvは複数のバージョンのRubyを切り替えて使えるようにする開発者向けの管理ツールです。Rubyをソースコードからビルドしてインストールしますが、ビルドの手順が自動化されるため単純にRubyを使いたいという人に取っても便利に使うことができます。

rbenvのソースはGitHubサイトにあるので、gitコマンドを使って入手します。ここでは、ユーザのホームディレクトリの.rbenvディレクトリにダウンロードしています。

```
> git clone git://github.com/sstephenson/rbenv.git ~/.rbenv
```

パスの情報とrbenvの初期化の情報を、シェルの設定ファイルに書き込みます。bashを使っている場合、次のコマンドを実行することで、環境設定ファイル~/.bashrcに設定ができます。macOSの場合は~/.bashrcとなっている部分を~/.bash_profileに置き換えて実行してください。

```
> echo 'export PATH="$HOME/.rbenv/bin:$PATH"' >> ~/.bashrc
> echo 'eval "$(rbenv init -)"' >> ~/.bashrc
```

ここでシェルの状態を更新するため、次のように入力します。ターミナルを立ち上げ直してもよいでしょう。

```
> exec $SHELL -l
```

さらに、rbenvでRubyをインストールするために、gitコマンドでruby-buildをダウンロードします。

```
> git clone git://github.com/sstephenson/ruby-build.git
~/.rbenv/plugins/ruby-build
```

これでrbenv installコマンドが使えます。さらにrbenv rehashコマンドを実行し、rbenv globalコマンドを使えば、rubyコマンドが2.6.1になります。

付録A　Ruby実行環境の準備

```
> rbenv install 2.6.1
> rbenv rehash
> rbenv global 2.6.1
> ruby -v
ruby 2.6.1p33 (2019-01-30 revision 66950) [x86_64-linux]
```

A.4.2　バイナリパッケージを利用する

　UnixやmacOSに最新版のRubyをインストールする場合、ソースからビルドすることも可能ですが、プラットフォームのパッケージ管理システムを使ったほうが後々の管理が楽になります。

　macOSの場合、HomebrewとMacPortsというパッケージマネージャが広く使われています。Unixの場合も、広く利用されているプラットフォームの多く（各種Linuxや*BSDなど）において、バイナリまたはソースからビルドする形式のパッケージが配布されています。それぞれのシステムに合ったやり方でインストールしてください。

A.4.3　ソースからビルドする

　まず、Rubyのソースを入手します。Rubyのソースの一次配布元URLは次の通りです。

- https://cache.ruby-lang.org/pub/ruby/ **メジャー＋マイナーバージョン番号**/ruby-**バージョン番号**.tar.gz

　Rubyのバージョンが2.6.1の場合、**メジャー＋マイナーバージョン番号**は「2.6」、**バージョン番号**は「2.6.1」になります。この場合、URLは、

- https://cache.ruby-lang.org/pub/ruby/2.6/ruby-2.6.1.tar.gz

となります。

　次のようにしてソースアーカイブを展開すると、「ruby-2.6.1」というディレクトリが作成されます。

```
> tar zxvf ruby-2.6.1.tar.gz
```

500

A.5 エディタとIDE

Unixの場合は、そのディレクトリに移動して、次のコマンドを順に実行すれば完了です。

```
> cd ruby-2.6.1
> ./configure
> make
> make test
> make install
```

最後の「make install」ではsudoコマンドなどを利用して、スーパーユーザの権限で実行します。スーパーユーザの権限がない場合は、管理者にインストールしてもらうか、自分で書き込みのできるディレクトリにインストールします。たとえば自分のホームディレクトリ以下にインストールする場合は、次のようにします。

```
> ./configure --prefix=$HOME
```

この場合、ディレクトリ「$HOME/bin」にrubyコマンドやirbコマンドなどがインストールされるので、パスが通っていることも確認してください。

A.5 エディタとIDE

Rubyのプログラムを書くには、「エディタ」と呼ばれる、テキストファイルを編集するアプリケーションを使うことが一般的です。Rubyの文法に対応したエディタを利用すれば、適切な箇所で自動的にインデントを挿入してくれたり、ifやwhileなどのキーワード、定数、文字列などをわかりやすく色づけしたりしてくれたりするので、快適なプログラミングには欠かせません。

ここではそのようなエディタやIDE(統合開発環境)を簡単に紹介します。もちろん、使い慣れたエディタがあれば、それを使うのがよいでしょう。

最近よくプログラミングに使われているエディタとしては、VS Codeこと Visual Studio Code があります。Windows、macOS、Linuxをサポートし、Rubyのための拡張も用意されています。

501

付録A　Ruby実行環境の準備

- **Visual Studio Code**：https://code.visualstudio.com/

またSublime TextやAtomといったリッチなエディタの人気も高いようです。

- **Sublime Text**：https://www.sublimetext.com/
- **Atom**：https://atom.io/

単体のエディタではなく、いわゆるIDEに付属のエディタにも、Rubyに対応しているものがあります。IDEはプログラムの編集だけでなく、実行やテストを支援するための機能も内包しています。Ruby対応のIDEとしては「RubyMine」がよく使われています。

- **RubyMine**：https://www.jetbrains.com/ruby/

A.5.1　ちゃんとしたエディタがなくちゃ Rubyは使えない？

ここまでの説明を読んで、Rubyのプログラミングには高機能なエディタやIDEがないとできない、と思われる方もいるかもしれません。Unixを使っている方なら、たいていの場合VimやEmacsといった定番エディタがインストールされているのであまり問題ではないかもしれませんが、Windowsでは標準でインストールされるメモ帳しかない場合もあるでしょう。

でも、メモ帳のようにシンプルなエディタだけしかなくても大丈夫です。筆者もちょっとしたプログラムを作成したり修正したりする際には、メモ帳を使うこともあります。そのような場合には、自分でインデントを入力する必要がありますが、それほどの手間ではありません。さらにはirbなどで直接Rubyのコードを実行することでエディタを使わずに実行結果を確認することだってできます。

ただ、プログラミング自体に不慣れな方にとっては、できるだけ敷居が低いほうがプログラミングしやすいでしょう。ですから、Rubyに対応したエディタを用意しておいて、その使い方に慣れておいてください。それが、よいプログラムを書くための近道です。

502

付録 B

Rubyリファレンス集

B.1 RubyGems

RubyGemsは、Rubyのライブラリやアプリケーションを統一した方法でインストール・管理するためのRuby標準のツールです。RubyGemsでは、個別のライブラリを**gem**と呼びます。RubyGemsを使えば、それぞれのgemを探したり、どんなものか調べたり、インストール／アンインストールしたり、古いgemのバージョンアップをしたり、今インストールされているgemを一覧したりできるようになります。

B.1.1 gemコマンド

RubyGemsは通常、コマンドラインで使用します。コマンド名は「gem」です。

○ **gem list**

インストール済みのgemを一覧表示するには、次のように実行します。

実行例

```
> gem list

*** LOCAL GEMS ***

bigdecimal (default: 1.4.1)
bundler (default: 1.17.2)
cmath (default: 1.0.0)
csv (default: 3.0.4)
    ⋮
```

503

付録B　Rubyリファレンス集

　ここで使われている「list」といった指示部は**gemコマンド**と呼ばれます。
gemコマンドにはlist以外にもいくつかあります。主だったものを以降で挙げ
ていきます。

○ gem search

　gemを検索するのに使います。オプションを指定しない場合、リモートリポ
ジトリからインストール可能なgemを探します。

実行例

```
> gem search nokogiri

*** REMOTE GEMS ***

backupify-rsolr-nokogiri (0.12.1.1)
epp-nokogiri (1.1.0)
glebm-nokogiri (1.4.2.1)
jwagener-nokogiri (1.4.1)
nokogiri (1.10.0 ruby java x64-mingw32 x86-mingw32, 1.6.1 x86-
mswin32-60, 1.4.4.1 x86-mswin32)
nokogiri-cache (1.0.0)
    ⋮
```

-lオプションをつけると、インストール済みのgemを検索します。

実行例

```
> gem search -l csv

*** LOCAL GEMS ***

csv (default: 3.0.4)
```

504

○ gem install, gem fetch

gemをインストールします。gemは、インターネット上でgemファイルを配布しているサイト (https://rubygems.org/)からダウンロードされます。

実行例

```
> gem install nokogiri
```

gem fetchはインストールせずにダウンロードのみを行います。gemは、.gemという拡張子のファイルでパッケージされていて、これをインストールすることもできます。、

実行例

```
> gem fetch nokogiri
Fetching nokogiri-1.10.0.gem
Downloaded nokogiri-1.10.0
> gem install nokogiri-1.10.0.gem
Building native extensions. This could take a while...
Successfully installed nokogiri-1.10.0
1 gem installed
```

○ gem update

インストールされたgemを最新のものに更新します。

実行例

```
> gem update nokogiri
```

なお、RubyGems自体の更新にも、このコマンドを使用します。その場合は--systemオプションを追加してください。

実行例

```
> gem update --system
```

付録B　Rubyリファレンス集

　ほかにも多数のgemコマンドがあります。gem help commandsで、gemコマンドの一覧が表示されます。

B.2 コマンドラインオプション

　Rubyを実行するときにコマンドラインオプションを指定できます。たとえば-vオプションを指定してrubyコマンドを実行すると、バージョン番号を表示して終了します。

実行例

```
> ruby -v
ruby 2.6.1p33 (2019-01-30 revision 66950) [x86_64-darwin16]
```

　表B.1はrubyコマンドのコマンドラインオプションの一覧です。便利なものもあるので、ざっと見ておくとよいでしょう。

表 B.1 Rubyのコマンドラインオプション

オプション	意味
-0*octal*	*octal*で、IO.getsなどが認識する改行文字を8進数で指定する
-a	オートスプリットモード（-nまたは-pオプションとともに使用すると$Fに$_.split($;)がセットされる）を指定する
-c	スクリプトの文法チェックのみを行う
-C*directory*	スクリプトを実行する前に*directory*で指定されたディレクトリに移動する
-d, --debug	デバッグモードを有効にする（$DEBUGがtrueになる）
-e '*command*'	*command*で1行のプログラムを指定する。このオプションは複数指定できる
-E*ex*[:*in*]、--encoding=*ex*[:*in*]	デフォルト外部エンコーディング（*ex*）と、デフォルト内部エンコーディング（*in*）を指定する
-F*pattern*	String#splitメソッドが使用するデフォルトの区切り文字（$;）を指定する
-i [*extension*]	ARGVで指定されたファイルをスクリプトの出力で置き換える（*extension*を指定した場合はその拡張子を追加したバックアップが作成される）
-I*directory*	$LOAD_PATHに追加されるディレクトリを指定する。このオプションは複数指定できる
-l	-nまたは-pオプションで$_の改行を削除する

B.2　コマンドラインオプション

オプション	意味
-n	スクリプト全体が 'while gets(); ... end' で囲まれているように動作する（gets() の結果を $_ にセットする）
-p	-n の動作に加えて、ループの終わりごとに $_ を出力する
-r*library*	スクリプトを実行する前に *library* を require で読み込む
-s	スクリプトに与えるフラグを解釈する機能を有効にする（'ruby -s script -abc' で $abc が true になる）
-S	実行するスクリプトを PATH 環境変数のディレクトリから探す
-T*level*	汚染チェックモードを指定する
-U	内部エンコーディングのデフォルト値（Encoding. default_internal）を UTF-8 にする
-v	バージョン番号を表示し、冗長モードを有効にする（$VERBOSE が true になる）
-w	冗長モードを有効にする
-W*level*	冗長モードのレベルを指定する（0 ＝警告を出力なし、1 ＝重要な警告のみ、2 ＝すべての警告（デフォルト））
-x*directory*	実行するスクリプトのうち「#!ruby」という行の手前までを無視する
--copyright	著作権情報を表示する
--enable=*feature* [, ...]	*feature* を有功にする
--disable=*feature* [, ...]	*feature* を無効にする
--external-encoding=*encoding*	デフォルト外部エンコーディングを指定する
--internal-encoding=*encoding*	デフォルト内部エンコーディングを指定する
--verbose	冗長モードを有効にする（$VERBOSE が true になる）
--version	バージョン情報を表示して終了する
--help	ヘルプメッセージを表示する

　--enable および --disable オプションに指定できる *feature*（機能名）には表 B.2 のものがあります。

表 **B.2** --enable、--disable オプションで指定する機能名

機能名	意味
gems	RubyGems を有効にするかどうか（デフォルト：有効）
rubyopt	環境変数 RUBYOPT を参照するかどうか（デフォルト：有効）
did_you_mean	スペルミスを指摘する機能を有効にするかどうか（デフォルト：有効）
frozen-string-literal	すべての文字列リテラルを freeze するかどうか（デフォルト：無効）
jit	JIT コンパイラを有効にするかどうか（デフォルト：無効）
all	上記のすべてを有効にするかどうか

付録B Ruby リファレンス集

組み込み変数・定数

B.3.1 組み込み変数

組み込み変数とは、Ruby であらかじめ使い方が決められている変数です。組み込み変数はすべて「$」から始まる変数になっていて、グローバル変数のように参照できます。$<に対するARGFのようにわかりやすい別名がある場合は、なるべくそちらを使ったほうがよいでしょう。

組み込み変数の一覧を表B.3に示します。

表 B.3 組み込み変数

変数名	内容
$!	最後に発生した例外に関する情報
$"	$LOADED_FEATURES の別名
$$	現在実行中の Ruby のプロセス ID
$&	最後に実行したパターンマッチでマッチした文字列
$'	最後に実行したパターンマッチでマッチした部分より後ろの文字列
$*	ARGV の別名
$+	最後に実行したパターンマッチでマッチした中で最後の「()」に対応する文字列
$,	Array#join のデフォルトの区切り文字列（デフォルトは nil）
$-W	-W オプションを指定して実行したときの引数の値
$-a	-a オプションを指定して実行したとき true
$-i	-i オプションを指定して実行したときの拡張子の値
$-l	-l オプションを指定して実行したとき true
$-p	-p オプションを指定して実行したとき true
$.	最後に読み込んだ入力ファイルの行番号
$/	入力レコードセパレータ（デフォルトは "\n"）
$0	$PROGRAM_NAME の別名
$1、$2、…	最後に実行したパターンマッチで「()」にマッチした文字列（n番目の「()」がnに対応する）
$:	$LOAD_PATH の別名
$;	String#split のデフォルトの区切り文字列（デフォルトは nil）
$<	ARGF の別名
$>	print, puts, p などのデフォルトの出力先（デフォルトは STDOUT）
$?	最後に終了した子プロセスのステータス
$@	最後に例外の発生した位置に関する情報
$\	出力レコードセパレータ（デフォルトは nil）
$_	最後に gets メソッドで読み込んだ文字列

508

B.3 組み込み変数・定数

変数名	内容
$`	最後に実行したパターンマッチでマッチした部分より前の文字列
$~	最後に実行したパターンマッチに関する情報
$DEBUG	デバッグモードを指定するフラグ（デフォルトはnil）
$FILENAME	ARGFが現在読み込んでいるファイルの名前
$LOADED_ FEATURES	requireで読み込まれたライブラリ名の一覧
$LOAD_PATH	requireがファイルを読み込むときに検索するディレクトリの名前を含む配列
$PROGRAM_ NAME	現在実行中のRubyスクリプトの別名
$SAFE	セーフレベル（デフォルトは0）
$VERBOSE	冗長モードを指定するフラグ（デフォルトはnil）
$stdin	標準入力（デフォルトはSTDIN）
$stdout	標準出力（デフォルトはSTDOUT）
$stderr	標準エラー出力（デフォルトはSTDERR）

B.3.2 組み込み定数

　組み込み変数と同様に、あらかじめ値が決められている組み込みの定数があります。組み込み定数の一覧を表B.4に示します。

表 B.4 組み込み定数

定数名	内容
ARGF	引数、または標準入力によって作られる仮想のファイルオブジェクト
ARGV	コマンドライン引数の配列
DATA	__END__以降のデータにアクセスするためのファイルオブジェクト
ENV	環境変数
RUBY_COPYRIGHT	著作権情報を表す文字列
RUBY_DESCRIPTION	ruby -vで表示されるバージョンなどの情報
RUBY_ENGINE	Rubyの処理系の実装の種類を表す文字列
RUBY_PATCHLEVEL	Rubyの処理系のパッチレベルを表す文字列
RUBY_PLATFORM	実行している環境（OS、CPU）を表す文字列
RUBY_RELEASE_DATE	Rubyの処理系のリリース日を表す文字列
RUBY_VERSION	Rubyの処理系のバージョンを表す文字列
STDERR	標準エラー出力
STDIN	標準入力
STDOUT	標準出力

付録B　Rubyリファレンス集

●●● B.3.3　擬似変数

　擬似変数は変数のように参照することができますが、いずれも値を設定することはできません。代入を行うとエラーになります。

　擬似変数の一覧を表B.5に示します。

表 B.5 擬似変数

変数名	内容
self	デフォルトのレシーバ
nil、true、false	nil、true、false
__FILE__	実行中のRubyスクリプトのファイル名
__LINE__	実行中のRubyスクリプトの行番号
__ENCODING__	スクリプトエンコーディング

●●● B.3.4　環境変数

表 B.6 環境変数

変数名	内容
RUBYLIB	組み込み変数$LOAD_PATHに追加するディレクトリ名（「:」区切りで指定する）
RUBYOPT	Rubyを起動する際のデフォルトのオプション（RUBYOPT="-U -v"など）
RUBYPATH	-Sオプションを指定してインタプリタを起動したときのスクリプトの検索パス
RUBYSHELL、COMSPEC	（プラットフォーム依存）外部コマンドの実行でシェルが必要な場合に使用されるインタプリタのパス
HOME	Dir.chdirメソッドのデフォルトの移動先
LOGDIR	HOMEがないときのDir.chdirメソッドのデフォルトの移動先
PATH	外部コマンドの検索パス
LC_ALL、LC_CTYPE、LANG	（プラットフォーム依存）デフォルトのエンコーディングの決定に使用されるロケール情報

510

あとがき

ここでRubyを持ち出したのは、わたしが咄嗟に触ることができ、
原稿の締め切りに間に合いそうな言語が当座これしかないからだ。
—— 円城塔『プロローグ』より

あとがきであります。

本書は、2002年に出版された『たのしいRuby』の改訂版で、2016年に出版された第5版にさらに手を加えた第6版になります。

第6版では、Ruby 2.6.1のリリースを受けて、2.6の新機能についての説明をいくつか追加しました。それと合わせて、第5版の対応バージョンだった2.3のサポート終了が近いことから、古いバージョンのRubyに関する記述を削除しています。わかりやすいところとしては、整数としてFixnumとBignumがあったのを、Integerに統一しました。また、時代の変遷を経て、EUC-JPが使われる機会が少なくなってきた一方、Shift_JISはまだ現役で使われているところもあるため、EUC-JPのサンプルはShift_JISに変えてみました。

ほかにも細かなところでは、常時SSL（TLS）化が進んだため、「http://～」だったURLを「https://～」に変更しています。URLのパターンも、httpにもhttpsにもマッチするように修正しました。インターネットのように日々変化するジャンルでは、細かい修正を行わないといつの間にか古びてしまうこともあることに気づかされました。

Rubyも誕生から四半世紀を超える長い時間を経て、少しずつ、しかし確実に変わってきました。Rubyの言語そのもの以外にも、ソースコードの書き方からプログラムを支援するツールまで、プログラミングを取り巻く環境はいつまでも同じままではありません。むしろ、そのような変化に追従するために、Rubyも進化を続けているといえます。コンピューティングとプログラミングの世界が変わり続ける限り、今後もRubyも変わりながら、便利な道具であり続けていくことでしょう。本書もそんな変化に追従し、新しくRubyを始めるみなさんをお手伝いできれば幸いです。

『プロローグ』の「わたし」こと雀部とは異なり、原稿の締め切りにはあまり間に合っていなかった筆者ですが、みなさまのおかげで無事第6版を刊行できました。次回の改訂では、いよいよリリースが期待されるRuby 3.0に対応することになるでしょうか。本書を片手にRubyを始めた方々の中からも、3.0やそれ以降のRubyの変化を支える方が生まれることを期待しています。

謝　辞

著者2人からの謝辞

　多くの書籍と同様、本書も初版から第6版に至るまで、さまざまな方の協力により、刊行までこぎつけることができました。

　監修を引き受けてくださったまつもとゆきひろさん、本書を書く機会を与えてくれた渡辺哲也さん、原稿が遅くなってご迷惑をおかけしたSBクリエイティブの杉山聡さんとトップスタジオの武藤健志さん、原稿のアイデアや査読にご協力していただいた麻耶さん、青木みやさん、葉山響さん、加藤希さん、株式会社ツインスパークのみなさん、菱沼雄太さん、なひさん、安藤葉子さん、小倉正充さん、takkanmさん、松田明さん、高橋ゆりえさん、猫廼舎さん、リファレンスマニュアルや各種ドキュメントの整備に努めてくれているRubyist MLのみなさん、ライブラリやドキュメントの作者のみなさん、RubyのWebサイトを維持・運営しているwebmasterのみなさん、Rubyの各種MLで有益な情報や興味深い話題を提供してくださるみなさん、そしてまた、繰り返しになりますが、Rubyの生みの親でもあるまつもとゆきひろさんと、多くの開発者の方々に、心からの感謝を捧げます。どうもありがとうございました。

高橋征義からの謝辞

　この本は共著ではありますが、私がはじめて書いた本なので、いわば原点にあたります。初版にしても改訂版にしても、陰に陽にさまざまな方に支えられて書籍も自分も成長できているのだと思います。ありがとうございます。

　そして、日々の生活から制作業務までを支えてくれている妻に感謝します。いつもどうもありがとう。

後藤裕蔵からの謝辞

　10年以上にもわたってひとつの仕事に関われることをとてもうれしく思います。この本はたくさんの人生のイベントとともにあります。さまざまな形で支えてくださった方々に感謝します。いつもありがとうございます。

　集中して作業をする期間は親しい人との時間から順に犠牲にすることになります。私を見守り、励まし、刺激を与えてくれる妻と2人の息子と4匹の猫に感謝します。ありがとう。

索　引

記号

'' (文字列リテラル)	30, 298
"" (文字列リテラル)	29, 298
`` (リテラル)	301
! (破壊的なメソッド)	280
! (論理演算子)	90
!~メソッド (Regexp)	343
!= (比較)	44
!=メソッド (String)	307
# (コメント)	42
# (メソッドの表記)	126
# encoding: (マジックコメント)	35, 413
# frozen-string-literal: (マジックコメント)	322
#!	413
#{} (式展開)	41, 298
#=> (メソッドの戻り値の表記)	33
$ (グローバル変数)	79
$ (メタ文字)	344
$!	207, 217, 508
$$	508
$&	357, 508
$*	508
$,	508
$.	508
$/	508
$:	508
$;	508
$?	508
$@	207, 508
$_	508
$`	357, 509
$~	358, 509
$'	357, 508
$"	508
$\	372, 508
$+	508
$-a	508
$-i	508
$-l	508
$-p	508
$-W	508

$<	508
$>	508
$0	508
$1	356, 508
$DEBUG	509
$FILENAME	509
$LOAD_PATH	220, 509
$LOADED_FEATURES	509
$PROGRAM_NAME	509
$SAFE	509
$stderr	366, 509
$stdin	366, 509
$stdout	366, 509
$VERBOSE	509
%メソッド	
Numeric	248
String	302
%i (配列リテラル)	265
%q (文字列リテラル)	299
%Q (文字列リテラル)	299
%r (正規表現リテラル)	343
%w (配列リテラル)	265
& (ブロック引数)	235, 446
& (メソッド引数)	236, 446
&メソッド	
Array	273
Integer	253
&& (論理演算子)	90, 191
&. (安全参照演算子)	192
() (メソッド)	31, 121
() (メタ文字)	353, 356, 360
(?:) (メタ文字)	357
* (配列)	84, 135
* (ブロック変数)	232, 442, 450
* (メソッド引数)	132
* (メタ文字)	350
*メソッド	
Numeric	247
** (メソッド引数)	134
**メソッド (Numeric)	248
*? (メタ文字)	352
*= (代入演算子)	189

513

索引

, （多重代入）	84
. （カレントディレクトリ）	394
. （メソッド）	38, 121, 125, 126
. （メタ文字）	347
.. （親ディレクトリ）	394
.. （範囲）	108, 195, 267
... （範囲）	108, 195, 267
/ メソッド（Numeric）	247
// （正規表現リテラル）	342, 355
// （リテラル）	60
: （キーワード引数）	133
: （シンボル）	56, 57
: （ハッシュリテラル）	327
::	126, 155
; （ブロック）	238
; （文の区切り）	137
? （メソッド名）	89
? （メタ文字）	350
?: （条件演算子）	193
@ （インスタンス変数）	79, 149
@@ （クラス変数）	79, 156
[] （添字メソッド）	201
[] （配列リテラル）	50, 264
[] （文字のクラス）	346
[] メソッド	
Array	50, 267
Hash	58, 328
Proc	449
String	304
[]= メソッド	201
Array	52, 270, 279
Hash	58, 328
String	314
[BUG]	220
^ （メタ文字）	344
^ （文字のクラス）	346
^ メソッド（Integer）	253
_ （数値リテラル）	246
_ （ローカル変数）	79
_ （変数）	86
__dir__ メソッド（組み込み）	404
__ENCODING__	414, 510
__FILE__	404, 510
__id__ メソッド（Object）	99
__LINE__	510

{} （ハッシュリテラル）	57, 326
{} （ブロック）	104, 120, 122, 222
{} （メタ文字）	350, 466
| （パイプ）	368
| （メタ文字）	353
| メソッド	
Array	273
Integer	253
|| （論理演算子）	90, 190
||= （代入演算子）	190, 193
~ メソッド（Integer）	253
¥ （Windowsでのパスの区切り）	391
¥ （円記号）	24
\ （特殊文字）	298
\ （バックスラッシュ）	24, 29
\ （メタ文字）	350
\a （特殊文字）	298
\A （メタ文字）	349
\b （特殊文字）	298
\c （特殊文字）	298
\d （メタ文字）	349
\e （特殊文字）	298
\f （特殊文字）	298
\M （特殊文字）	299
\n （特殊文字）	27, 28, 298
\p （文字のクラス）	347
\r （特殊文字）	298
\s （特殊文字）	298
\s （メタ文字）	348
\t （特殊文字）	298
\u （特殊文字）	299, 414
\v （特殊文字）	298
\w （メタ文字）	349
\x （特殊文字）	298
\Z （メタ文字）	345
\z （メタ文字）	345, 349
- （文字のクラス）	346
- メソッド	
Array	273
Date	436
Numeric	247
Time	430
-e （オプション）	323
-E （オプション）	35
--noreadline （irb）	26

514

索引

`--simple-prompt`(irb)	37
`+`(メタ文字)	350
`+`メソッド	
`Array`	275, 279
`Date`	436
`Numeric`	247
`String`	305, 317
`Time`	430
`+?`(メタ文字)	352
`+=`(代入演算子)	189
`=`(代入)	39, 84
`=~`メソッド(Regexp)	60, 97, 343
`==`(比較)	44, 89, 100
`==`メソッド(String)	307
`===`(比較)	97
`===`メソッド(Proc)	449
`=>`(rescue)	207
`=>`(ハッシュリテラル)	57, 326
`=begin`(コメント)	42
`=end`(コメント)	42
`<`(比較)	44, 89
`<`メソッド	
`String`	307
`Time`	430
`<<`(特異メソッド)	154, 165
`<<`(文字列リテラル)	299
`<<-`(文字列リテラル)	300
`<<`メソッド	
`Array`	278
`Date`	436
`Integer`	253
`IO`	377
`String`	305
`<<~`(文字列リテラル)	300
`<=`(比較)	44
`<=>`(比較)	226, 260, 338
`>`(比較)	44, 89
`->`(ラムダ式)	445
`>`(リダイレクト)	367
`>=`(比較)	44
`>>`メソッド	
`Date`	436
`Integer`	253

数字

2進数	254
8進数	254
16進数	254

A

`acos`メソッド(Math)	251
`acosh`メソッド(Math)	251
`alias`	163
`all?`メソッド(Enumerable)	293
`ancestors`メソッド(Module)	171
`and`(論理演算子)	91
`any?`メソッド(Enumerable)	293
`ARGF`	509
`ArgumentError`	219
`ARGV`	63, 82, 509
`arity`メソッド(Proc)	450
`Array`クラス	50, 263
`ASCII`	308
`ASCII-8BIT`	418, 423
`asin`メソッド(Math)	251
`asinh`メソッド(Math)	251
`at`メソッド	
`Array`	269
`Time`	429
`atan`メソッド(Math)	251
`atan2`メソッド(Math)	251
`atanh`メソッド(Math)	251
`atime`メソッド	
`File`	399
`File::Stat`	398
`attr_accessor`メソッド(Module)	151
`attr_reader`メソッド(Module)	151
`attr_writer`メソッド(Module)	151

B

`backtrace`メソッド(Exception)	208
`base64`メソッド(SecureRandom)	256
`basename`メソッド(File)	402
`BasicObject`クラス	144, 162
`begin`	206
`bigdecimal`ライブラリ	259
`BINARY`	418
`binmode`メソッド(IO)	380
`binread`メソッド(File)	371

515

索引

binwriteメソッド（File） 372
blksizeメソッド（File::Stat） 398
block_given?メソッド（組み込み） 230
blocksメソッド（File::Stat） 398
break 114, 116, 233, 445
bundleコマンド 481
Bundler 481
bytesliceメソッド（String） 314

C

callメソッド（Proc） 234, 442, 449
capitalizeメソッド（String） 318
capitalize!メソッド（String） 318
case文 93
causeメソッド（Exception） 217
cbrtメソッド（Math） 251
ceilメソッド（Numeric） 252
cgi/utilライブラリ 461
chdirメソッド（Dir） 392
chmodメソッド（File） 400
chompメソッド（String） 310
chomp!メソッド（String） 310, 372
chopメソッド（String） 310
chop!メソッド（String） 310
chownメソッド（File） 401
Classクラス 177
class文 148
classメソッド
　Exception 208
　Object 143
clearメソッド（Hash） 334
closeメソッド
　Dir 393
　File 225
　IO 66, 370
　Tempfile 407
closed?メソッド（IO） 370
collectメソッド
　Array 283, 286
　Enumerable 293
collect!メソッド（Array） 283
compactメソッド（Array） 281
compact!メソッド（Array） 281
Comparableモジュール 260
compareメソッド（FileUtils） 408

compatible?メソッド（Encoding） 416
Complexクラス 244, 247
COMSPEC 510
concatメソッド
　Array 279
　String 306, 317
cosメソッド（Math） 251
coshメソッド（Math） 251
countメソッド（Enumerable） 293
cpメソッド（FileUtils） 389, 407
cp_rメソッド（FileUtils） 407
CP932 415
CR 312
CRuby 47
CSV形式 469
csvライブラリ 471
ctimeメソッド
　File 399
　File::Stat 398
cycleメソッド（Enumerable） 293

D

DATA 509
Dateクラス 427, 435
dateライブラリ 435
dayメソッド
　Date 435
　Time 428
def 70, 127, 154
default_externalメソッド（Encoding）
416, 421, 424
default_internalメソッド（Encoding）
416, 421
deleteメソッド
　Array 281
　File 390
　Hash 333
　String 317
delete!メソッド（String） 317
delete_atメソッド（Array） 281
delete_ifメソッド
　Array 282
　Hash 334
detectメソッド（Enumerable） 293
devメソッド（File::Stat） 398

516

索引

Dirクラス	387, 390
directory?メソッド (File)	401
dirnameメソッド (File)	402
divメソッド (Numeric)	248
divmodメソッド (Numeric)	249
do (ブロック)	54, 104, 120, 122, 221
downcaseメソッド (String)	318
downcase!メソッド (String)	318
downtoメソッド (Integer)	257
dupメソッド (Object)	280

E

E (Math)	251
eachメソッド	
Array	54, 113, 222, 287
CSV	471
Dir	393
Enumerator	294
Hash	58, 223, 329
IO	372
Range	113
each_byteメソッド	
IO	374
String	315
each_charメソッド	
IO	374
String	315
each_keyメソッド (Hash)	329
each_lineメソッド	
IO	68, 224, 312, 372
String	315
each_sliceメソッド (Enumerable)	293
each_valueメソッド (Hash)	329
each_with_indexメソッド	
Array	222, 287
Enumerable	293
else	45
elsif	91
empty?メソッド	
Hash	333
String	89
encodeメソッド (String)	320, 415, 458
encode!メソッド (String)	320
Encodingクラス	411
encodingメソッド	

Regexp	420
String	414
ensure	210, 213
Enumerableモジュール	171, 292, 315, 316
Enumeratorクラス	258, 316
ENV	509
EOB	299
EOF	299
eof?メソッド (IO)	372
eql?メソッド (Object)	100, 339
equal?メソッド (Object)	99
erfメソッド (Math)	251
erfcメソッド (Math)	251
Errno::EACCES	214
Errno::ENOENT	214
escapeメソッド (Regexp)	354
Etcモジュール	398
EUC-JP	35, 308, 321
Exceptionクラス	214
excutable?メソッド (File)	401
executeメソッド (Database)	473
exist?メソッド (File)	401
expメソッド (Math)	251
expand_pathメソッド (File)	403
extendメソッド (Object)	177
external_encodingメソッド (IO)	421, 424
extnameメソッド (File)	402

F

false	43, 510
fetchメソッド (Hash)	328, 331
FIFO	275
Fileクラス	387
file?メソッド (File)	401
fileutilsライブラリ	407
fillメソッド (Array)	284
findメソッド	
Encoding	417
Enumerable	293
Find	405
findライブラリ	405
find_allメソッド (Enumerable)	293
firstメソッド	
Array	276
Enumerable	293

索引

flattenメソッド (Array)	284
flatten!メソッド (Array)	284
Floatクラス	244
floorメソッド (Numeric)	252
for文	105, 113
force_encodingメソッド (String)	419
formatメソッド (組み込み)	302
freezeメソッド (Object)	280, 322
frexpメソッド (Math)	251
frozen-string-literal	322

G

gammaメソッド (Math)	251
Garbage Collection	439
GC	439
gem	503
gemコマンド	472, 503
Gemfile	483
getbyteメソッド (IO)	375, 425
getcメソッド (IO)	374, 425
getgrgidメソッド (Etc)	398
getpwuidメソッド (Etc)	398
getsメソッド (IO)	372, 425
gidメソッド (File::Stat)	398
globメソッド (Dir)	395
grepコマンド	63
grepメソッド (Enumerable)	293
grpowned?メソッド (File)	401
gsubメソッド (String)	358

H

has_key?メソッド (Hash)	331
has_value?メソッド (Hash)	332
Hashクラス	56, 325
hashメソッド (Object)	339
HOME	510
hourメソッド (Time)	429
HTTP	382
hypotメソッド (Math)	251

I

i (数値リテラル)	246
ID	99
IDE	501
if修飾子	98

if文	43, 91
imaginaryメソッド (Complex)	245
includeメソッド (Module)	166, 170, 174
include?メソッド	
Enumerable	293
Hash	331
Module	170
String	312
indexメソッド (String)	311
Infinity	250
initializeメソッド (Object)	148, 159
injectメソッド (Enumerable)	293
inoメソッド (File::Stat)	398
inspectメソッド (String)	200
installメソッド (FileUtils)	408
instance_methodsメソッド (Module)	162
instance_of?メソッド (Object)	143
Integerクラス	244
internal_encodingメソッド (IO)	421, 425
IOクラス	365
〜のエンコーディング	421
irbコマンド	26
is_a?メソッド (Object)	145
is-aの関係	145
ISO-2022-JP	308
iso8601メソッド	
Date	437
Time	432

J

jisx0301メソッド (Time)	437
joinメソッド (File)	403

K

Kernelモジュール	171
key?メソッド (Hash)	331
keysメソッド (Hash)	329

L

lambdaメソッド (組み込み)	443
lambda?メソッド (Proc)	452
LANG	510
lastメソッド (Array)	276
last_matchメソッド (Regexp)	358
LC_ALL	510

518

索引

LC_CTYPE	510
ldexpメソッド(Math)	251
lengthメソッド	
Hash	332
String	304
LF	312
lgammaメソッド(Math)	251
LIFO	275
linenoメソッド(IO)	373
lineno=メソッド(IO)	373
listメソッド(Encoding)	417
LoadError	219
localtimeメソッド(Time)	433
logメソッド(Math)	251
log2メソッド(Math)	251
log10メソッド(Math)	251
LOGDIR	510
loopメソッド(組み込み)	114

M

macOS	497
mapメソッド	
Array	283
Enumerable	293
map!メソッド(Array)	283
Mathモジュール	38, 250
mdayメソッド	
Date	435
Time	429
member?メソッド	
Enumerable	293
Hash	331
mergeメソッド(Hash)	336
merge!メソッド(Hash)	336
messageメソッド(Exception)	208
minメソッド(Time)	429
Mix-in	166, 170, 177
mkdirメソッド(Dir)	397
mkdir_pメソッド(FileUtils)	408
mktimeメソッド(Time)	429
modeメソッド(File::Stat)	398
module文	168
module_functionメソッド(Module)	169
moduloメソッド(Numeric)	249
monthメソッド	

Date	435
Time	428
MSYS2	492, 496
mtimeメソッド	
File	399
File::Stat	398
mvメソッド(FileUtils)	389, 407

N

nameメソッド(Encoding)	418
name_listメソッド(Encoding)	417
NameError	218
namesメソッド(Encoding)	418
NaN	250
net/httpライブラリ	185
Net::HTTPクラス	184
newメソッド	
Array	265, 290
Date	435
Hash	327, 330
Proc	441
Random	255
Range	194
Regexp	342, 356
StringIO	383
Tempfile	406
Time	428
NEWSファイル	65
next	114, 116, 233, 445
nil	62, 510
nilチェック付きメソッド呼び出し	192
nkfメソッド(NKF)	321
nkfライブラリ	320
nlinkメソッド(File::Stat)	398
NoMethodError	218
none?メソッド(Enumerable)	293
not(論理演算子)	91
nowメソッド(Time)	428
nsecメソッド(Time)	429
Numericクラス	243

O

Objectクラス	100, 145, 162
object_idメソッド(Object)	99
one?メソッド(Enumerable)	293

519

索引

Opal	47
openメソッド	
CSV	471
Dir	393
File	66, 224, 369, 422
SQLite3::Database	473
Tempfile	407
組み込み	369, 382
open-uriライブラリ	382, 419, 458
or（論理演算子）	91
ordメソッド（String）	309
owned?メソッド（File）	401

P

pメソッド（組み込み）	32, 200
packメソッド（Array）	418
parametersメソッド（Proc）	451
parseメソッド	
Date	438
Time	433
partitionメソッド（Enumerable）	293
PATH	510
pathメソッド（Tempfile）	407
PI（Math）	251
popメソッド（Array）	276, 283, 288
popenメソッド（IO）	381
posメソッド（IO）	378
pos=メソッド（IO）	378
ppメソッド（組み込み）	74
prependメソッド（Module）	172, 176
printメソッド	
IO	376
組み込み	27
printfメソッド	
IO	377
組み込み	302
privateメソッド（Module）	157
Procクラス	234, 441
Proc引数	236, 446
procメソッド（組み込み）	441
protectedメソッド（Module）	157
pruneメソッド（Find）	405
publicメソッド（Module）	157
pushメソッド（Array）	276, 278
putcメソッド（IO）	376

putsメソッド	
IO	376
組み込み	32, 200
pwdメソッド（Dir）	392

Q

quoメソッド（Numeric）	249
quoteメソッド（Regexp）	354

R

r（数値リテラル）	246
raise	217
randメソッド（Random）	255
Randomモジュール	255
random_bytesメソッド（SecureRandom）	
	256
Rangeオブジェクト	108
Rationalクラス	244, 247
rbenv	499
rdevメソッド（File::Stat）	398
readメソッド	
Dir	394
File	67, 371, 422
IO	66, 375, 423, 425
readable?メソッド（File）	401
readlinesメソッド（IO）	372
realメソッド（Complex）	245
redo	114
reduceメソッド（Enumerable）	293
Regexpクラス	341
rejectメソッド	
Array	282
Enumerable	293
reject!メソッド	
Array	282
Hash	334
remainderメソッド（Numeric）	250
renameメソッド（File）	388
requireメソッド（組み込み）	71, 220
require_relativeメソッド（組み込み）	71
rescue	206, 213
rescue修飾子	212
retry	211
return	128
reverseメソッド	

520

索引

Array	284
String	317

reverse! メソッド

Array	284
String	317

reverse_each メソッド（Enumerable） 293
rewind メソッド（IO） 378
RFC2396 362
rfc2822 メソッド（Time） 432
rindex メソッド（String） 311
rm メソッド（FileUtils） 408
rm_f メソッド（FileUtils） 408
rm_r メソッド（FileUtils） 408
rm_rf メソッド（FileUtils） 408
rmdir メソッド（Dir） 397
round メソッド（Numeric） 252
ruby コマンド 24
RUBY_COPYRIGHT 509
RUBY_DESCRIPTION 509
RUBY_ENGINE 509
RUBY_PATCHLEVEL 509
RUBY_PLATFORM 82, 509
RUBY_RELEASE_DATE 509
RUBY_VERSION 82, 509
RubyGems 503
RubyInstaller 489
RUBYLIB 510
RUBYOPT 510
RUBYPATH 510
RUBYSHELL 510
RuntimeError クラス 217

S

scan メソッド（String） 359
sec メソッド（Time） 429
SecureRandom モジュール 256
securerandom ライブラリ 256
seek メソッド（IO） 378
select メソッド（Enumerable） 293
self 152, 510
set_encoding メソッド（IO） 422
shift メソッド（Array） 276, 283
Shift_JIS 35, 308, 321, 413
sin メソッド（Math） 251
sinh メソッド（Math） 251

size メソッド

Array	54
File	401
File::Stat	398
Hash	332
String	304

size? メソッド（File） 401

slice メソッド

Array	269
String	314

slice! メソッド

Array	282
String	314

sort メソッド

Array	226, 285, 338
Enumerable	293

sort! メソッド（Array） 285

sort_by メソッド

Array	229, 285
Enumerable	293

source_location メソッド（Proc） 452

split メソッド

File	403
String	266, 310, 337

sprintf メソッド（組み込み） 302
SQL 472
sqlite3 ライブラリ 472, 496
sqrt メソッド（Math） 251
StandardError クラス 215
stat メソッド（File） 397
STDERR 366, 509
STDIN 366, 509
STDOUT 366, 509
step メソッド（Integer） 258
store メソッド（Hash） 328

strftime メソッド

Date	437
Time	430

String クラス 297
stringio ライブラリ 383
strip メソッド（String） 318
strip! メソッド（String） 318

strptime メソッド

Date	438
Time	434

521

索引

subメソッド（String） ・・・・・・・・ 358
succメソッド（String） ・・・・・・・・ 196
super ・・・・・・・・・・・・・・・・・・・・・・ 161
superclassメソッド（Class） ・・・・・ 171
swapcaseメソッド（String） ・・・・・ 318
swapcase!メソッド（String） ・・・・ 318
Symbolクラス ・・・・・・・・・・・・・・・・ 78
syntax error ・・・・・・・・・・・・・・・・・ 218

T

tanメソッド（Math） ・・・・・・・・・・・ 251
tanhメソッド（Math） ・・・・・・・・・・ 251
tempfileライブラリ ・・・・・・・・・・・・ 405
Timeクラス ・・・・・・・・・・・・・・・・・・ 427
timeライブラリ ・・・・・・・・・・・・・・・ 433
timesメソッド（Integer） ・・・・・ 46, 103, 257
to_aメソッド
　Enumerable ・・・・・・・・・・・・・・・・ 266
　Hash ・・・・・・・・・・・・・・・・・・・・・ 329
　Range ・・・・・・・・・・・・・・・・・・・・ 195
to_cメソッド（Numeric） ・・・・・・・・ 253
to_dateメソッド（Time） ・・・・・・・・ 438
to_fメソッド（Numeric） ・・・・・・・・ 252
to_iメソッド
　Numeric ・・・・・・・・・・・・・・・・・・ 252
　String ・・・・・・・・・・・・・・・・・・・ 64
　Time ・・・・・・・・・・・・・・・・・・・・・ 429
to_procメソッド（Symbol） ・・・・・・ 446
to_rメソッド（Numeric） ・・・・・・・・ 253
to_sメソッド
　Date ・・・・・・・・・・・・・・・・・・・・・ 437
　Object ・・・・・・・・・・・・・・・・・・・ 182
　String ・・・・・・・・・・・・・・・・・・・ 200
　Symbol ・・・・・・・・・・・・・・・・・・・ 57
　Time ・・・・・・・・・・・・・・・・・・・・・ 430
to_symメソッド（String） ・・・・・・・ 57
to_timeメソッド（Date） ・・・・・・・・ 438
todayメソッド（Date） ・・・・・・・・・・ 435
trメソッド（String） ・・・・・・・・・・・ 319
tr!メソッド（String） ・・・・・・・・・・ 319
true ・・・・・・・・・・・・・・・・・・・・・ 43, 510
truncateメソッド（IO） ・・・・・・・・・ 379
TTY ・・・・・・・・・・・・・・・・・・・・・・・ 369
tty?メソッド（IO） ・・・・・・・・・・・・ 368
TypeError ・・・・・・・・・・・・・・・・・・ 219

U

uidメソッド（File::Stat） ・・・・・・・・ 398
undef ・・・・・・・・・・・・・・・・・・・・・・ 164
unescapeHTMLメソッド（CGI） ・・・・ 461
ungetbyteメソッド（IO） ・・・・・・・・ 375
ungetcメソッド（IO） ・・・・・・・・・・・ 375
Unicode ・・・・・・・・・・・・・・・・・・・・ 309
uniqメソッド（Array） ・・・・・・・・・・ 282
uniq!メソッド（Array） ・・・・・・・・・ 282
unless修飾子 ・・・・・・・・・・・・・・・・・ 98
unless文 ・・・・・・・・・・・・・・・・・・・・ 92
unlinkメソッド（File） ・・・・・・・・・ 390
unshiftメソッド（Array） ・・・・・ 276, 278
until文 ・・・・・・・・・・・・・・・・・・・・・ 111
upcaseメソッド（String） ・・・・・・・ 318
upcase!メソッド（String） ・・・・・・ 318
updateメソッド（Hash） ・・・・・・・・・ 336
uptoメソッド（Integer） ・・・・・・・・ 257
URIモジュール ・・・・・・・・・・・・・・・・ 185
uriライブラリ ・・・・・・・・・・・・・・・・ 185
URL ・・・・・・・・・・・・・・・・・・・・ 361, 382
usecメソッド（Time） ・・・・・・・・・・・ 429
US-ASCII ・・・・・・・・・・・・・・・・・・・ 413
UTC ・・・・・・・・・・・・・・・・・・・・・・・ 433
utcメソッド（Time） ・・・・・・・・・・・ 433
utc_offsetメソッド（Time） ・・・・・・ 429
UTF-8 ・・・・・・・・・・・・ 35, 308, 321, 413
utimeメソッド（File） ・・・・・・・・・・ 399

V

valid_encoding?メソッド（String） ・・・ 419
value?メソッド（Hash） ・・・・・・・・・ 332
valuesメソッド（Hash） ・・・・・・・・・ 329
values_atメソッド（Array） ・・・・・・ 272

W

wcコマンド ・・・・・・・・・・・・・・・・・・ 208
wdayメソッド
　Date ・・・・・・・・・・・・・・・・・・・・・ 435
　Time ・・・・・・・・・・・・・・・・・・・・・ 429
when ・・・・・・・・・・・・・・・・・・・・・・ 94
while文 ・・・・・・・・・・・・・・・ 46, 109, 373
WIN32OLE ・・・・・・・・・・・・・・・・・・ 391
Windows ・・・・・・・・・・・・・・・・・・・ 489
Windows-31J ・・・・・・・・・・・・・・ 35, 415

522

索引

writable?メソッド（File）	401
writeメソッド	371
File	371, 422
IO	377, 424

Y

ydayメソッド	
Date	435
Time	429
yearメソッド	
Date	435
Time	428
yield	131, 230, 231
yieldメソッド（Proc）	449

Z

zero?メソッド（File）	401
zipメソッド	
Array	292
Enumerable	293
zoneメソッド（Time）	429

あ行

アイゲンクラス	165
アイデンティティ	99
アクセサー	152
アクセスメソッド	150, 152
後処理	210
安全参照演算子	192
イテレータ	47, 54, 223, 286
インスタンス	79, 142
インスタンス変数	79, 149
インスタンスメソッド	124, 148, 177
インデックス	51, 267
インデント	138
エディタ	501
エラー処理	203
エラーメッセージ	205, 218
エンコーディング	34, 411
演算子	189
～形式のメソッド呼び出し	123
～の再定義	198
～の優先順位	196
円周率	251
オープンソースソフトウェア	7

オブジェクト	27, 77, 179
～の同一性	99
オブジェクト指向	179
オブジェクト指向言語	6

か行

改行文字	28, 310, 312, 379
外部エンコーディング	412, 421
カプセル化	181
カレントディレクトリ	392
カレントファイルオフセット	378
環境変数	510
関数的メソッド	126
ガンマ関数	251
偽	89, 190
キー	56, 326, 339
キーワード引数	133
～のデフォルト値	133
擬似変数	79, 255, 510
逆正弦関数	251
逆正接関数	251
逆余弦関数	251
キャプチャ	356
キュー	275
共通集合	273
協定世界時	433
行頭	345
行末	345
空白	140
組み込み定数	82, 509
組み込み変数	508
クラス	78, 141
～の拡張	160
～の継承関係	145
クラスオブジェクト	177
クラス定義	148
クラス変数	79, 156
クラスメソッド	125, 154, 177
繰り返し	43, 46, 101, 223
グループ名	398
クロージャ	449
グローバル変数	79
継承	143, 161, 171
ゲッター	152
元号	434, 437

523

索引

後方参照	356
コードポイント	309
誤差関数	251
コマンドプロンプト	494
コマンドライン	63
コマンドラインオプション	506
コメント	41
コレクション	50
コンソール	25, 367, 494, 497
コンテナ	50

さ行

最短マッチ	353
サブクラス	144, 162
三項演算子	193
式展開	298
字下げ	138
指数関数	251
自然対数	251
〜の底	251
シフト	253
集合	272
条件	88
条件演算子	193
条件判断	43, 87
常用対数	251
真	89, 190
真偽値	89
シングルトンクラス	165
シンタックスシュガー	119
シンボル	56, 78
数値	36
〜のリテラル	246
スーパークラス	144, 161
スクリプトエンコーディング	412
スクリプト言語	6
スコープ	80
スタック	275
正規表現	59, 341
〜のエンコーディング	420
〜のオプション	355
制御構造	43
正弦関数	251
整数	244
正接関数	251

セッター	152
絶対パス	392
相対パス	392
添字メソッド	201
ソート	226

た行

代入	39
代入演算子	190
多重代入	84
多相性	182
多態性	182
ダックタイピング	183
単項演算子	201
単純継承	171
定数	82, 155, 169
ディレクトリ	387, 390
データベース	472
テーブル	473
テキストモード	379
デザインパターン	187
特異クラス	165
特異クラス定義	155, 165
特異メソッド	155, 165, 177
ドライブ	391

な行

内部エンコーディング	412, 421
名前空間	167
二項演算子	198
日本語	34
日本語文字コード	308
〜の変換	320

は行

パーミッション	400
排他的論理和	253
バイト	254
バイナリモード	379
パイプ	368
配列	50, 263
〜のインデックス	51
〜の初期化	290
〜の配列	289
破壊的なメソッド	279

索引

パス	390
パターン	60, 342
ハッシュ	56, 325
〜のキー	326, 339
〜の初期化	334
〜のデフォルト値	327, 330
〜のハッシュ	336
範囲演算子	194
範囲オブジェクト	108
ヒアドキュメント	299
比較演算子	89
引数	28
〜のデフォルト値	128
左ビットシフト	253
ビット	254
ビット演算	253
標準エラー出力	366
標準出力	366
標準入力	366
ファイル	65
ファイルポインタ	377
フォルダ	387
複素数	244
浮動小数点数	244
浮動小数点数	246
プリペンド	173
ブロック	55, 221, 441
ブロックつきメソッド	55
〜の作成	229
〜の定義	130
ブロックつきメソッド呼び出し	122
ブロックつき呼び出し	222
ブロックパラメータ	55, 122, 222
ブロック引数	235, 446
ブロック変数	55, 122, 222, 236
ブロックローカル変数	238
プロトコル	180
分数	245
平方根	251
変数	39, 79
〜に代入	39
ポリモーフィズム	182

ま行

マジックコメント	35, 412

待ち行列	275
マッチング	60
丸め誤差	259
右ビットシフト	253
メソッド	27, 121
.	121, 126
〜の検索順	174
〜の定義	70, 127
〜の引数	28
〜の引数のデフォルト値	128
〜の戻り値	38, 128
〜のレシーバ	152
ブロックつき〜	55
メタ文字	344
〜をエスケープ	354
メッセージ	121
文字コード	308
モジュール	141, 166
モジュール関数	167
文字列	28, 297
〜のインデックス	304
〜の検索	311
〜の先頭	344
〜の置換	313
〜の末尾	344
戻り値	38

や行

やり直し	211
ユークリッド距離関数	251
ユーザ名	398
有理数	244
余弦関数	251
予約語	83

ら行

ライブラリ	71
ラムダ式	443, 452
乱数	255
リダイレクト	367
立方根	251
リテラル	143
リファレンスマニュアル	239
ルートディレクトリ	390
るりま	239

索引

例外	205
例外オブジェクト	207
例外クラス	214
例外処理	213
レシーバ	121, 280
列	275

ローカル変数	79, 236
論理演算子	90, 190

わ行

和集合	273

■ 監修者紹介

まつもとゆきひろ

　Rubyの創始者。プログラミング言語オタク。自分の趣味が高じて自分のプログラミング言語を作ったら、世界中に広まってしまい、最近では講演とか執筆とかの活動のほうが忙しい。事実は小説よりも奇なり。鳥取県出身、島根県在住。

■ 著者紹介

高橋征義（たかはし まさよし）

　札幌出身。北海道大学卒。Webアプリケーションの開発に従事する傍ら、日本Rubyの会を設立し、以降現在まで同会代表をつとめる。2010年からは株式会社達人出版会にて電子出版事業に注力中。著書に『たのしいRuby』『Rails3レシピブック190の技』（共著）など。好きなメソッドはattr_accessor。好きな作家は新井素子。

後藤裕蔵（ごとう ゆうぞう）

　福岡県出身。九州工業大学卒。株式会社ネットワーク応用通信研究所取締役。1999年、jusによるイベント「Rubyワークショップ」でRubyと出会う。以来、Rubyに関する雑誌記事の執筆や標準添付ライブラリのwebrickおよびopensslのメンテナとしてもRubyに関わる。好きなメソッドはEnumerable#inject。好きなロックバンドはピンクフロイド。

本書の商品ページ

https://isbn.sbcr.jp/99844/

本書をお読みいただいたご感想・ご意見を上記URLからお寄せください。本書に関するサポート情報やお問い合わせ受付フォームも掲載しておりますので、あわせてご利用ください。

たのしいRuby　第6版

2002年4月10日	初版第1刷発行
2006年2月2日	初版第6刷発行
2006年8月10日	第2版第1刷発行
2009年8月30日	第2版第10刷発行
2010年4月12日	第3版第1刷発行
2013年2月26日	第3版第7刷発行
2013年6月15日	第4版第1刷発行
2015年9月16日	第4版第7刷発行
2016年3月12日	第5版第1刷発行
2018年4月26日	第5版第6刷発行
2019年3月22日	第6版第1刷発行

著　者	高橋征義、後藤裕蔵
監　修	まつもとゆきひろ
発行者	小川淳
発行所	SBクリエイティブ株式会社
	〒106-0032　東京都港区六本木2-4-5
	https://www.sbcr.jp/
印　刷	株式会社シナノ

本文イラスト	白井ユウキ
装　丁	米谷テツヤ
組版・編集	武藤健志(トップスタジオ)
企画・編集	杉山聡

※本書の出版にあたっては正確な記述に努めましたが、記載内容、運用結果などについて一切保証するものではありません。
※乱丁本、落丁本はお取替えいたします。小社営業部(03-5549-1201)までご連絡ください。
※定価はカバーに記載されております。

Printed in Japan　　　　　　　　　　　　　　ISBN978-4-7973-9984-4